新工科建设·电子信息类系列教材

单片机与嵌入式系统原理及应用

石　坤　汤奥斐　王权岱　编著

電子工業出版社
Publishing House of Electronics Industry
北京·BEIJING

内 容 简 介

本书以 MCS-51 单片机、STM32 单片机和 μC/OS-Ⅱ系统为主线，辅以相应的编程实例，全面系统地阐述单片机与嵌入式系统的原理及应用，是一本重在原理、兼顾理论与实践的实用教程。主要内容包括：概述、MSC-51 单片机基本原理、C51 语言程序设计、MSC-51 单片机内部资源及应用、MSC-51 单片机系统扩展、MSC-51 单片机的常用接口及应用、ARM 嵌入式微处理器及应用、嵌入式实时操作系统 μC/OS-Ⅱ。本书提供配套的电子课件 PPT、习题参考答案、程序代码、相关软件操作指南。

本书可作为高等院校电子信息类和机电类等专业本、专科单片机与嵌入式课程的教材，或高校大学生创新基地的培训教材，也可供单片机与嵌入式的初学者和从事单片机与嵌入式系统开发的工程技术人员参考。

图书在版编目（CIP）数据

单片机与嵌入式系统原理及应用/石坤，汤奥斐，王权岱编著. —北京：电子工业出版社，2022.3
ISBN 978-7-121-43104-3

Ⅰ. ①单… Ⅱ. ①石… ②汤… ③王… Ⅲ. ①单片微型计算机－系统设计 Ⅳ. ①TP368.1

中国版本图书馆 CIP 数据核字（2022）第 042703 号

责任编辑：王晓庆
印　　刷：北京七彩京通数码快印有限公司
装　　订：北京七彩京通数码快印有限公司
出版发行：电子工业出版社
　　　　　北京市海淀区万寿路 173 信箱　　邮编：100036
开　　本：787×1092　1/16　印张：16.75　字数：429 千字
版　　次：2022 年 3 月第 1 版
印　　次：2025 年 1 月第 7 次印刷
定　　价：52.00 元

凡所购买电子工业出版社图书有缺损问题，请向购买书店调换。若书店售缺，请与本社发行部联系，联系及邮购电话：（010）88254888，88258888。

质量投诉请发邮件至 zlts@phei.com.cn，盗版侵权举报请发邮件至 dbqq@phei.com.cn。

本书咨询联系方式：（010）88254113，wangxq@phei.com.cn。

前　　言

随着微处理器技术的飞速发展，计算机集成度越来越高，在性能提高的同时，计算机也变得越来越小、越来越廉价，单片机与嵌入式系统进入蓬勃发展时期。单片机具有体积小、功耗低、易于产品化、面向控制、抗干扰能力强、适用温度范围宽、可以方便地实现多机和分布式控制等优点，被广泛地应用于仪器仪表、家用电器、医用设备、航空航天、专用设备的智能化管理及过程控制等领域。

随着工业 4.0、医疗电子、智能家居、物流管理和电力控制等的快速发展和推进，嵌入式系统利用自身的技术特点，逐渐成为众多行业的标配产品。嵌入式系统具有可控制、可编程、成本低等优点，在未来的工业和生活中有着广阔的应用前景。随着现代社会的日益数字化、信息化，嵌入式系统作为数字化社会的技术基础，在现代社会生活中将无处不在。将来嵌入式系统不仅存在于电视机、洗衣机、冰箱、手机这些设备里，甚至我们穿的鞋子、戴的帽子、穿的衣服中也将有嵌入式系统。

今天，理解和掌握单片机与嵌入式系统知识及技术已经成为人们，特别是青年一代必备的技能。为了进一步加强单片机与嵌入式系统教学工作，适应高等学校正在开展的课程体系与教学内容的改革，及时反映单片机与嵌入式系统教学的研究成果，积极探索适应 21 世纪人才培养的教学模式，作者团队编写了本书。

本书有如下特色：

◆ 理论与实践并重，不仅包含单片机与嵌入式系统原理及应用的基础知识，而且提供一定的应用实践参考例题，希望读者在学习过程中，将理论与实践相结合，边学习边实践，真正理解与掌握单片机与嵌入式系统的基础知识。

◆ 在内容及描述上，换位思考，站在一个初学者的角度，描述单片机与嵌入式系统的理论、概念等，侧重于单片机与嵌入式系统基础知识的学习实践。

◆ 注重将单片机与嵌入式系统的最新发展适当地引入教学，保持教学内容的先进性。同时，本书内容源于单片机与嵌入式系统教育的教学实践，凝聚了工作在第一线的任课教师多年的教学经验与教学成果。

本书面向已掌握基本电路知识和基础 C 语言编程的单片机与嵌入式初学者，由浅入深、循序渐进地讲述 MCS-51 单片机的硬件结构、使用 C51 语言进行 51 单片机编程的方法及各种功能应用，并以 STM32 单片机和 μC/OS-Ⅱ系统为对象，初步讲解嵌入式系统的基础知识，为深入学习嵌入式系统开发奠定基础。本书从工程应用的角度出发，使用 MCS-51 单片机和嵌入式教学的编程语言，提供了一定的用 C51 语言编制的应用参考例题，方便读者在学习本书后直接开展工程应用实践。

通过学习本书，你可以：

◆ 了解单片机与嵌入式系统的基本原理；

◆ 认识单片机与嵌入式系统的结构组成；

◆ 掌握单片机与嵌入式系统的开发流程；

- 做一个简单的流水灯；
- 做一个简单的时钟；
- 实现一个突发事件对流水灯和时钟的控制；
- 编写一个简单的嵌入式交互系统。

本书语言简明扼要、通俗易懂，具有很强的专业性、技术性和实用性。每章都附有丰富的习题，附录还提供了一定的应用参考例题，供课后练习以巩固所学知识。

本书可作为高等院校电子信息类和机电类等专业本、专科单片机与嵌入式课程的教材，或高校大学生创新基地的培训教材，也可供单片机与嵌入式的初学者和从事单片机与嵌入式系统开发的工程技术人员参考。

本书由石坤、汤奥斐、王权岱共同完成，其中，石坤编写了第1～3章及附录，汤奥斐编写了第4～6章，王权岱编写了第7、8章。

教学中，可以根据教学对象和学时等具体情况对书中的内容进行删减和组合，也可以进行适当扩展，参考学时为32～64学时。本书提供配套的电子课件PPT、习题参考答案、程序代码、相关软件操作指南，请登录华信教育资源网（https://www.hxedu.com.cn）注册后免费下载，也可联系本书编辑（wangxq@phei.com.cn，010-88254113）索取。

本书的编写参考了大量近年来出版的相关技术资料，吸取了许多专家和同人的宝贵经验，在此向他们深表谢意。

由于作者的水平有限，错误和疏漏之处在所难免，欢迎广大技术专家和读者批评指正（请发邮件 shikun@xaut.edu.cn）。

作　者

2022年3月

目　录

第1章　概述

自 1946 年第一台电子计算机问世以来，计算机技术发展迅猛，经历了电子管计算机、晶体管计算机、小规模集成电路计算机和大规模集成电路计算机 4 个阶段，引发了一场数字化的技术革命。随着大规模集成电路技术的不断进步，一方面，微处理器由 8 位向 16 位、32 位甚至 64 位发展，再配以存储器和外围设备，从而构成微型计算机，在办公自动化方面得到广泛应用；另一方面，将微处理器、存储器和外围设备集成到一块芯片中从而形成单片机（Single Chip Microcomputer，SCM），在控制领域大显身手。这种单片机可嵌入各种自动化、智能化产品之中，故又称为嵌入式微控制器。

1.1　嵌入式系统概述

1.1.1　计算机基本概念

计算机是能按照指令对各种数据进行自动加工处理的电子设备，一套完整的计算机系统包括硬件和软件两部分。软件是指令与数据的集合，而硬件则是执行指令和处理数据的环境平台。计算机通过执行程序而运行，计算机工作时，软、硬件协同工作，两者缺一不可。计算机系统的组成框架如图 1.1 所示。

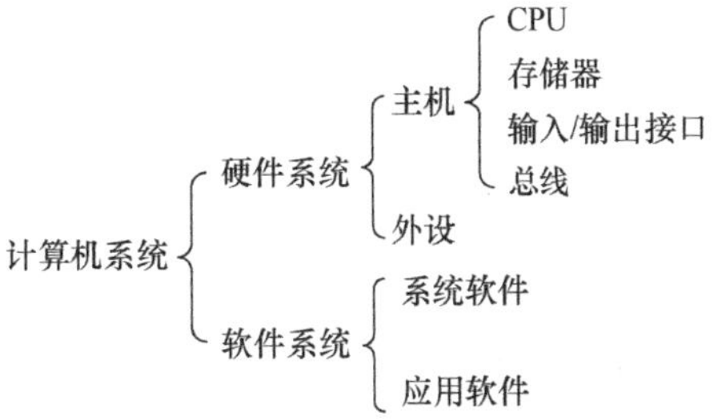

图 1.1　计算机系统的组成框架

1．计算机硬件系统的组成

计算机的硬件系统主要由中央处理器（Central Processing Unit，CPU）、存储器、外部设备及连接各部分的计算机总线组成。在冯 • 诺依曼架构模型中，完整的计算机硬件系统包含存储器、运算器、控制器、输入设备和输出设备 5 部分。运算器和控制器集成在一片芯片上，称为 CPU。下面简要说明计算机各部分的作用。

1）CPU

CPU 是计算机的核心部件，用来完成计算机的运算和控制功能。其中，运算器又称算术逻辑部件（Arithmetical Logic Unit，ALU），主要功能是完成对数据的算术运算、逻辑运算和逻辑判断等操作。控制器（Control Unit，CU）是整个计算机的指挥中心，根据事先给定的命令发出各种控制信号，指挥计算机的各部分工作。它的工作过程是负责从内存储器中取出指令并对指令实行分析与判断，然后根据指令发出控制信号，使计算机的相关设备有条不紊地协调工作。

2）存储器

存储器（Memory）是计算机存储信息的“仓库”。所谓“信息”，是指计算机系统所要处理的数据和程序。其中，程序是一组指令的集合。存储器是有记忆功能的部件，用来存储数据和程序。存储器可分为两大类：内存储器和外存储器。内存储器简称内存，也叫随机存储器（Random Access Memory，RAM），这种存储器允许任意指定地址的存储单元随机地读出或写入数据。因为数据是通过电信号写入存储器的，所以在计算机断电后，RAM 中的信息就会随之丢失。它的特点是存取速度快，可与 CPU 的处理速度相匹配，但价格较贵，能存储的信息量较小。外存储器（简称外存）又称辅助存储器，其特点是断电后仍能保存数据，主要用于保存暂时不用但又需长期保留的数据或程序。存放在外存中的程序必须被调入内存才能运行，外存的存取速度相对来说较慢，但外存的价格比较低，可保存的信息量大。常用的外存有软盘、硬盘、光盘、U 盘等。

3）输入设备

输入设备是将外界的各种信息（如程序、数据、命令等）送入计算机内部的设备。常用的输入设备有键盘、鼠标、扫描仪、条形码读入器等。

4）输出设备

输出设备是将计算机处理后的信息以人们能够识别的形式（如文字、图形、数值、声音等）进行显示和输出的设备。常用的输出设备有显示器、打印机、绘图仪等。

因为输入/输出设备大多是机电装置，有机械传动或物理移位等动作过程，所以相对来说，输入/输出设备是计算机系统中运转速度最慢的部件之一。

2. 计算机软件系统的组成

计算机软件由程序和相关的文档组成。程序由一系列的指令按一定的结构组成，文档是软件开发过程中建立的技术资料。程序是软件的主体，一般保存在存储介质中，如软盘、硬盘或光盘中，以便在计算机上使用。现在人们使用的计算机都配备了各种各样的软件，软件的功能越强，使用起来越方便。软件可分为两大类：一类是系统软件；另一类是应用软件。

1）系统软件

系统软件是管理、监控和维护计算机资源的软件，是用来扩大计算机的功能、提升计算机的工作效率、方便用户使用计算机的软件。系统软件是计算机正常运转所不可缺少的，是硬件与软件的接口。一般情况下，系统软件分为 4 类：操作系统、语言处理系统、数据库管理系统和服务程序。

2）应用软件

应用软件是为了解决计算机的各类问题而编写的程序，分为应用软件包与用户程序。它是在硬件和系统软件的支持下，面向具体问题和具体用户的软件。随着计算机应用的日益广泛和深入，各种应用软件的数量持续增加，质量日趋完善，使用更加方便灵活，通用性越来越强。有些软件已逐步标准化、模块化，形成了解决某类典型问题的较通用的软件，这些软件称为应用软件包（Package）。它们通常是由专业软件人员精心设计，旨在为广大用户提供方便、易学、易用的应用程序，协助用户完成各种各样的工作。当前常用的软件包有字处理软件、表处理软件、会计电算化软件、绘图软件、运筹学软件等。

系统软件和应用软件之间并没有明显的界限。随着计算机技术的发展，各种各样的应用软件中有了很多共同的东西，把这些共同的部分抽取出来，形成一个通用软件，它就逐渐成为系统软件。

1.1.2　嵌入式系统的特点

随着计算机技术的发展，计算机应用得越来越广泛，大量的设备需要采用计算机技术实现数据采集、自动控制、信息处理的功能，而这种应用中的计算机是专用的，是整个设备或系统的固定组成部分，这就是我们所说的嵌入式系统。

1. 嵌入式系统的定义

嵌入式系统（Embedded System）也称为嵌入式计算机系统。顾名思义，嵌入式系统是计算机的一种特殊形式。嵌入式系统是以应用为中心，以计算机技术为基础，软、硬件模块可根据用户需求进行剪裁，适应应用系统对功能、可靠性、成本、体积和功耗等严格要求的专用计算机系统。

上述定义较好地描述了嵌入式系统各方面的特征，不同的应用对计算机有不同的需求，嵌入式系统在满足应用对功能和性能需求的前提下，还要适应应用对计算机的可靠性、机械结构、功耗、环境适应性等方面的要求，在一般情况下，还要尽量降低系统的成本。

嵌入式系统是为具体应用定制的专用计算机系统，定制过程既体现在软件方面，又体现在硬件方面。硬件上，针对具体应用，选择适当的芯片、体系结构，设计满足应用需求的接口，设计方便安装的机械结构；软件上，明确是否需要操作系统，配置适当的系统软件环境，编写专门的应用软件。

2. 嵌入式系统的特点

根据用途可以把计算机分成两大类：通用计算机和嵌入式计算机。嵌入式计算机是针对特定的应用进行专门设计的，其发展方向是提高嵌入性能、提高控制能力和控制的可靠性。而通用计算机则不同，其硬件功能全面，而且具有较强的扩充能力。其在软件方面配置标准操作系统及其他常用系统软件与应用软件，发展方向是计算速度的无限提升、总线带宽的无限扩展、存储容量的无限扩大。嵌入式系统与通用计算机系统在基本原理上相同，但因为应用目标不一样，嵌入式系统有着自身的特点。

1）嵌入式系统具有应用针对性

这是嵌入式系统的一个基本特征，体现这种应用针对性的首先是软件。因为嵌入式系统软件必须实现特定应用所需要的功能，所以嵌入式系统应用中必定配置了专用的应用程序；其次是硬件，大多数嵌入式系统的硬件是针对应用专门设计的，但也有一些标准化的嵌入式硬件模块，采用标准模块来降低开发的技术难度和风险，缩短开发时间，但灵活性不足。

2）嵌入式系统硬件一般对扩展能力要求不高

硬件上，作为一种专用的计算机系统，嵌入式系统的硬件功能、机械结构、安装要求比较固定，一般没有或仅有较少的扩展能力；软件上，嵌入式系统往往是一个设备的固定组成部分，其软件功能由设备的需求决定，在相对较长的生命周期里，一般不需要对软件进行改动。但也有一些特例，比如现在的手机，尤其是安装嵌入式操作系统的智能手机，其软件安装、升级比较灵活，但相较于通用计算机，其软件扩展能力还是相当弱的。

3）嵌入式系统一般采用专门针对嵌入式应用设计的中央处理器

这与嵌入式系统应用的针对性有关，相对于通用计算机的中央处理器而言，嵌入式处理器种类繁多，不同的嵌入式处理器的功能/性能差异非常大，主频从几兆赫兹到几千兆赫兹，引脚数量从几个到几百个，只有这种多样化才能适应千差万别的嵌入式系统应用。

4）嵌入式系统根据功能需求确定是否需要操作系统

在现代的通用计算机中，没有操作系统是无法想象的，而在嵌入式计算机中，情况则大不相同。在一个功能简单的嵌入式系统中，可能根本不需要操作系统，直接在硬件平台上运行应用程序；而一些功能复杂的嵌入式系统，可能需要支持有线/无线网络、文件系统、实现灵活的多媒体功能、支持实时多任务处理，此时，在硬件平台和应用软件之间增加一个操作系统层，可使应用软件的设计变得简单，而且便于实现更高的可靠性，缩短系统开发时间，使系统的研发工作变得可控。

目前存在很多嵌入式操作系统，如 VxWorks、pSOS、嵌入式 Linux、WinCE 等，这些操作系统的功能日益完善，以前只有桌面通用操作系统才具备的功能，如网络浏览器、HTTP 服务器、Word 文档阅读与编辑等，也可以在嵌入式系统中实现。但为适应嵌入式系统的需要，嵌入式操作系统相对通用计算机操作系统有较大差别，其具有模块化、结构精练、定制能力强、可靠性高、实时性好、便于写入非易失性存储器（固化）等特点。

5）嵌入式系统一般有实时性要求

设备中的嵌入式系统常用于实现数据采集、信息处理、实时控制等功能，而采集、处理、控制往往是一个连续的过程。一个过程要求必须在一定的时间内完成，这就是系统实时性的要求。如在语音处理系统中，实现实时的数据采集、编码并通过网络传输的功能。按照 8kHz 采样率、精度 8bit 的工作模式进行单通道语音采样，这时系统会以每秒 8KB 的速率连续产生数据，计算机需要“及时”地进行语音数据采集、数据压缩编码、通过网络把数据发送出去并处理，任何一个环节处理得不及时，都会导致语音数据丢失。

实时性和处理器速度不是一回事，速度快的系统不一定实时性好，速度慢的系统实时性未必不能满足要求。计算机运行速度快，当然更有条件实现实时性，但不是实时性的充要条件。嵌入式系统的设计要求精练，因此在运算速度上不会留太多余量，为了保证实时性要求，需要对硬件、软件精心设计。

6）嵌入式系统一般有较高的成本控制要求

在满足需求的前提下，在嵌入式系统开发中要求高效率地设计，减少硬件、软件冗余。恰到好处的设计可以最大限度地降低系统成本，并有利于提高系统的可靠性。通用计算机则追求更快的计算速度、更大的存储容量、更丰富的配置、更大的显示器。强大的硬件平台才能满足日益复杂的桌面操作系统及各种类型软件的需要，这样计算机的“通用性”才最强。

7）嵌入式系统软件一般有固化的要求

在现代的通用计算机中，硬盘是操作系统和应用软件的载体，对于这些几 GB，甚至几十 GB、几百 GB 的软件及数据，硬盘是最好的存储媒介之一。嵌入式系统软件一般把操作系统和应用软件直接固化在非易失性存储器（如 Flash 存储器）中。首先，嵌入式系统一般没有硬盘，就算有硬盘或存储卡之类的外部存储器，也很少用于存储系统软件，多是用于存储数据或用户扩展的软件；其次，无论是操作系统还是应用软件，都很精练，所占容量相对于通用计算机要小得多，所以有固化的条件；再次，嵌入式系统与通用计算机系统不同，安装和升级软件相对不容易，而且也很少需要改动，所以要求软件存储可靠性高，因此有必要把软件固化；最后，软件固化有利于提高嵌入式系统的启动速度。

8）嵌入式系统软件一般采用交叉开发的模式

目前，软件设计工作大多基于通用计算机操作系统的集成开发环境，将代码编辑、编译、链接、仿真、调试等软件开发工具集成在一起。而嵌入式系统针对具体的应用进行设计，其硬件、软件的配置往往不便于或不可能支持应用软件开发。因此，在实际开发过程中，一般用通用计算机（主要是 PC）作为开发机，进行嵌入式软件的编辑、编译、链接；然后在开发机上进行仿真，或下载到嵌入式目标系统进行测试；仿真或测试成功后，将最终的目标代码固化到目标系统的存储器中运行，这就是所谓的交叉开发的软件设计模式。

9）嵌入式系统在体积、功耗、可靠性、环境适应性上一般有特殊要求

嵌入式系统作为一个固定的组成部分“嵌入”在设备中，因受装配、供电、散热等条件的约束，其体积、功耗必然有一定的限制。例如，现在的手机功能日益强大，但体积越来越小，集成度和装配密度非常高。在这种应用环境里，嵌入式计算机部分的芯片封装、电路板设计、系统装配等都要求紧凑、小巧。在功耗方面也有严格的要求，一方面，由于系统被密封在手机里，没有良好的散热条件，因此功耗控制得不好会导致手机温度过高；另一方面，电路的功耗直接决定了手机一次充电后持续工作的时间。

嵌入式系统作为设备的核心，其可靠性直接决定了设备可靠性，因此在这方面有严格的要求。尤其在航空、航天、武器装备等应用中，嵌入式系统的可靠性更是生死攸关的事情。

10）嵌入式系统技术标准化程度不高

PC 是十分普及的通用计算机，其主板结构、计算机扩展总线、扩展板结构、内存扩展、电源、机箱、外部设备接口，甚至安装螺钉等都完全标准化，所以 PC 完全以社会化分工的形式进行批量大规模生产。PC 的标准化不仅体现在硬件上，在软件上也有很高的标准化趋势，如数据库标准、操作系统标准、文本标准等。

与 PC 不同，每个嵌入式系统都是针对具体应用设计的，所以嵌入式系统千差万别，不可能像 PC 那样制定高度一致的标准，也正是因为这个原因，在嵌入式领域才不会形成个别企业垄断市场的现象。标准化有利于社会化的分工合作，嵌入式领域也存在一定程度的标准化，如 PC104 总线标准、Compact PCI 总线标准等，只是这些标准的应用相对于整个嵌入式领域还是很小的一部分。

同时，嵌入式系统与通用计算机系统在技术上是相通的，通用计算机发展快、性能强，很多技术可以被应用到嵌入式系统中。如 PC 中的 ISA 总线经过改造成为嵌入式系统中的 PC104 总线、PCI 总线经过改造成为嵌入式系统中的 Compact PCI 总线；桌面 Windows XP 操作系统有对应的嵌入式版本——Windows XP Embedded，而桌面 Linux 也有对应的嵌入式 Linux 版本。在应用中，还经常可见经过机械结构、环境适应性改造的通用计算机被应用在嵌入式领域中。

1.1.3 嵌入式系统的发展与应用

如果问哪种计算机最普及，有人会说是 PC，但实际上嵌入式系统在数量上远远超过了以 PC 为代表的通用计算机，只是嵌入式系统一般集成在设备内部，不像 PC 那样本身是一个独立的系统，配备显示器、键盘、鼠标等标准设备。

人们在使用设备时，往往在意的是设备提供的功能，而忽略了在设备内部高速运转、起着核心作用的嵌入式系统。例如，在用 MP3 欣赏音乐的时候，人们只关心音乐的音质、操控方式、系统容量、支持的音乐格式等，有多少人会关心在 MP3 内部发挥作用的嵌入式计算机呢？但实际上所有的功能都是由内部的计算机完成的。

早期计算机由电子管组成，体积庞大，主要用于完成复杂的计算任务。随着晶体管计算机的出现，尤其是集成电路在计算机中的应用，计算机的体积越来越小，性能越来越强。除数值计算外，计算机还可以实现数据采集、信息处理、自动控制等功能。20 世纪 70 年代以来，随着微电子技术的不断发展，已经可以将专门设计的计算机集成到传统设备中，能够显著提高设备的性能。此时，一种新的计算机类型——嵌入式系统应运而生。

嵌入式系统发展之初，因为计算机是非常昂贵的电子设备，所以其应用仅限于军事、工业控制等成本不敏感的领域。随着微处理器技术的飞速发展，计算机集成度越来越高，在性能提高的同时，计算机也变得越来越小、越来越廉价，嵌入式系统进入蓬勃发展时期。

现代社会生活中，嵌入式系统无处不在，被广泛应用在国防电子、数字家庭、工业自动化、汽车电子、医学科技、消费电子、无线通信、电力系统等各行各业。嵌入式系统是数字化社会的技术基础，正如中科院院士沈绪榜教授所说："计算机是认识世界的工具，而嵌入式系统则是改造世界的产物。"

现代社会日益数字化、信息化，嵌入式系统在这样的社会中必将扮演重要的角色。在日常生活中，将来嵌入式系统不仅存在于电视机、洗衣机、冰箱、手机这些设备里，甚至我们穿的鞋子、戴的帽子、穿的衣服中也有了嵌入式系统。1999 年，IBM 提出了普适计算的概念，指的是可随时随地获取信息、处理信息。普适计算涉及移动通信技术、小型计算机设备制造技术、小型计算机设备上的操作系统技术及软件技术等。嵌入式系统技术是实现普适计算的基础技术。

1.1.4 嵌入式系统的组成

嵌入式系统是具有应用针对性的专用计算机系统，在实际应用过程中作为一个固定的组成部分“嵌入”在应用对象中。每个嵌入式系统都是针对特定应用定制的，所以在功能、性能、体系结构、外观等方面可能存在很大的差异。但从计算机原理的角度看，嵌入式系统包括硬件和软件两个组成部分。典型的嵌入式系统的组成如图 1.2 所示。当然，实际系统可能并不包括所有的组成部分。

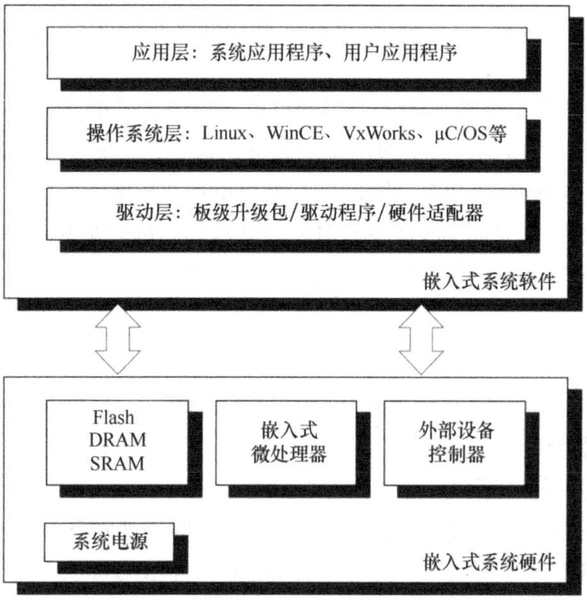

图 1.2 典型的嵌入式系统的组成

嵌入式系统的硬件部分以嵌入式微处理器为核心，扩展存储器及外部设备控制器。在某些应用中，为提高系统性能，还可能为处理器扩展 DSP 或 FPGA 等作为协处理器，实现视频编码、语音编码及其他的数字信号处理等功能。在一些 SoC（System on Chip，片上系统）中，将 DSP 或 FPGA 与处理器集成在一个芯片内，降低系统成本、缩小电路板面积、提高系统可靠性。嵌入式系统的软件部分，驱动层向下管理硬件资源，向上为操作系统提供一个抽象的虚拟硬件平台，是操作系统支持多硬件平台的关键。在嵌入式系统的软件开发过程中，用户的主要精力一般放在用户应用程序和设备驱动程序开发上。

1.1.5　嵌入式系统的分类

嵌入式系统种类繁多，被应用在各行各业里，对其分类有很多不同的方法。

1. 按处理器位宽分类

按处理器位宽可将嵌入式系统分为 4 位系统、8 位系统、16 位系统、32 位系统、64 位系统，一般情况下，位宽越大，性能越强。对于通用计算机处理器，因为其追求尽可能高的性能，在发展历程中总是用高位宽处理器取代或淘汰低位宽处理器。而嵌入式处理器不同，千差万别的应用对处理器的要求也大不相同，因此不同性能的处理器都有各自的用武之地。

2. 按有无操作系统分类

现代通用计算机中，操作系统是必不可少的系统软件。在嵌入式系统中则有两种情况：有操作系统的嵌入式系统和无操作系统（裸机）的嵌入式系统。在有操作系统支持的情况下，嵌入式系统的任务管理、内存管理、设备管理、文件管理等都由操作系统完成，并且操作系统为应用软件提供丰富的编程接口，用户应用软件开发可以把精力都放在具体的应用设计上，这与在 PC 上开发软件相似。在一些功能单一的嵌入式系统中，如基于 8051 单片机的嵌入式系统，硬件平台很简单，系统不需要支持复杂的显示、通信协议、文件系统、多任务的管理等，这种情况下可以不用操作系统。

3. 按实时性分类

根据实时性要求，可将嵌入式系统分为软实时系统和硬实时系统两类。在硬实时系统中，系统要确保在最坏情况下的服务时间，即对事件响应时间的截止期限必须得到满足。在这样的系统里，如果一个事件在规定期限内不能得到及时处理，则会导致致命的系统错误。在软实时系统中，从统计的角度看，一个任务能够得到确保的处理时间，到达系统的时间也能够在截止期限前得到处理，但在截止期限条件没得到满足时并不会带来致命的系统错误。

4. 按应用分类

嵌入式系统被应用在各行各业，按照应用领域的不同可对嵌入式系统进行分类。

1）消费类电子产品

消费类电子产品是嵌入式系统需求最大的应用领域之一，日常生活中的各种电子产品都有嵌入式系统的身影，从传统的电视机、冰箱、洗衣机、微波炉，到数字时代的影碟机、MP3、MP4、手机、数码相机、数码摄像机等，在可预见的将来，可穿戴计算机也将走入我们的生活。现代社会里，人们被各种嵌入式系统的应用产品包围着，嵌入式系统已经在很大程度上改变了我们的生活方式。

2）过程控制类产品

这一类的应用有很多，如生产过程控制、数控机床、汽车电子、电梯控制等。将过程控制引入嵌入式系统可显著提高效率和精确度。

3）信息、通信类产品

通信是信息社会的基础，其中非常重要的是各种有线网络、无线网络，在这个领域中大量应用嵌入式系统，如路由器、交换机、调制解调器、多媒体网关、计费器等。很多与通信相关的信息终端也大量采用嵌入式技术，如 POS 机、ATM 自动取款机等。使用嵌入式技术的信息类产品还包括键盘、显示器、打印机、扫描仪等计算机外部设备。

4）智能仪器、仪表产品

嵌入式系统在智能仪器、仪表中被大量应用，应用计算机技术不仅可以提高仪器、仪表性能，还可以设计出传统模拟设备所不具备的功能。如传统的模拟示波器能显示波形，通过刻度人为计算频率、幅度等参数，而基于嵌入式计算机技术设计的数字示波器，除可以更稳定地显示波形外，还能自动地测量频率、幅度，甚至可以将一段时间里的波形存储起来，供事后详细分析。

5）航空、航天设备与武器系统

航空、航天设备与武器系统一向是高精尖技术集中应用的领域，如飞机、宇宙飞船、卫星、军舰、坦克、火箭、雷达、导弹、智能炮弹等，嵌入式系统是这些设备的关键组成部分。

6）公共管理与安全产品

这类应用包括智能交通、视频监控、安全检查、防火防盗设备等。现在常见的可视安全监控系统已基本实现数字化，在这种系统中，嵌入式系统常用于实现数字视频的压缩编码、硬盘存储、网络传输等。在更智能的视频监控系统中，嵌入式系统甚至能实现人脸识别、目标跟踪、动作识别、可疑行为判断等高级功能。

7）生物、医学微电子产品

这类产品包括生物特征（指纹、虹膜）识别产品、红外温度检测设备、电子血压计、一些电子化的医学化验设备、医学检查设备等。

1.2 单片机概述

单片机作为微型计算机的一个分支，产生于 20 世纪 70 年代，经过半个世纪的发展，在各行各业中已经被广泛应用。单片机体积小，质量小，抗干扰能力强，对环境要求不高，价格低廉，可靠性高，灵活性好，被广泛应用于工业控制、智能仪器仪表、机电一体化产品、家用电器等领域。

1.2.1 单片机的基本概念

单片机是微型计算机中的一种，是把微型计算机中的微处理器、存储器、I/O 接口、定时/计数器、串行接口、中断系统等电路集成在一块集成电路芯片上形成的微型计算机，因而被称为单片微型计算机，简称单片机。

单片机是应测控领域的需要而诞生的，用以实现各种测试和控制。它既包含通用微型计算机中的基本组成部分，又增加了具有实时测控功能的一些部件。在主芯片上集成了大部分功能部件，另外，可在外部扩展 A/D 转换器、D/A 转换器、脉冲调制器等用于测控的部件，现在一部分单片机已经把 A/D 转换器、D/A 转换器及 HSO、HIS 等外设集成在单片机中以提高处理能力。

单片机按照用途可分为通用型和专用型两大类。

（1）通用型单片机内部资源丰富，性能全面，适应能力强。用户可以根据需要设计各种不同的应用系统。

（2）专用型单片机是针对各种特殊场合专门设计的芯片。这种单片机的针对性强，设计时根据需要设计部件。因此，它能实现系统的最简化和资源的最优化，可靠性高，成本低，在应用中有很明显的优势。

在单片机使用中需注意以下几个既有相同点又有区别的概念。

（1）单板机：将微处理器（CPU）、存储器、I/O 接口及简单的输入/输出设备组装在一块电路板上的微型计算机，称为单板机。

（2）单片机：将微处理器（CPU）、存储器、I/O 接口和相应的控制部件集成在一块芯片上形成的微型计算机，称为单片机。

（3）多板机：如果组成计算机的各功能部件是由多块电路板连接而成的，那么这样的计算机称为多板机。

1.2.2　单片机的主要特点

单片机集成了微型计算机中的大部分功能部件，其基本组成和基本工作原理与一般的微型计算机相同，但在具体结构和处理过程上又有自己的特点。其主要特点如下。

（1）在存储器结构上，单片机的存储器采用哈佛（Harvard）结构。ROM 和 RAM 是严格分开的。ROM 称为程序存储器，只存放程序、固定常数和数据表格。RAM 则为数据存储器，用作工作区及存放数据。两者的访问方式也不同，使用不同的寻址方式，通过不同的地址指针访问。程序存储器的存储空间较大，数据存储器的空间小，这样主要是考虑单片机用于控制系统中的特点。程序存储器和数据存储器又有片内和片外之分，而且访问方式也不相同。所以，单片机的存储器在操作时分为片内程序存储器、片外程序存储器、片内数据存储器和片外数据存储器。

（2）在芯片引脚上，大部分采用分时复用技术。单片机芯片内集成了较多的功能部件，需要的引脚信号较多。但受工艺和应用场合的限制，芯片上的引脚又不能太多。为解决实际的引脚数和需要的引脚数之间的矛盾，一根引脚往往设计了两个或多个功能。一条引脚在当前起什么作用，由指令和当前机器的状态来决定。

（3）在内部资源访问上，通过用特殊功能寄存器（SFR）的形式实现。在单片机中，微处理器、存储器、I/O 接口、定时/计数器、串行接口、中断系统等资源是用特殊功能寄存器（SFR）的形式提供给用户的，用户对这些资源的访问是通过对应的特殊功能寄存器（SFR）进行访问来实现的。

（4）在指令系统上，采用面向控制的指令系统。为了满足控制系统的要求，单片机有很强的逻辑控制能力。在单片机内部一般都有一个独立的位处理器，又称为布尔处理器，专门用于位运算。

（5）内部一般都集成一个全双工的串行接口。通过这个串行接口，可以很方便地和其他外设进行通信，也可以与另外的单片机或微型计算机通信，组成计算机分布式控制。

（6）单片机有很强的外部扩展能力。在内部的各功能部件不能满足应用系统要求时，可以很方便地在外部扩展各种电路，它能与许多通用的微机接口芯片兼容。

1.2.3　单片机的发展及其主要品种

在 1971 年 Intel 公司制造出世界上第一块微处理器芯片 4004 后不久，就出现了单片微型计算机，经过之后的五十余年，单片机得到了飞速的发展，在发展过程中，单片机先后经过了4位单片机、8位单片机、16位单片机、32位单片机这几个有代表性的发展阶段。

1）4位单片机

自1975年美国德州仪器公司首次推出4位单片机TMS-1000后，各计算机生产公司相继推出4位单片机，4位单片机的主要生产国是日本，其主要产品有SHARP公司的SM系列、东芝公司的TLCS系列、NEC公司的UCOM7SXX系列等，国内生产的有COP400系列单片机。

4位单片机的特点是价格便宜，主要用于控制洗衣机、微波炉等家用电器及高档电子玩具。

2）8位单片机

1976年9月，美国Intel公司首先推出MCS-48系列8位单片机，单片机发展进入了一个新的阶段。随后各计算机公司先后推出了它们的8位单片机。

1978年以前各厂家生产的8位单片机，由于受集成度的限制，一般都没有串行接口，只提供小范围的寻址空间（小于8KB），性能相对较低，称为低档8位单片机，如Intel公司的MCS-48系列和仙童公司（Fairchild）的F8系列。

1978年以后，随着集成电路水平的提高，出现了一些高性能的8位单片机，它们的寻址能力达到了64KB，片内集成了4～8KB的ROM，片内除带并行I/O接口外，还有串行I/O接口，甚至有些还集成A/D转换器，这类单片机称为高档8位单片机，如Intel公司的MCS-51系列、摩托罗拉（Motorola）公司的6801系列、Zilog公司的Z8系列、NEC公司的uPD78XX系列。

8位单片机因功能强、价格低廉、品种齐全，被广泛地用于工业控制、智能接口、仪器仪表等各领域。特别是高档8位单片机，是现在使用的主要机型。

3）16位单片机

1983年以后，集成电路的集成度可达到十几万只管/片，出现了16位单片机。16位单片机把单片机性能又推向一个新的阶段。它内部集成多个CPU和8KB以上的存储器、多个并行接口、多个串行接口等，有的还集成高速输入/输出接口、脉冲宽度调制输出、特殊用途的监视定时器等电路，如Intel公司的MCS-96系列、美国国家半导体公司的HPC16040系列和NEC公司的783XX系列。

16位单片机往往用于高速复杂的控制系统。

4）32位单片机

近年来，各计算机生产公司已经推出更高性能的32位单片机，但主流32位单片机基本被ARM平台占据。32位单片机通常集成了非常丰富的接口、通信模块及其他功能模块，在功耗方面控制得比较好，实时性强，可选择的型号非常多，基本上不需要外部的硬件扩展。开发资料比较丰富，支持各种流行的嵌入式操作系统，应用开发较为方便。

目前，32位单片机最大的应用领域是通信网络，其次是工控、汽车电子、物联网、医疗电子等。

1.2.4 单片机的应用

单片机具有体积小、功耗低、易于产品化、面向控制、抗干扰能力强、适用温度范围宽、可以方便地实现多机和分布式控制等优点，被广泛地应用于各种控制系统和分布式系统中。

1. 单机应用

单机应用是指在一个系统中只用到一块单片机，这是目前单片机应用最多的方式。单机应用主要集中在以下领域中。

（1）工业自动化控制。在自动化技术中，单片机被广泛用在各种过程控制、数据采集系统、测控技术等中，如数控机床、自动生产线控制、电机控制和温度控制。

（2）智能仪器仪表。单片机技术被运用到仪器仪表中，使得原有的测量仪器向数字化、智能化、多功能化和综合化的方向发展，大大地提高了仪器仪表的精度和准确度，减小了体积，使其易于携带，并且能够集测量、处理、控制功能于一体，从而使测量技术发生了根本的变化。

（3）计算机外部设备和智能接口。在计算机系统中，很多外部设备都用到单片机，如打印机、键盘、硬盘、绘图仪等。通过单片机来对这些外部设备进行管理，既减小了主机的负担，又提高了计算机整体的工作效率。

（4）家用电器。目前家用电器的一个重要发展趋势是智能化程度不断提高，如电视机、录像机、电冰箱、洗衣机、电风扇和空调机等家用电器中都用到单片机或专用的单片机集成电路控制器。单片机的使用提高了家用电器的功能，操作起来方便，故障率更低，而且成本更低廉。

2. 多机应用

多机应用是指在一个系统中用到多块单片机，它是单片机在高科技领域的主要应用，常见于一些大型的自动化控制系统。这时整个系统被分成多个子系统，每个子系统都是一个单片机系统，它完成本子系统的工作，从上级主机接收信息，再发送信息给上级主机。上级主机则根据接收的下级子系统的信息进行判断，产生相应的处理命令并传输给下级子系统。多机应用可分为功能弥散系统、并行多机处理系统和局部网络系统。

3. 单片机的等级

单片机芯片本身是按工业测控环境要求设计的，能够适应于各种恶劣的环境。它有很强的温度适应能力，按对温度的适应能力，可以把单片机分成 3 个等级。

（1）民用级或商用级。温度适应范围为 0～70℃，适用于机房和一般的办公环境。

（2）工业级。温度适应范围为−40～85℃，适用于工厂和工业控制中，对环境的适应能力较强。

（3）军用级。温度适应范围为−65～125℃，运用于环境条件苛刻、温度变化很大的野外，主要用在军事领域。

1.3 信息在计算机中的表示

1.3.1 数制

计算机中常用的数制有二进制、十进制与十六进制 3 种，部分十进制数、二进制数与十六进制数对照见表 1.1。十进制是我们最熟悉的进位计数制之一，其特点是逢十进位。本节主要讲述二进制、十六进制的特点，以及二进制数与十六进制数、十进制数间的转换方法。

表 1.1　部分十进制数、二进制数和十六进制数对照表

整数			小数		
十进制数	二进制数	十六进制数	十进制数	二进制数	十六进制数
0	0	0	0	0	0
1	1	1	0.5	0.1	0.8
2	10	2	0.25	0.01	0.4
3	11	3	0.125	0.001	0.2
4	100	4	0.0625	0.0001	0.1
5	101	5	0.03125	0.00001	0.08
6	110	6	0.015625	0.000001	0.04
7	111	7			
8	1000	8			
9	1001	9			
10	1010	A			
11	1011	B			
12	1100	C			
13	1101	D			
14	1110	E			
15	1111	F			
16	10000	10			

1．二进制

二进制的特点：数码为 0、1；逢 2 进 1，借 1 顶 2。

二进制数以幂级数形式表示时，2 为基数，其第 i 位的权是 2^i。二进制数的最后均标有字母 B，如：

$$\begin{aligned}101101.11\text{B} &= 1\times2^5+0\times2^4+1\times2^3+1\times2^2+0\times2^1+1\times2^0+1\times2^{-1}+1\times2^{-2}\\&=32+0+8+4+0+1+0.5+0.25\\&=45.75\end{aligned}$$

其中，最高位的权是 2^5，次高位的权是 2^4，……，以此类推。

二进制数 B 的通式是各位的数码 B_i 与其所在位的权 2^i 乘积之和，即

$$\begin{aligned}(B)_2 &= B_{n-1}\times2^{n-1}+B_{n-2}\times2^{n-2}+\cdots+B_0\times2^0+B_{-1}\times2^{-1}+\cdots+B_{-m}\times2^{-m}\\&=\sum_{i=-m}^{n-1}B_i\times2^i\end{aligned}$$

式中，n——整数部分位数；

m——小数部分位数；

B_i——第 i 位数码；

2^i——第 i 位数的权。

2．十六进制

十六进制的特点如下。

（1）16 个数码为 0、1、2、3、4、5、6、7、8、9、A、B、D、D、E、F，其中 A、B、

C、D、E、F 相当于 10、11、12、13、14、15。

（2）逢 16 进 1，借 1 顶 16。

十六进制数以幂级数形式表达时，16 为基数，其第 i 位的权是 16^i。十六进制数的最后均标有字母 H，如：$0FAH=F\times16^1+A\times16^0=15\times16+10\times1=250$。

十六进制数 H 的通式也是各位的数码 H_i 与其所在位的权 16^i 乘积之和，即

$$(H)_{16}=H_{n-1}\times16^{n-1}+H_{n-2}\times16^{n-2}+\cdots+H_0\times16^0+H_{-1}\times16^{-1}+\cdots+H_{-m}\times16^{-m}$$
$$=\sum_{i=-m}^{n-1}H_i\times16^i$$

式中，n——整数部分位数；

M——小数部分位数；

H_i——第 i 位数码；

16^i——第 i 位数的权。

十六进制数相比二进制数的优点是书写、记忆方便，所以在微机编程等场合中应用得最广。

3. 二进制数与十六进制数的转换

（1）二进制数转换成十六进制数的方法是“4 位合 1 位法”，即以小数点为界，向前、后每 4 位二进制数合 1 位十六进制数，不够 4 位补“0”，如：

1110 0011 . 1001 0100 B = 0E3. 94H

↓　↓　↓　↓

E　3.　9　4　H

（2）十六进制数转换为二进制数的方法是“每 1 位转成 4 位法”，即以小数点为界，每 1 位十六进制数转换为 4 位二进制数，如将上例逆转一下，就有 0E3.94H=1110 0011.1001 0100B。

4. 二进制数、十六进制数与十进制数的转换

（1）二进制数、十六进制数转换成十进制数的方法是按权展开，然后按照十进制数运算法则求和，例：

$$1011.1010B=1\times2^3+1\times2^1+1\times2^0+1\times2^{-1}+1\times2^{-3}=11.625$$

$$0DFC.8H=13\times16^2+15\times16^1+12\times16^0+8\times16^{-1}=3580.5$$

（2）十进制数转换成二进制数、十六进制数。

① 整数转换法。“除基数取余法”，即十进制整数不断除以转换进制基数，直至商为 0。每除一次取一个余数，从低位排向高位。

十进制数转换成二进制数：

53÷2=26 余 1
26÷2=13 余 0
13÷2=6　余 1
6÷2=3　余 0
3÷2=1　余 1
1÷2=0　余 1　↑

由此得到：53=110101B。

十进制数转换成十六进制数：

208÷16=13 余 0

13÷16=0 余 13

由此得到：208 =0D0H。

② 小数转换法。“乘基数取整法”，即用转换进制的基数乘以小数部分，直至小数为 0 或达到转换精度要求的位数。每乘一次取一次整数，从最高位排到最低位，例：

十进制数转换成二进制数：

0.375×2=0.75 取整数部分 0

0.75×2=1.5 取整数部分 1

0.5×2=1.0 取整数部分 1

由此得到：0.375=0.011B。

十进制数转换成十六进制数：

0.625×16=10.0 取整数部分 10

由此得到：0.625 =0.AH。

1.3.2 码制

计算机中的数通常有两种：无符号数和有符号数。两种数在计算机中的表示是不一样的。无符号数不带符号，表示时比较简单，直接用它对应的二进制形式表示。例如，假设机器字长为 8 位，则 123 表示成 01111011B。

有符号数带有正、负号。数学上用正、负号来表示数的正、负，由于计算机只能识别二进制符号，不能识别正、负号，因此计算机中只能将正、负号数字化，用二进制数表示。通常，在计算机中表示有符号数时，在数的前面加一位，作为符号位。正数表示为 0，负数表示为 1，其余的位用于表示数的大小。

这种连同一个符号位在一起的一个数称为机器数，它的数值称为机器数的真值。机器数的表示如图 1.3 所示。

为了运算方便，机器数在计算机中有 3 种表示法：原码、反码和补码。

1. 原码

原码表示时，最高位为符号位，正数用 0 表示，负数用 1 表示，其余的位用于表示数的绝对值。正数的符号位为 0，因而正数的表示与它对应的无符号数表示是相同的，负数则不同。

原码的表示如图 1.4 所示。

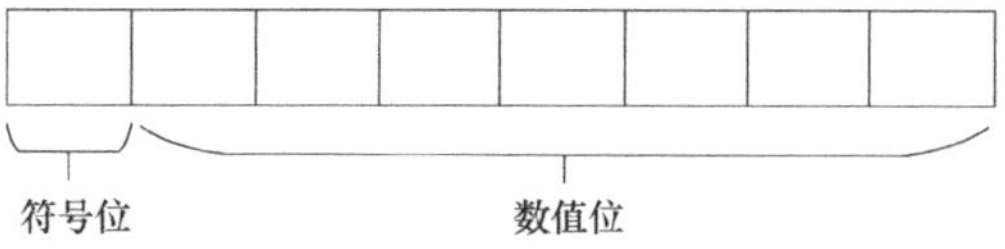

图 1.3 机器数的表示

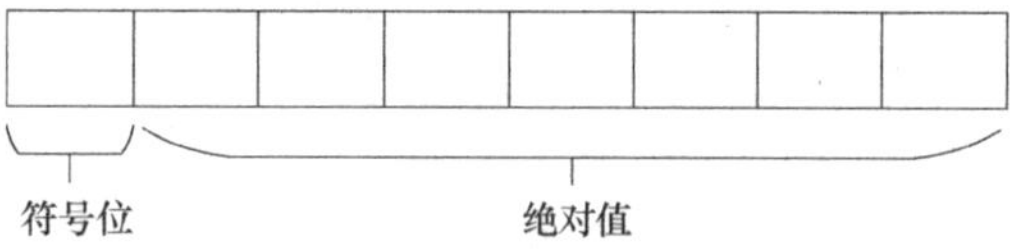

图 1.4 原码的表示

原码表示时，最高位用作符号位，剩下的位作为数的绝对值位。对于一个 n 位的二进制数，其原码的表示范围为$-(2^{n-1}-1)$～$+(2^{n-1}-1)$。例如，如果用 8 位二进制数表示原码，则数的范围为−127～127。

原码表示时，对于−0 和+0 的编码不一样。假设机器字长为 8 位，则−0 的编码为 10000000，

+0 的编码为 00000000。

【例 1.1】 求+67、−25 的原码（机器字长 8 位）。

因为

$$|+67|=67=1000011B$$
$$|-25|=25=11001B$$

所以

$$[+67]_{原}=01000011B$$
$$[-25]_{原}=10011001B$$

2．反码

反码表示时，最高位为符号位，正数用 0 表示，负数用 1 表示。正数的反码与原码相同，而负数的反码可在原码的基础之上，保持符号位不变，将其余位取反得到。

反码数的表示范围与原码相同，对于一个 n 位的二进制，它的反码表示范围为 $-(2^{n-1}-1)\sim+(2^{n-1}-1)$，对于 0，假设机器字长为 8 位，则−0 的反码为 11111111B，+0 的反码为 00000000B。

【例 1.2】 求+67、−25 的反码（机器字长 8 位）。

因为

$$[+67]_{原}=01000011B$$
$$[-25]_{原}=10011001B$$

所以

$$[+67]_{反}=01000011B$$
$$[-25]_{反}=11100110B$$

3．补码

补码表示时，最高位为符号位，正数用 0 表示，负数用 1 表示。正数的补码与原码相同，而负数的补码可在原码的基础之上，保持符号位不变，将其余位取反并在末位加 1 得到。对于一个负数 X，X 的补码也可用 $2^n-|X|$ 得到，其中 n 为计算机字长。

【例 1.3】 求+67、−25 的补码（机器字长 8 位）。

因为

$$[+67]_{原}=01000011B$$
$$[-25]_{原}=10011001B$$

所以

$$[+67]_{补}=01000011B$$
$$[-25]_{补}=11100111B$$

另外，计算补码也可用一种求补运算方法求得。

求补运算：一个二进制数，符号位和数值位一起取反，末位加 1。

求补运算具有以下特点：

对于一个数 X

$$[X]_{补}\xrightarrow{求补}[-X]_{补}\xrightarrow{求补}[X]_{补}$$

那么，已知正数的补码，则可通过求补运算求得对应负数的补码，已知负数的补码，相应也可通过求补运算求得对应正数的补码。

【例 1.4】 已知+25 的补码为 00011001B，用求补运算求−25 的补码。

因为

$$[25]_{补} \xrightarrow{求补} [-25]_{补}$$

所以

$$[-25]_{补}=11100110+1=11100111B$$

对于一个 n 位的二进制数，其补码的表示范围为$-2^{n-1}\sim+(2^{n-1}-1)$。

补码表示时，−0 和+0 的补码是相同的，假设机器字长为 8 位，则 0 的补码为 00000000B。

8 位二进制数用作不同码制数时的实际值对照表如表 1.2 所示。

表 1.2 8 位二进制数用作不同码制数时的实际值对照表

二进制形式	不同码制下的实际值			
	用作无符号数时对应的十进制数值	用作有符号数时的不同码制对应的十进制数		
		用作原码时	用作反码时	用作补码时
00000000	0	+0	+0	+0
00000001	1	+1	+1	+1
00000010	2	+2	+2	+2
…	…	…	…	…
01111110	126	+126	+126	+126
01111111	127	+127	+127	+127
10000000	128	−0	−127	−128
10000001	129	−1	−126	−127
10000010	130	−2	−125	−126
…	…	…	…	…
11111101	253	−125	−2	−3
11111110	254	−126	−1	−2
11111111	255	−127	−0	−1

4. 补码的加减运算

补码的加法运算规则：

$$[X+Y]_{补}=[X]_{补}+[Y]_{补}$$

$$[X-Y]_{补}=[X]_{补}+[-Y]_{补}$$

【例 1.5】 假设机器字长为 8 位，完成下列补码运算。

① 25+32

$$\begin{array}{r} [25]_{补}=00011001B \\ +\ [32]_{补}=00100000B \\ \hline 00111001B \end{array}$$

所以$[25+32]_{补}=[25]_{补}+[32]_{补}=00111001B=[57]_{补}$。

② 25−32

$$\begin{array}{r} [25]_{补}=00011001B \\ +\ [-32]_{补}=11100000B \\ \hline 11111001B \end{array}$$

所以$[25-32]_{补}=[25]_{补}+[-32]_{补}=11111001B=[-7]_{补}$。

从以上例题可以看出，通过补码进行加、减运算非常方便，而且能把减法转换成加法，从而得到正确的结果。

1.3.3　二进制编码

计算机的机器码是二进制数，即机器本身只能识别二进制数，所以需要对常用的数字、字母和符号进行编码。在日常生活中，编码问题是经常会遇到的，如电话号码、房间编号、班级和学号等。这些编码问题的共同特点是采用十进制数来为用户、房间、班级和学生等进行编号，编码位数和用户的多少有关，例如，一个两位十进制数的编码最多容许 100 家用户装电话。

在计算机中，由于机器只能识别二进制数，因此必须事先为键盘上的所有数字、字母和符号进行二进制编码，以便机器对它们加以识别、存储、处理和传输。和日常生活中的编码问题一样，所需编码的数字、字母和符号越多，二进制数字的位数就越长。

下面介绍几种计算机中常用的编码。

1．BCD（Binary-Coded Decimal）码

BCD 码是十进制数的二进制码，BCD 码的种类较多，常用的有 8421 码、2421 码、余 3 码和格雷码等。

8421 码是 BCD 码中的一种，因组成它的 4 位二进制数的权为 8、4、2、1 而得名。8421 码是一种采用 4 位二进制数来代表十进制数码的代码系统。在这个代码系统中，10 组 4 位二进制数分别代表了 0～9 这 10 个数字符号。8421 码如表 1.3 所示。

表 1.3　8421 码

十进制数	8421 码	十进制数	8421 码
0	0000B	8	1000B
1	0001B	9	1001B
2	0010B	10	0001 0000B
3	0011B	11	0001 0001B
4	0100B	12	0001 0010B
5	0101B	13	0001 0011B
6	0110B	14	0001 0100B
7	0111B	15	0001 0101B

其中，0000B～1001B 为 8421 码的基本代码系统，代表 0～9，1010B～1111B 为非法码，逢 10 需再进一个 4 位二进制数。

4 位二进制数有 16 种组合，其中 0000B～1001B 为 8421 的基本代码系统，1010B～1111B 未被使用，称为非法码或冗余码。10 以上的所有十进制数至少需要 2 位 8421 码字（即 8 位二进制数字）来表示，而且不应出现非法码，否则就不是真正的 BCD 数。因此 BCD 数是由 BCD 码构成的，以二进制数的形式出现，逢十进位，但它并不是一个真正的二进制数，因为二进制数是逢二进位的。

例如，十进制数 45 的 BCD 码形式为 01000101B（45H），而它的等值二进制数为 00101101B（2DH）。

8421 码的主要特点是：

① 简单直观，从高到低各位的权分别为 8、4、2、1。

② 不允许出现 1010～1111，这 6 个代码在 8421 码中是非法码。

③ BCD 码可方便地表示一位或多位十进制数，每位十进制数必须用 4 位二进制代码表示。

④ BCD 码既具有二进制数的形式，又保持了十进制数的特点，可以作为人机联系的一种中间表示，也可以用它直接进行运算。

2. ASCII 码（American Standard Coded for Information Interchange）

因为计算机内部只能识别和处理二进制代码，所以字符必须按照一定的规则用一组二进制代码来表示。常见的 ASCII 码用 7 位二进制数表示一个字符，它包括 10 个十进制数字（0～9）、52 个英文大写和小写字母（A～Z、a～z）、34 个专用符号和 32 个控制符号，共计 128 个字符。

ASCII 码中，通常 1 字节存放一个字符，1 字节中右边的 7 位表示不同的字符代码，而最左边的 1 位可以作为奇偶校验位，用来检查错误，也可以用于西文字元和汉字的区分标志。常用字符的 ASCII 码如表 1.4 所示。由表可见，数字和英文字母都是按顺序排列的，只要知道其中一个二进制代码，不需要查表就可以推导出其他数字或字母的二进制代码。

表 1.4 常用字符的 ASCII 码（用十六进制数表示）

字符	ASCII 码	字符	ASCII 码	字符	ASCII 码	字符	ASCII 码	字符	ASCII 码
NUL	0	.	2F	C	43	W	57	k	6B
BEL	7	0	30	D	44	X	58	l	6C
LF	0A	1	31	E	45	Y	59	m	6D
FF	0C	2	32	F	46	Z	5A	n	6E
CR	0D	3	33	G	47	[	5B	o	6F
SP	20	4	34	H	48	\	5C	p	70
!	21	5	35	I	49	]	5D	q	71
“	22	6	36	J	4A	↑	5E	r	72
#	23	7	37	K	4B	,	5F	s	73
$	24	8	38	L	4C	←	60	t	74
%	25	9	39	M	4D	a	61	u	75
&	26	:	3A	N	4E	b	62	v	76
‘	27	;	3B	O	4F	c	63	w	77
(	28	<	3C	P	50	d	64	x	78
)	29	=	3D	Q	51	e	65	y	79
*	2A	>	3E	R	52	f	66	z	7A
+	2B	?	3F	S	53	g	67	{	7B
,	2C	@	40	T	54	h	68	|	7C
- 1	2D	A	41	U	55	i	69	}	7D
/	2E	B	42	V	56	j	6A	～	7E

另外，如果将 ASCII 码中 0～9 这 10 个数字的二进制代码去掉最高 3 位“011”，正好与它们的二进制值相同，这不但使十进制数字进入计算机后易于被压缩成 4 位代码，而且便于进行进一步的信息处理。

习　题　1

1.1　单项选择题

（1）单片机又称为单片微计算机，最初的英文缩写是（　　）。
A．MCP　　B．CPU　　C．DPJ　　D．SCM

（2）Intel 公司的 MCS-51 系列单片机是（　　）的单片机。
A．1 位　　B．4 位　　C．8 位　　D．16 位

（3）十进制数 56 的二进制数是（　　）。
A．00111000B　　B．01011100B　　C．11000111B　　D．01010000B

（4）十进制数 93 的二进制数是（　　）。
A．01011101B　　B．00100011B　　C．11000011B　　D．01110011B

（5）二进制数 11000011 的十六进制数是（　　）。
A．B3H　　B．C3H　　C．D3H　　D．E3H

（6）二进制数 11001011 的十进制无符号数是（　　）。
A．213　　B．203　　C．223　　D．233

（7）二进制数 11001011 的十进制有符号数是（　　）。
A．73　　B．−75　　C．−93　　D．75

（8）十进制数 29 的 8421BCD 压缩码是（　　）。
A．00101001B　　B．10101001B　　C．11100001B　　D．10011100B

（9）十进制数−36 在 8 位微机中的反码和补码分别是（　　）。
A．00100100B、11011100B　　B．00100100B、11011011B
C．10100100B、11011011B　　D．11011011B、11011100B

（10）十进制数+27 在 8 位微机中的反码和补码分别是（　　）。
A．00011011B、11100100B　　B．11100100B、11100101B
C．00011011B、00011011B　　D．00011011B、11100101B

（11）字符 9 的 ASCII 码是（　　）。
A．0011001B　　B．0101001B　　C．1001001B　　D．0111001B

（12）ASCII 码 1000010B 的对应字符是（　　）。
A．SPACE　　B．7　　C．A　　D．B

1.2　问答思考题

（1）简述通用计算机系统的组成。
（2）什么是嵌入式系统？嵌入式系统与通用计算机系统相比有何特点？
（3）什么是单片机？单片机与通用微机相比有何特点？
（4）单片机的发展有哪几个阶段？它今后的发展趋势是什么？
（5）举例说明单片机的主要应用领域。
（6）二进制数的位与字节是什么关系？51 单片机的字是多少位的？

第 2 章　MCS–51 单片机基本原理

2.1　MCS-51 单片机简介

MCS-51 单片机是 Intel 公司在 1980 年推出的高性能 8 位单片机，它包含 51 和 52 两个子系列。

对于 51 子系列，主要有 8031、8051、8751 这 3 种机型，它们的指令系统与芯片引脚完全兼容，仅片内程序存储器不同，8031 芯片不带 ROM，8051 芯片带 4KB 的 ROM，8751 芯片带 4KB 的 EPROM。51 子系列单片机的主要特点如下。

- 8 位 CPU。
- 片内带振荡器，频率范围为 1.2～12MHz。
- 片内带 128B 的数据存储器。
- 片内带 4KB 的程序存储器。
- 程序存储器的寻址空间为 64KB。
- 片外数据存储器的寻址空间为 64KB。
- 128 个用户位寻址空间。
- 21 字节的特殊功能寄存器。
- 4 个 8 位的并行 I/O 接口：P0、P1、P2、P3。
- 2 个 16 位定时/计数器。
- 2 个优先级别的 5 个中断源。
- 1 个全双工的串行 I/O 接口，可多机通信。
- 111 条指令，含乘法指令和除法指令。
- 片内采用单总线结构。
- 有较强的位处理能力。
- 采用单一+5V 电源。

对于 52 子系列，有 8032、8052、8752 这 3 种机型。52 子系列与 51 子系列大部分相同，不同之处在于：片内数据存储器增至 256 字节；8032 芯片不带 ROM，8052 芯片带 8KB 的 ROM，8752 芯片带 8KB 的 EPROM；有 3 个 16 位定时/计数器；6 个中断源。本书以 51 子系列的 8051 为例介绍 MCS-51 单片机的基本原理。

2.2　MCS-51 单片机的结构

2.2.1　MCS-51 单片机的基本组成

虽然 MCS-51 单片机的芯片有多种类型，但它们的基本组成相同。MCS-51 单片机的基本结构如图 2.1 所示。

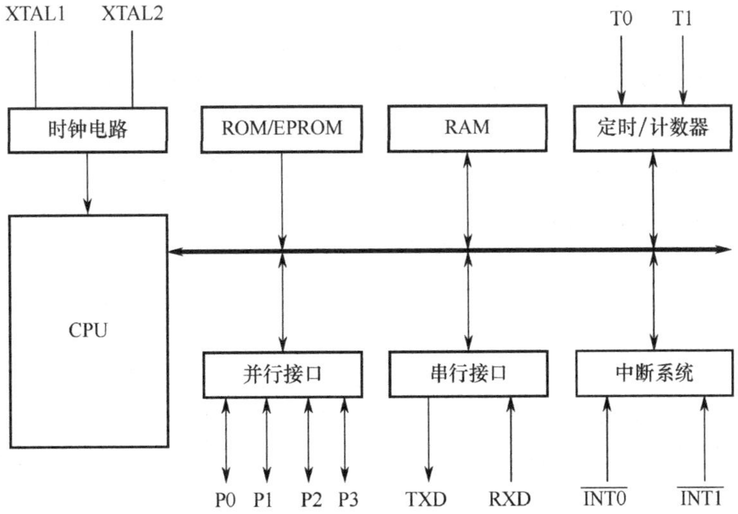

图 2.1　MCS-51 单片机的基本结构

2.2.2　MCS-51 单片机的内部结构

MCS-51 单片机的内部结构框图如图 2.2 所示。

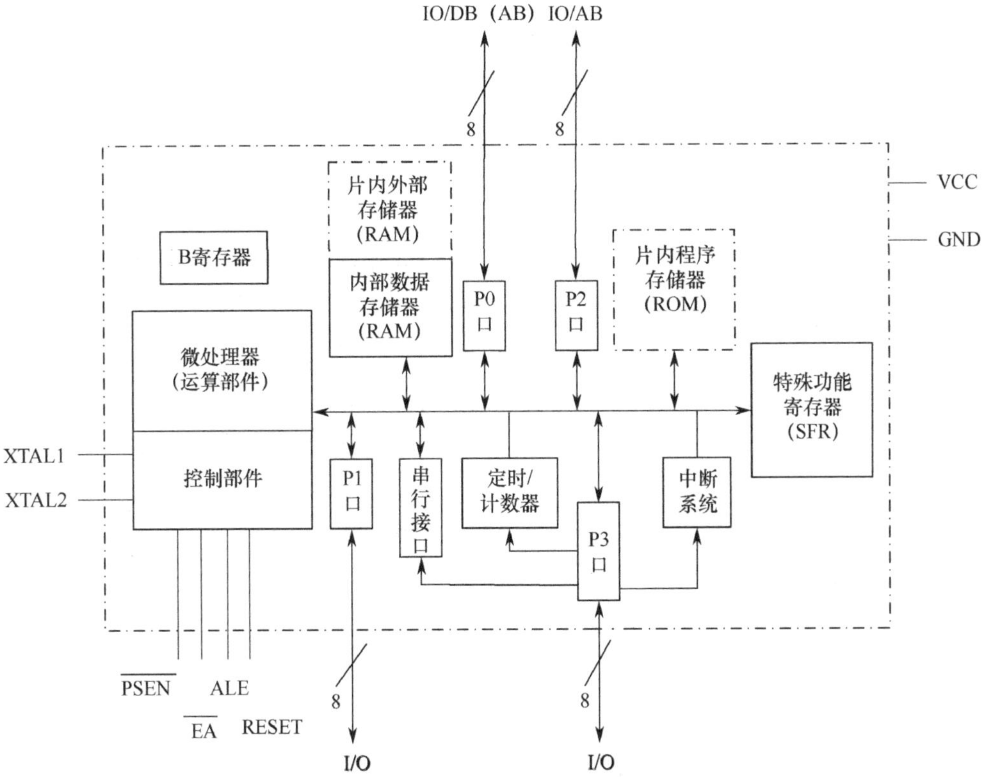

图 2.2　MCS-51 单片机的内部结构框图

由图 2.2 可以看到，它集成了中央处理器（CPU）、存储器系统（RAM 和 ROM）、定时/计数器、并行接口、串行接口、中断系统及一些特殊功能寄存器（SFR）。它们通过内部总线紧密地联系在一起。它的总体结构仍是通用 CPU 加上外围芯片的总线结构。只是在功能部件的控制上与一般微机的通用寄存器加接口寄存器控制不同，CPU 与外设的控制不再分开，采用了特殊功能寄存器集中控制，使用更方便。内部还集成了时钟电路，只需再外接晶振就可形成时钟。另外注意，8031 和 8032 内部没有集成 ROM。

2.2.3 MCS-51 单片机的外部引脚

在 MCS-51 单片机中，各种芯片的引脚是互相兼容的，它们的引脚情况基本相同，不同芯片之间的引脚功能略有差异。

MCS-51 单片机有 40 个引脚，用 HMOS 工艺制造的芯片采用双列直插式封装，如图 2.3 所示。低功耗、采用 CHMOS 工艺制造的机型（在型号中间加“C”作为识别，如 80C31、80C51 等）也有采用方形封装结构的。

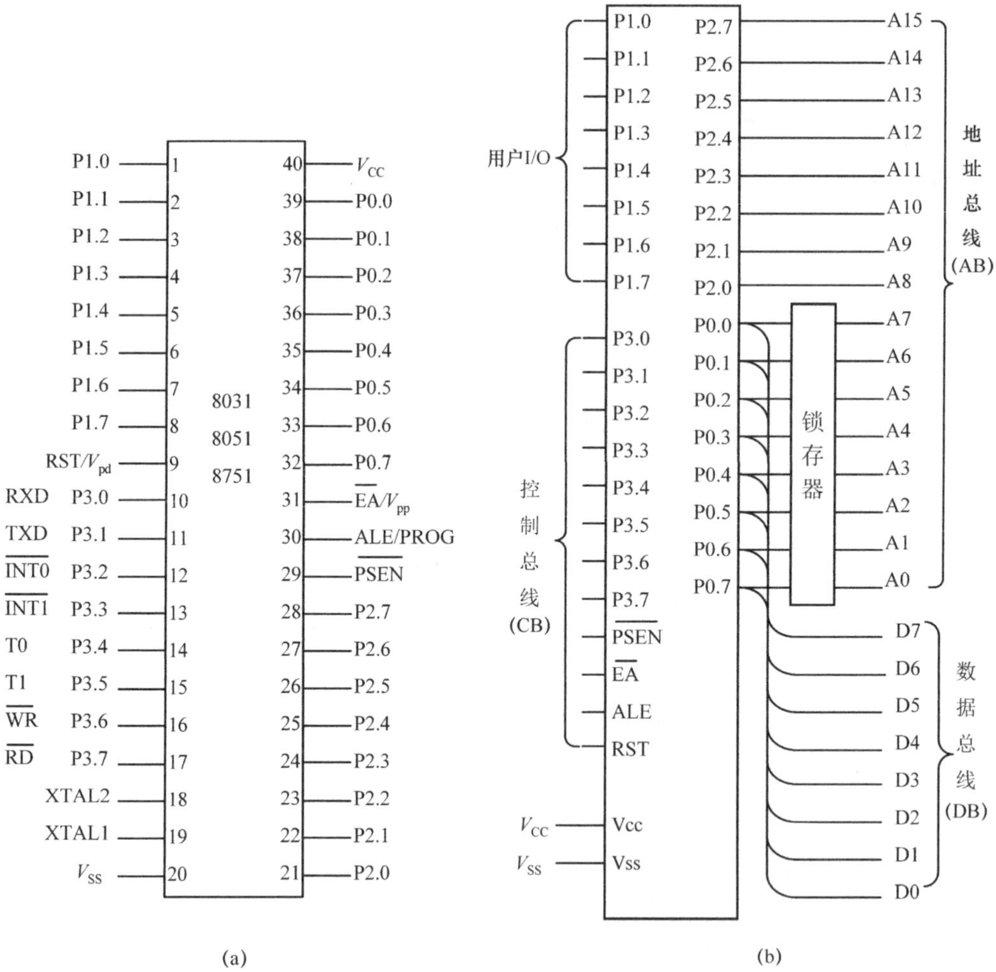

图 2.3 MCS-51 单片机引脚与外部总线结构

现对各引脚分别说明如下。

1．输入/输出引脚

1）P0 口（32～39 引脚）

P0.0～P0.7 统称为 P0 口。在不接片外存储器与不扩展 I/O 接口时，作为准双向输入/输出接口。在接有片外存储器或扩展 I/O 接口时，P0 口被分时复用为低 8 位地址总线和双向数据总线。

2）P1 口（1～8 引脚）

P1.0～P1.7 统称为 P1 口，可作为准双向 I/O 接口使用。

3）P2 口（21～28 引脚）

P2.0～P2.7 统称为 P2 口，一般可作为准双向 I/O 接口使用。在接有片外存储器或扩展 I/O 接口且寻址范围超过 256B 时，P2 口被用作高 8 位地址总线。

4）P3 口（10～17 引脚）

P3.0～P3.7 统称为 P3 口。除作为准双向 I/O 接口使用外，每一位还具有独立的第二功能。

2．控制线

1）ALE/PROG（30 引脚）

地址锁存信号输出端。ALE 在每个机器周期内输出两个脉冲。在访问片外程序存储器期间，下降沿用于控制锁存 P0 口输出的低 8 位地址；在不访问片外程序存储器期间，可作为对外输出的时钟脉冲或用于定时目的。但要注意，在访问片外数据存储器期间，ALE 脉冲会跳空一个，此时作为时钟输出就不妥了。

对于片内含有 EPROM 的机型，在编程期间，该引脚用作编程脉冲 PROG 的输入端。

2）$\overline{\text{PSEN}}$（29 引脚）

片外程序存储器读选通信号输出端，低电平有效。在从外部程序存储器读取指令或常数期间，每个机器周期内该信号有效两次，通过数据总线 P0 口读回指令或常数。在访问片外数据存储器期间，$\overline{\text{PSEN}}$ 信号不出现。

3）RST/V_{pd}（9 引脚）

RST 即为 RESET，V_{pd} 为备用电源，该引脚为单片机的上电复位或掉电保护端。当单片机的振荡器工作时，该引脚上出现持续两个机器周期的高电平，就可实现复位操作，使单片机恢复到初始状态。上电时，考虑振荡器有一定的起振时间，该引脚上的高电平必须持续 10ms 以上才能保证有效复位。

该引脚可接上备用电源，当 V_{CC} 发生故障，降低到低电平规定值或掉电时，该备用电源为内部 RAM 供电，以保证 RAM 中的数据不丢失。

4）$\overline{\text{EA}}/V_{pp}$（31 引脚）

$\overline{\text{EA}}$ 为片外程序存储器选用端。当该引脚为低电平时，选用片外程序存储器；当为高电平或悬空时，选用片内程序存储器。

对于片内含有 EPROM 的机型，在编程期间，此引脚用作 21V 编程电源 V_{pp} 的输入端。

3．主电源引脚

V_{CC}（40 引脚）：接+5V 电源正端。

V_{SS}（20 引脚）：接+5V 电源地端。

4．外接晶体引脚

XTAL1、XTAL2（19、18 引脚）：当使用单片机的内部振荡电路时，这两个引脚用来外接石英晶体和微调电容，如图 2.4（a）所示。在单片机内部，它是一个反相放大器的输入端，这个放大器构成了片内振荡器。当采用外部时钟时，对于 HMOS 单片机，XTAL1 引脚接地，XTAL2 接片外振荡脉冲输入（带上拉电阻）；对于 CHMOS 单片机，XTAL2 引脚接地，XTAL1 接片外振荡脉冲输入（带上拉电阻），如图 2.4（b）和（c）所示。

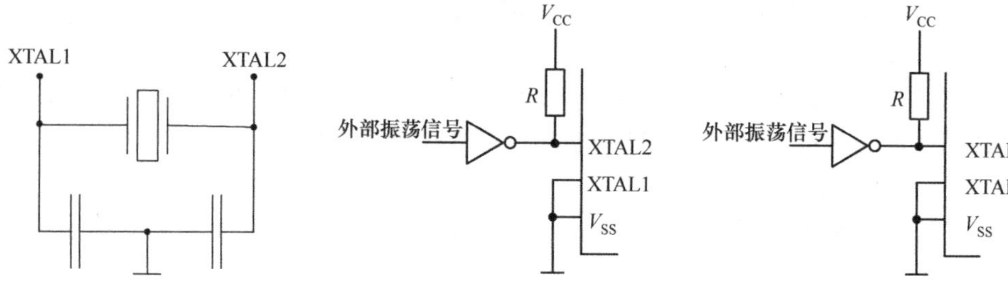

（a）内部时钟方式　（b）HMOS 工艺外接时钟　（c）CHMOS 工艺外接时钟

图 2.4　时钟电路

2.3　MCS-51 单片机的中央处理器

从功能上，MCS-51 单片机的中央处理器（CPU）可分为运算器和控制器两部分，具体如图 2.5 所示。

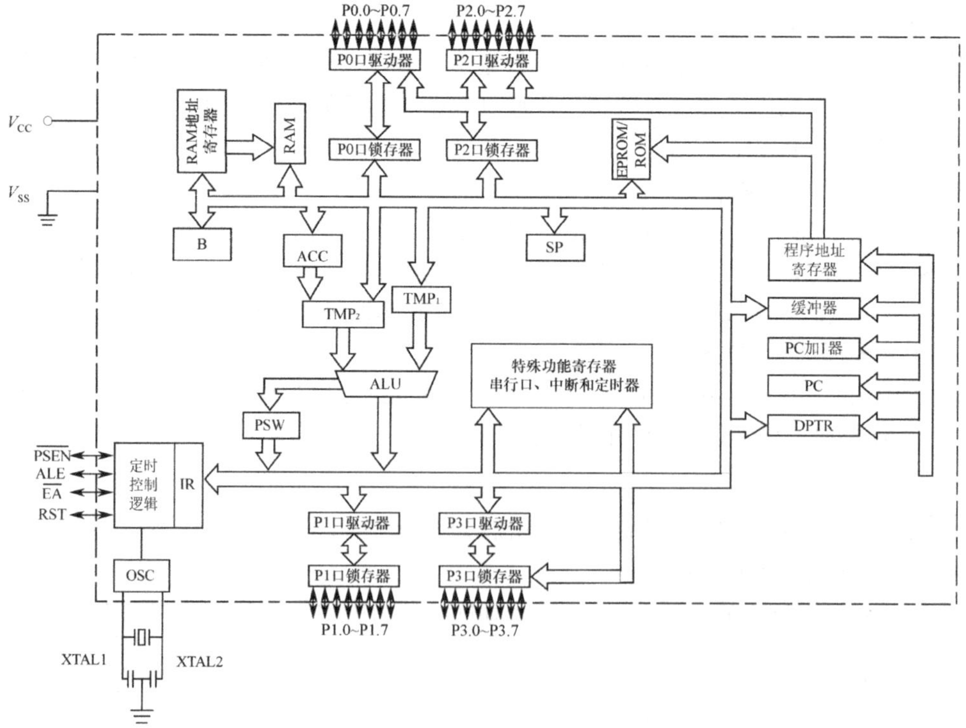

图 2.5　MCS-51 单片机的内部结构图

2.3.1 运算器

运算器以算术运算单元 ALU 为核心，包含累加器 ACC、寄存器 B、暂存器、标志寄存器 PSW 等许多部件，它能实现算术运算、逻辑运算、位运算、数据传输等。

1. 算术运算单元 ALU

算术运算单元 ALU 是一个 8 位的运算器，它不仅可以完成 8 位二进制数据的加、减、乘、除等基本的算术运算，还可以完成 8 位二进制数据的逻辑“与”、“或”、“异或”、循环移位、求补、清零等逻辑运算，并具有数据传输、程序转移等功能。ALU 还有一个一般微型计算机没有的位运算器，它可以对一位二进制数据进行置位、清零、求反、测试转移及位逻辑“与”、逻辑“或”等处理，这在控制方面很有用。

2. 累加器 ACC

累加器 ACC（简称累加器 A）为一个 8 位的寄存器，它是 CPU 中使用最频繁的寄存器之一。ALU 在进行运算时，数据绝大多数时候都来自累加器 ACC，运算结果也通常送回累加器 ACC。在 MCS-51 单片机指令系统中，绝大多数指令中都要求累加器 A 参与处理。

3. 寄存器 B

寄存器 B 称为辅助寄存器，它是为乘法和除法指令而设置的。在乘法运算时，累加器 A 和寄存器 B 在乘法运算前存放乘数和被乘数，运算完，通过寄存器 B 和累加器 A 存放结果。除法运算时，运算前，累加器 A 和寄存器 B 存入被除数和除数，运算完用于存放商和余数。

4. 标志寄存器 PSW

标志寄存器 PSW 是一个 8 位的寄存器，它用于保存指令执行结果的状态，以供程序查询和判别。它的各位的定义如图 2.6 所示。

D7	D6	D5	D4	D3	D2	D1	D0
C	AC	F0	RS1	RS0	OV	—	P

图 2.6　标志寄存器 PSW 的格式

C（PSW.7）：进位标志位。在执行算术运算和逻辑运算指令时，用于记录最高位的进位或借位。在进行 8 位加法运算时，若运算结果的最高位 D7 位有进位，则 C 置位，否则 C 清零。在进行 8 位减法运算时，若被减数比减数小，不够减，需借位，则 C 置位，否则 C 清零。另外，也可通过逻辑指令使 C 置位或清零。

AC（PSW.6）：辅助进位标志位。它用于记录在进行加法和减法运算时，低 4 位向高 4 位是否有进位或借位。当有进位或借位时，AC 置位，否则 AC 清零。

F0（PSW.5）：用户标志位。它是系统预留给用户自己定义的标志位，可以用软件置位或清零。在编程时，也可以通过软件测试 F0 以控制程序的流向。

RS1、RS0（PSW.4、PSW.3）：寄存器组选择位。可用软件置位或清零，用于从 4 组工作寄存器中选定当前的工作寄存器组，选择情况如表 2.1 所示。

表 2.1 RS1 和 RS0 工作寄存器组选择

RS1	RS0	工作寄存器组
0	0	0 组（00H～07H）
0	1	1 组（08H～0FH）
1	0	2 组（10H～17H）
1	1	3 组（18H～1FH）

OV（PSW.2）：溢出标志位。在进行有符号数加法或减法运算时，如运算的结果超出 8 位二进制数的范围，则 OV 置 1，标志溢出，否则 OV 清零。

P（PSW.0）：奇偶标志位。用于记录指令执行后累加器 A 中 1 的个数的奇偶性。若累加器 A 中 1 的个数为奇数，则 P 置位，若累加器 A 中 1 的个数为偶数，则 P 清零。

其中 PSW.1 未定义，可供用户使用。

【例 2.1】 试分析执行 67H 与 58H 相加且结果送到累加器 A 后，累加器 A、标志位 C、AC、OV、P 的值。

运算过程如下：

67H=01100111B

58H=01011000B

```
  01100111B
 +01011000B
 ----------
  10111111B=0BFH
```

则执行后累加器 A 中的值为 0BFH，由相加过程得 C=0、AC=0、OV=1、P=1。

2.3.2 控制器

控制器是单片机的控制中心，由程序计数器 PC、指令寄存器 IR、指令译码器 ID、数据指针寄存器 DPTR 及定时控制与条件转移逻辑电路等组成。它先以振荡信号为基准产生 CPU 的时序，从 ROM 中取出指令到指令寄存器，然后在指令译码器中对指令进行译码，产生指令执行所需的各种控制信号，送到单片机内部的各功能部件，指挥各功能部件产生相应的操作，完成对应的功能。

1. 程序计数器 PC（Program Counter）

PC 是一个 16 位的专用寄存器，其中存放着下一条要执行指令的首地址，即 PC 内容决定着程序的运行轨迹。当 CPU 要取指令时，PC 的内容就会出现在地址总线上；取出指令后，PC 的内容可自动加 1，以保证程序按顺序执行。此外，PC 的内容也可以通过指令修改，从而实现程序的跳转运行。

系统复位后，PC 的内容会被自动赋为 0000H，这表明复位后 CPU 将从程序存储器的 0000H 地址处的指令开始运行。

2. 指令寄存器 IR（Instruction Register）

指令寄存器是一个 8 位的寄存器，用于暂存待执行的指令，等待译码。

3. 指令译码器 ID（Instruction Decoder）

指令译码器对指令寄存器中的指令进行译码，将指令转换为执行此指令所需的电信号。

根据译码器输出的信号，再经过定时控制电路产生执行该指令所需的各种控制信号。

4. 数据指针寄存器 DPTR（Data Pointer）

DPTR 是一个 16 位的专用地址指针寄存器，由两个 8 位寄存器 DPH 和 DPL 拼装而成，其中 DPH 为 DPTR 的高 8 位，DPL 为 DPTR 的低 8 位。DPTR 既可以作为一个 16 位寄存器来使用，又可作为两个独立的 8 位寄存器来使用。

DPTR 可以用来存放片内 ROM 的地址，也可以用来存放片外 RAM 和片外 ROM 的地址，与相关指令配合可实现对最高 64KB 片外 RAM 和全部 ROM 的访问。

2.4 MCS-51 单片机的存储器结构

MCS-51 单片机的存储器结构与一般微机的存储器结构不同，分为程序存储器 ROM 和数据存储器 RAM。程序存储器存放程序、固定常数和数据表格；数据存储器用作工作区及存放数据。两者完全分开，程序存储器和数据存储器各有自己的寻址方式、寻址空间和控制系统。程序存储器和数据存储器从物理结构上可分为片内和片外，它们的寻址空间和寻址方式也不相同。

2.4.1 程序存储器

1. 程序存储器的编址与访问

程序存储器用于存放单片机工作时的程序，单片机工作时先由用户编制好程序和表格常数，把它存放到程序存储器中，然后在控制器的控制下，依次从程序存储器中取出指令并送到 CPU 执行，实现相应的功能。为此，设有一个专用寄存器程序计数器 PC，用以存放要执行的指令的地址。它具有自动计数的功能，每取出一条指令，它的内容自动加 1，以指向下一条要执行的指令，从而实现从程序存储器中依次取出指令执行的目的。由于 MCS-51 单片机的程序计数器 PC 为 16 位，因此程序存储器的地址空间为 64KB。

MCS-51 单片机的程序存储器从物理结构上，可分为片内程序存储器和片外程序存储器。对于片内程序存储器，在 MCS-51 单片机中，不同的芯片各不相同，8031 内部没有 ROM，8051 内部有 4KB 的 ROM，8751 内部有 4KB 的 EPROM。

对于内部没有 ROM 的 8031 芯片，工作时只能扩展外部 ROM，最多可扩展 64KB，地址范围为 0000H～FFFFH。对于内部有 ROM 的芯片，根据情况也可以扩展外部 ROM，但内部 ROM 和外部 ROM 公用 64KB 存储空间。其中，片内程序存储器的地址空间和片外程序存储器的低地址空间重叠，51 子系列的重叠区域为 0000H～0FFFH。MCS-51 单片机的程序存储器编址如图 2.7 所示。

单片机在执行指令时，对于低地址部分是从片内程序存储器取指令，还是从片外程序存储器取指令，是根据单片机芯片上的片外程序存储器选用引脚 $\overline{EA}$ 的电平高低来决定的。$\overline{EA}$ 接低电平，片内 ROM 禁用，全部 64KB 地址都在片外 ROM 中；$\overline{EA}$ 接高电平，小于或等于 4KB 的地址都在片内 ROM 中，大于 4KB 的地址在片外 ROM 中。

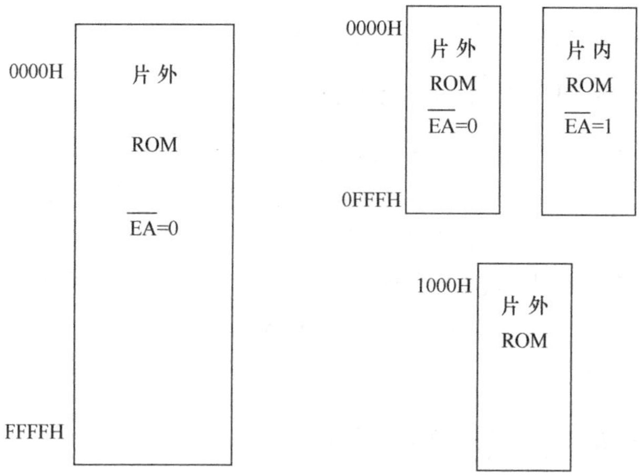

（a）片内无 ROM （b）片内有 4KB 的 ROM

图 2.7 MCS-51 单片机的程序存储器编址

2. 程序存储器的特殊地址

在 64KB 程序存储器中，有些特殊用途单元。第一个是 0000H 单元，因 MCS-51 单片机复位后 PC 的内容为 0000H，故单片机复位后将从 0000H 单元开始执行程序。程序存储器的 0000H 单元地址是系统程序的启动地址。这里用户一般放一条绝对转移指令，转到用户设计的主程序的起始地址。另外 5 个单元对应于 5 个中断源（51 子系列为 5 个），分别对应中断服务程序的入口地址，具体情况如表 2.2 所示。

表 2.2 中断服务程序的入口地址

中 断 源	入 口 地 址
外部中断 0	0003H
定时/计数器 0	000BH
外部中断 1	0013H
定时/计数器 1	001BH
串行接口	0023H

这 5 个地址之间仅隔 8 个单元，存放中断服务程序往往不够用。这里通常放一条绝对转移指令，转到真正的中断服务程序，真正的中断服务程序放到后面。

这 5 个地址之后是用户程序区，用户可以把用户程序放在用户程序区的任意位置，一般将用户程序放在从 0100H 开始的区域。

2.4.2 数据存储器

数据存储器在单片机中用于存取程序执行时所需的数据，它从物理结构上可分为片内数据存储器和片外数据存储器，这两部分在编址和访问方式上各不相同。其中片内数据存储器又可分成几部分，采用多种方式访问。

1. 片内数据存储器

MCS-51 单片机的片内数据存储器除 RAM 块外，还有特殊功能寄存器 SFR 块。对于 51

子系列，前者占 128 字节，编址为 00H～7FH；后者也占 128 字节，编址为 80H～FFH，二者连续不重叠。

片内数据存储器按功能分成以下几部分：工作寄存器组区、位寻址区、一般 RAM 区和特殊功能寄存器区，其中还包含堆栈区。具体分配情况如图 2.8 所示。

图 2.8 片内数据存储器的具体分配情况

1）工作寄存器组区

00H～1FH 单元为工作寄存器组区，共 32 字节。工作寄存器也称为通用寄存器，用于临时寄存 8 位信息。工作寄存器共有 4 组：0 组、1 组、2 组和 3 组。每组有 8 个寄存器，依次用 R0～R7 表示。也就是说，R0 可能表示 0 组的第一个寄存器（地址为 00H），也可能表示 1 组的第一个寄存器（地址为 08H），还可能表示 2 组、3 组的第一个寄存器（地址分别为 10H 和 18H）。使用哪一组中的寄存器由标志寄存器 PSW 中的 RS0 和 RS1 两位来选择。对应关系见表 2.1。

2）位寻址区

20H～2FH 为位寻址区，共 16 字节，128 位。这 128 位中的每位都可以按位方式使用，每一位都有一个位地址，位地址范围为 00H～7FH，它的具体情况如表 2.3 所示。

表 2.3 位寻址区地址表

字节单元地址	D7	D6	D5	D4	D3	D2	D1	D0
20H	07	06	05	04	03	02	01	00
21H	0F	0E	0D	0C	0B	0A	09	08
22H	17	16	15	14	13	12	11	10
23H	1F	1E	1D	1C	1B	1A	19	18
24H	27	26	25	24	23	22	21	20
25H	2F	2E	2D	2C	3B	2A	29	28
26H	37	36	35	34	33	32	31	30
27H	3F	3E	3D	3C	3B	3A	39	38
28H	47	46	45	44	43	42	41	40

（续表）

字节单元地址	D7	D6	D5	D4	D3	D2	D1	D0
29H	4F	4E	4D	4C	4B	4A	49	48
2AH	57	56	55	54	53	52	51	50
2BH	5F	5E	5D	5C	5B	5A	59	58
2CH	67	66	65	64	63	62	61	60
2DH	6F	6E	6D	6C	6B	6A	69	68
2EH	77	76	75	74	73	72	71	70
2FH	7F	7E	7D	7C	7B	7A	79	78

3）一般 RAM 区

30H～7FH 是一般 RAM 区，也称为用户 RAM 区，共 80 字节。另外，对于前两区中未用的单元，也可为用户 RAM 单元使用。

4）堆栈区与堆栈指针

堆栈是按先入后出、后入先出的原则进行管理的一段存储区域。MCS-51 单片机中，堆栈占用片内数据存储器的一段区域，在具体使用时应避开工作寄存器、位寻址区，一般设在 2FH 以后的单元，如工作寄存器和位寻址区未用，也可开辟为堆栈。

堆栈主要是为子程序调用和中断调用而设立的。它的具体功能有两个：保护断点和保护现场。无论是子程序调用还是中断调用，调用完后都要返回调用位置。因此调用时，在转移到目的位置前，应先把当前的断点位置入栈保存，以便于以后返回时使用。对于嵌套调用，先调用的后返回，后调用的先返回。因而应先入栈保存的后送出，后入栈保存的先送出。

为实现堆栈的先入后出、后入先出的数据处理，单片机中专门设置了一个堆栈指针 SP。堆栈指针 SP 是一个 8 位的特殊功能寄存器，它指向当前堆栈段的位置，MCS-51 单片机的堆栈是向上生长型的，存入数据从地址低端向高端延伸，取出数据从地址高端向低端延伸。入栈和出栈数据是以字节为单位的。入栈时，SP 指针的内容先自动加 1，然后把数据存入 SP 指针指向的单元；出栈时，先把 SP 指针指向的单元的数据取出，然后把 SP 指针的内容自动减 1。复位时，SP 的初值为 07H，因此堆栈实际上是从 08H 开始存放数据的。另外，用户也可通过给 SP 赋值的方式改变堆栈的初始位置。

5）特殊功能寄存器

特殊功能寄存器 SFR 也称为专用寄存器，专门用于控制、管理片内算术逻辑部件、并行 I/O 接口、串行接口、定时/计数器、中断系统等功能模块的工作。用户在编程时可以给其设定值，但不能移作他用。SFR 分布在 80H～FFH 地址空间，与片内数据存储器统一编址。除 PC 外，51 子系列有 18 个特殊功能寄存器，其中 3 个为双字节，共占用 21 字节。它们的分配情况如下。

CPU 专用寄存器：累加器 A（E0H），寄存器 B（F0H），标志寄存器 PSW（D0H），堆栈指针 SP（81H），数据指针 DPTR（82H、83H）。

并行接口：P0～P3（80H、90H、A0H、B0H）。

串行接口：串口控制寄存器 SCON（98H），串口数据缓冲器 SBUF（99H），电源控制寄存器 PCON（87H）。

定时/计数器：方式寄存器 TMOD（89H），控制寄存器 TCON（88H），初值寄存器 TH0、TL0（8CH、8AH）/TH1、TL1（8DH、8BH）。

中断系统：中断允许寄存器 IE（A8H），中断优先级寄存器 IP（B8H）。

特殊功能寄存器的名称、符号及地址如表 2.4 所示。

表 2.4　特殊功能寄存器的名称、符号及地址

名　称	符　号	地　址	位地址与位名称							
			D7	D6	D5	D4	D3	D2	D1	D0
P0 口	P0	80H	87	86	85	84	83	82	81	80
堆栈指针	SP	81H								
数据指针低字节	DPL	82H								
数据指针高字节	DPH	83H								
定时/计数器控制	TCON	88H	TF1	TR1	TF0	TR0	IE1	IT1	IE0	IT0
			8F	8E	8D	8C	8B	8A	89	88
定时/计数器方式	TMOD	89H	GATE	C/T	M1	M0	GAME	C/T	M1	M0
定时/计数器 0 低字节	TL0	8AH								
定时/计数器 0 高字节	TL1	8BH								
定时/计数器 1 低字节	TH0	8CH								
定时/计数器 1 高字节	TH1	8DH								
P1 口	P1	90H	97	96	95	94	93	92	91	90
电源控制	PCON	97H	SMOD				GF1	GF0	PD	IDL
串行接口控制	SCON	98H	SM0	SM1	SM0	REN	TB8	RB8	TI	RI
			9F	9E	9D	9C	9B	9A	99	98
串行接口数据	SBUF	99H								
P2 口	P2	A0H	A7	A6	A5	A4	A3	A2	A1	A0
中断允许控制	IE	A8H	EA		ET2	ES	ET1	EX1	ET0	EX0
			AF		AD	AC	AB	AA	A9	A9
P3 口	P3	B0H	B7	B6	B5	B4	B3	B2	B1	B0
中断优先级控制	IP	B8H			PT2	PS	PT1	PX1	PT0	PX0
					BD	BC	BB	BA	B9	B8
标志寄存器	PSW	D0H	C	AC	F0	RS1	RS0	OV		P
			D7	D6	D5	D4	D3	D2	D1	D0
累加器	A	E0H	E7	E6	E5	E4	E3	E2	E1	E0
寄存器	B	F0H	F7	F6	F5	F4	F3	F2	F1	F0

在表中，带有位地址和位名称的特殊功能寄存器，既能按字节方式处理，又能按位方式处理。

注意：在 80H～FFH 的地址范围内，仅有 21 个字节（51 子系列）作为特殊功能寄存器，即是有定义的。其余字节无定义，用户不能访问这些字节，如访问这些字节，将得到一个不确定的值。

2. 片外数据存储器

MCS-51 单片机片内有 128 字节或 256 字节的数据存储器。当数据存储器不够时，可在外部扩展外部数据存储器，扩展的外部数据存储器最多为 64KB，地址范围为 0000H～0FFFFH。另外，扩展的外部设备占用片外数据存储器的空间。

2.5 MCS-51 单片机的输入/输出接口及片外总线

2.5.1 MCS-51 单片机的输入/输出接口

MCS-51 单片机有 4 个 8 位的并行 I/O 接口：P0 口、P1 口、P2 口和 P3 口，它们是特殊功能寄存器中的 4 个。这 4 个接口既可以作输入，又可以作输出，既可按 8 位处理，又可按位方式使用。输出时具有锁存能力，输入时具有缓冲功能。每个接口的具体功能都有所不同，下面分别介绍。

1. P0 口

P0 口是一个三态双向口，可作为地址/数据分时复用接口，也可作为通用的 I/O 接口。它由一个输出锁存器、两个三态缓冲器、输出驱动电路和输出控制电路组成，它的一位结构图如图 2.9 所示。

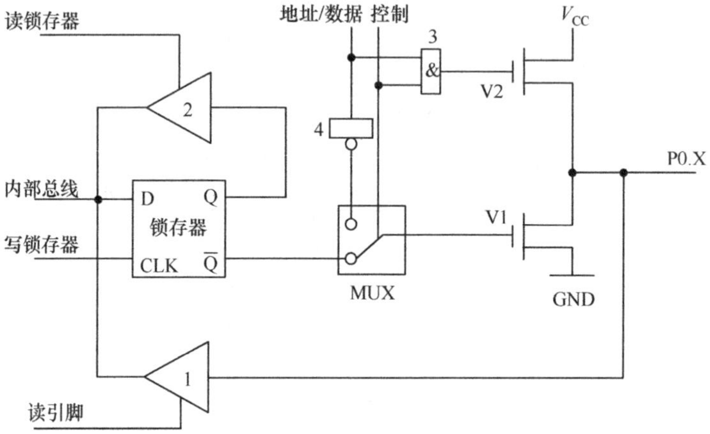

图 2.9 P0 口的一位结构图

当控制信号为高电平“1”时，P0 口作为地址/数据分时复用总线。这时可分为两种情况：一种是从 P0 口输出地址或数据，另一种是从 P0 口输入数据。控制信号为高电平“1”，使转换开关 MUX 把反相器 4 的输出端与 V1 接通，同时把与门 3 打开。如果从 P0 口输出地址或数据信号，当地址或数据为“1”时，经反相器 4 使 V1 截止，而经与门 3 使 V2 导通，P0.X 引脚上出现相应的高电平“1”；当地址或数据为“0”时，经反相器 4 使 V1 导通而 V2 截止，引脚上出现相应的低电平“0”，这样就将地址/数据的信号输出。如果从 P0 口输入数据，输入数据从引脚下方的三态缓冲器进入内部总线。

当控制信号为低电平“0”时，P0 口作为通用 I/O 接口使用。控制信号为“0”，转换开关 MUX 把输出级与锁存器的 $\overline{Q}$ 端接通，在 CPU 向端口输出数据时，因与门 3 的输出为“0”，使 V2 截止，此时，输出级是漏极开路电路。当写入脉冲加在锁存器的时钟端 CLK 上时，与内部总线相连的 D 端数据取反后出现在 $\overline{Q}$ 端，又经输出 V1 反相，在 P0 引脚上出现的数据正好是内部总线的数据。当要从 P0 口输入数据时，引脚信号仍经三态缓冲器进入内部总线。

但当 P0 口用作通用 I/O 接口时，应注意以下两点。

（1）在输出数据时，由于 V2 截止，因此输出级是漏极开路电路，要使“1”信号正常输出，必须外接上拉电阻。

（2）P0 口作为通用 I/O 接口输入使用时，在输入数据前，应先向 P0 口写“1”，此时锁存器的 $\overline{Q}$ 端为“0”，使输出级的两个场效应管 V1、V2 均截止，引脚处于悬浮状态，才可作高阻输入。因为，从 P0 口引脚输入数据时，V2 一直处于截止状态，引脚上的外部信号既加在三态缓冲器 1 的输入端，又加在 V1 的漏极。假定在此之前曾经输出数据“0”，则 V1 是导通的，这样引脚上的电位就始终被钳位在低电平，使输入高电平无法被读入。因此，在输入数据时，应人为地先向 P0 口写“1”，使 V1、V2 均截止，方可高阻输入。

另外，P0 口的输出级具有驱动 8 个 LSTTL 负载的能力，输出电流不大于 800μA。

2. P1 口

P1 口是准双向口，它只能作通用 I/O 接口使用。P1 口的结构与 P0 口不同，它的输出由一个场效应管 V1 与内部上拉电阻组成，如图 2.10 所示。其输入/输出原理特性与 P0 口作为通用 I/O 接口使用时一样，当其输出时，可以提供电流负载，不必像 P0 口那样需要外接上拉电阻。P1 口具有驱动 4 个 LSTTL 负载的能力。

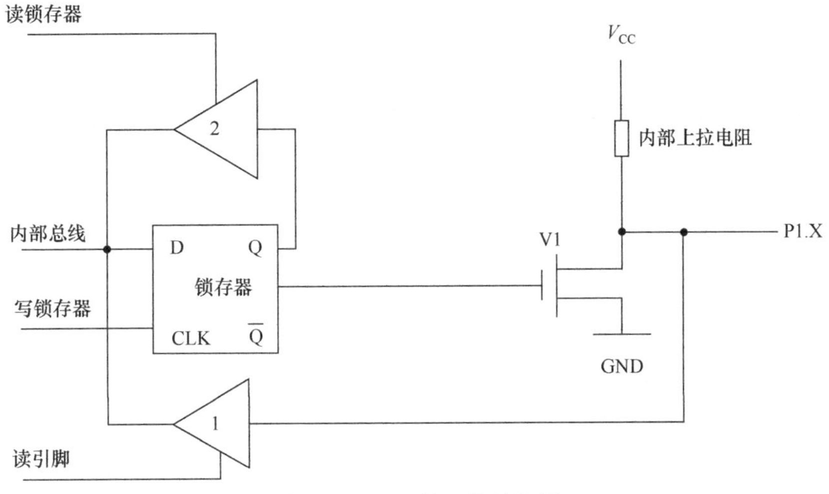

图 2.10　P1 口的一位结构图

3. P2 口

P2 口也是准双向口，它有两种用途：通用 I/O 接口和高 8 位地址线。它的一位结构图如图 2.11 所示，与 P1 口相比，它只在输出驱动电路上比 P1 口多了一个模拟转换开关 MUX 和反相器 3。

当控制信号为高电平“1”时，转换开关接右侧，P2 口用作高 8 位地址总线，片外存储器的高 8 位地址 A8～A15 由 P2 口输出。如系统扩展了 ROM，由于单片机工作时一直不断地取指令，因此 P2 口将不断地送出高 8 位地址，P2 口将不能作为通用 I/O 接口。如系统仅仅扩展 RAM，这时分几种情况：当片外 RAM 容量不超过 256 字节且访问 RAM 时，只需 P0 口送出低 8 位地址即可，P2 口仍可作为通用 I/O 接口使用；当片外 RAM 容量大于 256 字节时，需要 P2 口提供高 8 位地址，这时 P2 口就不能作为通用 I/O 接口使用。

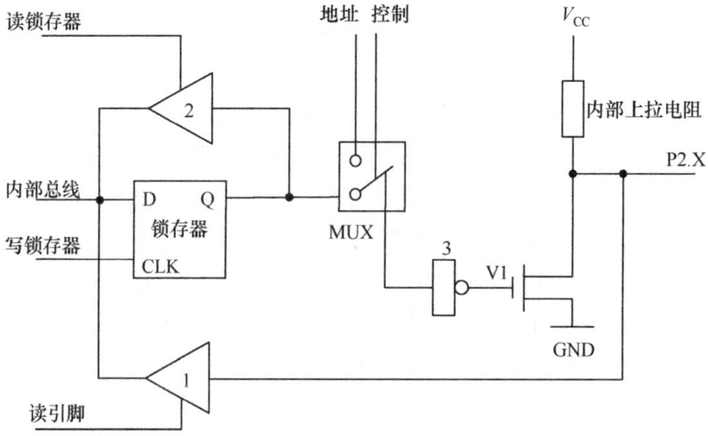

图 2.11 P2 口的一位结构图

当控制信号为低电平“0”时，转换开关接下侧，P2 口用作准双向通用 I/O 接口。控制信号使转换开关接下侧，其工作原理与 P1 口相同，只是 P1 口的输出端由锁存器 $\overline{Q}$ 端接 V1，而 P2 口由锁存器 Q 端经反相器 3 后接 V1。此外，P2 口也具有输入、输出、端口操作 3 种工作方式，负载能力也与 P1 相同。

4．P3 口

P3 口的一位结构图如图 2.12 所示。它的输出驱动由与非门 3、V1 组成，输入比 P0 口、P1 口、P2 口多了一个缓冲器 4。

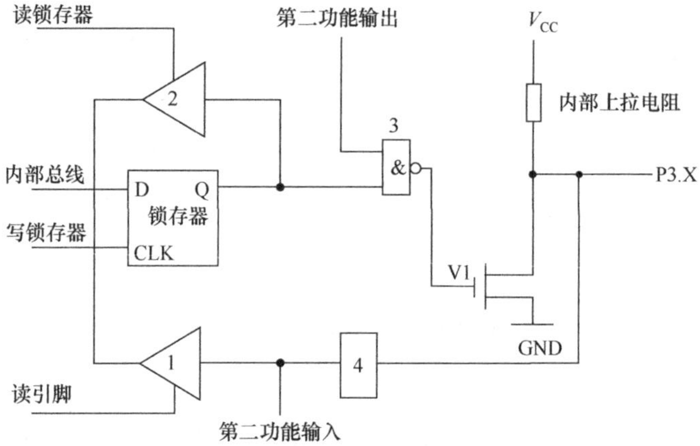

图 2.12 P3 口的一位结构图

P3 口除可作为准双向通用 I/O 接口使用外，它的每一根线还具有第二功能，如表 2.5 所示。

表 2.5 P3 口的第二功能

P3 口的引脚	第二功能	
P3.0	RXD	串行接口输入端
P3.1	TXD	串行接口输出端
P3.2	INT0	外部中断 0 请求输入端，低电平有效
P3.3	INT1	外部中断 1 请求输入端，低电平有效

（续表）

P3 口的引脚	第二功能	
P3.4	T0	定时/计数器 0 外部计数脉冲输入端
P3.5	T1	定时/计数器 1 外部计数脉冲输入端
P3.6	WR	外部数据存储器写信号，低电平有效
P3.7	RD	外部数据存储器读信号，低电平有效

当 P3 口作为通用 I/O 接口时，第二功能输出线为高电平，与非门 3 的输出取决于锁存器的状态。这时，P3 口是一个准双向口，它的工作原理、负载能力与 P1 口、P2 口相同。

当 P3 口作为第二功能使用时，锁存器的 Q 输出端必须为高电平，否则 V1 导通，引脚将被限定在低电平，无法实现第二功能。当锁存器 Q 端为高电平时，P3 口的状态取决于第二功能输出线的状态。单片机复位时，锁存器的输出端为高电平。P3 口第二功能中，输入信号 RXD、INT0、INT1、T0、T1 经缓冲器 4 输入，可直接进入芯片内部。

2.5.2　片外总线结构

单片机的引脚除电源线、复位线、时钟输入及用户 I/O 接口外，其余引脚都是为了实现系统扩展而设置的。这些引脚构成了片外地址总线、数据总线和控制总线三种总线形式。

1. 地址总线

地址总线的宽度为 16 位，寻址范围都为 64KB。由 P0 口经地址锁存器提供低 8 位（A7～A0），P2 口提供高 8 位（A15～A8）而形成，可对片外程序存储器和片外数据存储器寻址。

2. 数据总线

数据总线的宽度为 8 位，由 P0 口直接提供。

3. 控制总线

控制总线由第二功能状态下的 P3 口和 4 根独立的控制线 RST、EA、ALE 和 PSEN 组成。

2.6　MCS-51 单片机的时序

时序就是在执行指令过程中，CPU 产生的各种控制信号在时间上的相互关系。每执行一条指令，CPU 的控制器都产生一系列特定的控制信号，不同的指令产生的控制信号不一样。

CPU 发出的控制信号有两类。一类是用于计算机内部的，这类信号很多，但用户不能直接接触此类信号，故这里不进行介绍。另一类信号是通过控制总线送到片外的，这部分信号是计算机使用者所关心的，这里主要介绍这类信号的时序。

2.6.1　机器周期和指令周期

单片机的时序信号是以单片机内部时钟电路产生的时钟周期（振荡周期）或外部时钟电

路送入的时钟周期（振荡周期）为基础的，在它的基础上形成机器周期、指令周期和各种时序信号。

机器周期：机器周期是单片机的基本操作周期，每个机器周期包含 S1,S2,…,S6 状态，每个状态包含 2 拍 P1 和 P2，每一拍为一个时钟周期（振荡周期）。因此，一个机器周期包含 12 个时钟周期，依次可表示为 S1P1,S1P2,S2P1,S2P2,…,S6P1,S6P2，如图 2.13 所示。

指令周期：计算机工作时不断地取指令和执行指令。计算机取一条指令至执行完该指令所需要的时间称为指令周期，不同的指令，其指令周期不同。单片机的指令周期以机器周期为单位。MCS-51 单片机中，大多数指令的指令周期由 1 个机器周期或 2 个机器周期组成。

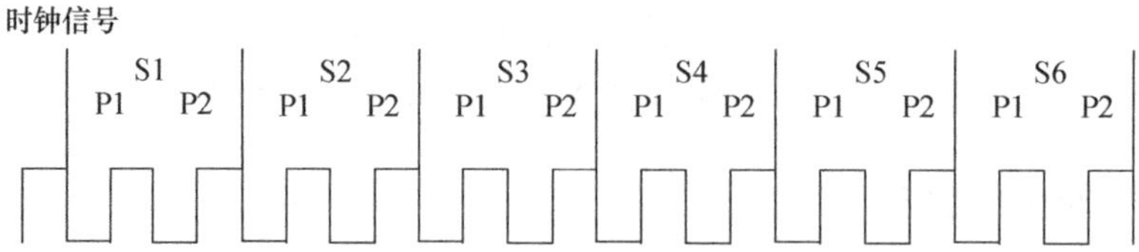

图 2.13　MCS-51 单片机的机器周期

2.6.2　单机器周期指令的时序

执行单机器周期指令的时序如图 2.14（a）和（b）所示，其中图 2.14（a）为单字节指令，图 2.14（b）为双字节指令。

单字节指令和双字节指令都在 S1P2 期间由 CPU 取指令，将指令码读入指令寄存器，同时程序计数器 PC 加 1。在 S4P2 再读出 1 字节，单字节指令取得的是下一条指令，故读后丢弃不用，程序计数器 PC 也不加 1；双字节指令读出第二字节后，送给当前指令使用，并使程序计数器 PC 加 1。两种指令都在 S6P2 结束时完成操作。

2.6.3　双机器周期指令的时序

执行单字节双机器周期指令的时序如图 2.14（c）所示，它在两个机器周期中发生了 4 次读操作码的操作，第一次读出为操作码，读出后程序计数器 PC 加 1，后 3 次读操作都是无效的，自然丢失，程序计数器 PC 也不会改变。

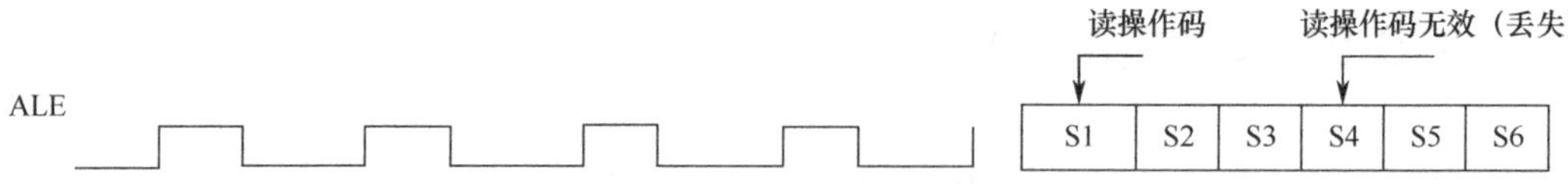

（a）单字节单机器周期指令

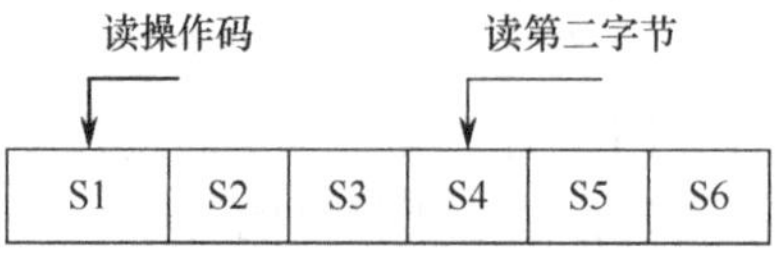

（b）双字节单机器周期指令

图 2.14　MCS-51 单片机的指令周期

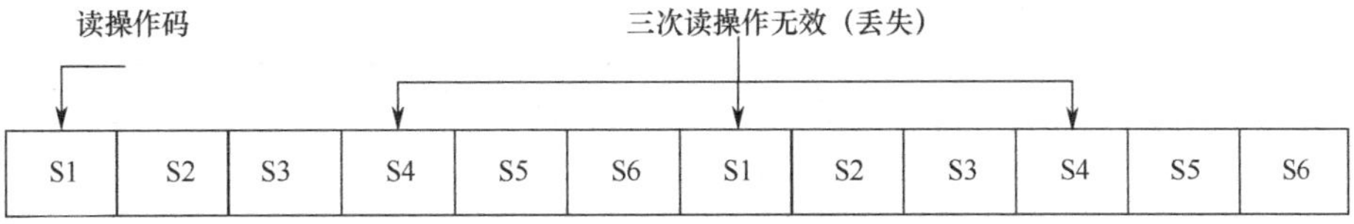

（c）单字节双机器周期指令

图 2.14　MCS-51 单片机的指令周期（续）

2.7　MCS-51 单片机的工作方式

单片机的工作方式包括：复位方式、程序执行方式、单步执行方式、掉电和节电方式、EPROM 编程和校验方式等，本节介绍其中几种。

2.7.1　复位方式

计算机在启动运行时都需要复位，复位使中央处理器 CPU 和内部其他部件处于一个确定的初始状态，从这个状态开始工作。

MCS-51 单片机有一个复位引脚 RST，高电平有效。在时钟电路工作以后，当外部电路使得 RST 端出现 2 个机器周期（24 个时钟周期）以上的高电平时，系统内部复位。复位有三种方式：上电复位、按钮复位和复合复位，如图 2.15 所示。

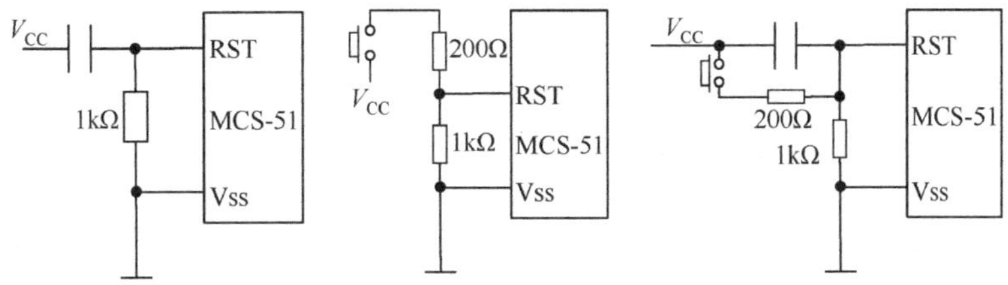

（a）上电复位电路　（b）按钮复位电路　（c）复合复位电路

图 2.15　MCS-51 复位电路

只要 RST 保持高电平，MCS-51 单片机就将循环复位。复位期间，ALE、PSEN 输出高电平。RST 从高电平变为低电平后，PC 指针变为 0000H，使单片机从程序存储器地址为 0000H 的单元开始执行程序。复位后内部各寄存器的初始内容如表 2.6 所示。当单片机执行程序出错或进入死循环时，也可按复位按钮重新启动。

表 2.6　复位后内部各寄存器的初始内容

寄　存　器	初 始 内 容	寄　存　器	初 始 内 容
A	00H	TCON	00H
PC	0000H	TL0	00H
B	00H	TH0	00H
PSW	00H	TL1	00H
SP	07H	TH1	00H
DPTR	0000H	SCON	00H

（续表）

特殊功能寄存器	初 始 内 容	特殊功能寄存器	初 始 内 容
P0～P3	FFH	SBUF	XXXXXXXXB
IP	XX000000B	PCON	0XXX0000B
IE	0X000000B		
TMOD	00H		

2.7.2 程序执行方式

程序执行方式是单片机的基本工作方式，也是单片机最主要的工作方式之一。单片机在实现用户功能时通常采用这种方式。单片机执行的程序放置在程序存储器中，可以是片内 ROM，也可以是片外 ROM。由于系统复位后 PC 指针总指向 0000H，程序总是从 0000H 开始执行的，而 0003H～0032H 是中断服务程序区，因而用户程序都放置在中断服务区的后面，在 0000H 处放一条长转移指令转移到用户程序。

2.7.3 单步执行方式

所谓单步执行，是指在外部单步脉冲的作用下控制程序的执行，使单片机一个单步脉冲执行一条指令后就暂停下来，再一个单步脉冲再执行一条指令后又暂停下来。它通常用于调试程序、跟踪程序执行和了解程序执行过程。

在一般的微型计算机中，单步执行由单步执行中断完成，单片机没有单步执行中断，MCS-51 单片机的单步执行要借助中断系统完成。MCS-51 的中断系统规定，从中断服务程序中返回之后，至少要再执行一条指令，才能重新进入中断。

假设利用外部中断 0 来实现程序的单步执行，这样，通过按钮产生外部脉冲，将外部脉冲加在 $\overline{\text{INT0}}$ 引脚，平时让它为低电平，通过编程规定 $\overline{\text{INT0}}$ 为电平触发。中断服务程序主要由 3 条语句组成：第 1 条语句的功能是 P3.2 端为低电平时为死循环，第 2 条语句的功能是 P3.2 端为高电平时为死循环，第 3 条语句的功能是中断结束返回主程序。具体执行过程如下。

（1）当 $\overline{\text{INT0}}$ 引脚没有外部脉冲时，$\overline{\text{INT0}}$ 引脚保持低电平，一直响应中断，执行中断服务程序。

（2）当通过一个按钮向 $\overline{\text{INT0}}$ 引脚发送一个正脉冲时，中断服务程序的第 1 条指令结束死循环，执行第 2 条指令；在高电平期间，第 2 条指令又死循环，高电平结束，$\overline{\text{INT0}}$ 引脚回到低电平，第 2 条指令结束死循环；执行第 3 条指令，中断结束，返回主程序。

（3）这时 $\overline{\text{INT0}}$ 引脚又为低电平，请求中断，而中断系统规定，从中断服务程序中返回之后，至少要再执行一条指令才能重新进入中断。

（4）在执行主程序的一条指令后，响应中断，再进入中断服务程序，又在中断服务程序中暂停下来。

这样，总体看来，按一次按钮，$\overline{\text{INT0}}$ 端产生一次正脉冲，主程序执行一条指令，实现单步执行。

2.7.4 掉电和节电方式

单片机经常被使用在野外、井下、空中、无人值守监测站等供电困难的场合，或处于长期运行的监测系统中，要求系统的功耗很小，节电方式能使系统满足这样的要求。

MCS-51 单片机中有 HMOS 和 CHMOS 工艺芯片，它们有不同的节电方式。

1. HMOS 的掉电方式

HMOS 芯片本身运行功耗较大，这类芯片没有设置低功耗运行方式。为了减小系统的功耗，设置了掉电方式。RST/V_{pd} 端接备用电源，即当单片机正常运行时，单片机内部的 RAM 由主电源 V_{CC} 供电，当 V_{CC} 掉电且 V_{CC} 电压低于 RST/V_{pd} 端的备用电源电压时，由备用电源向 RAM 维持供电，保证 RAM 中的数据不丢失。这时系统的其他部件都停止工作，包括片内振荡器。

在应用系统中经常这样处理：当用户检测到掉电发生时，通过 $\overline{\text{INT0}}$ 或 $\overline{\text{INT1}}$ 向 CPU 发出中断请求，并在主电源掉至下限工作电压之前，通过中断服务程序把一些重要信息转存到片内 RAM 中，然后由备用电源只为 RAM 供电。在主电源恢复之前，片内振荡器被封锁，一切部件都停止工作。当主电源恢复时，备用电源保持一定的时间，以保证振荡器启动，系统完成复位。

2. CHMOS 的节电运行方式

CHMOS 的芯片运行功耗小，有两种节电运行方式：待机方式和掉电保护方式，以进一步减小功耗，它们特别适用于电源功耗要求低的应用场合。

CHMOS 型单片机的工作电源和备用电源加在同一个引脚 V_{CC} 上，正常工作时电流为 11～20mA，待机状态时为 1.7～5mA，掉电方式时为 5～50μA。在待机方式中，振荡器保持工作，时钟继续输出到中断、串行接口、定时器等部件，使它们继续工作，全部信息被保存下来，但时钟不送给 CPU，CPU 停止工作。在掉电保护方式中，振荡器停止工作，单片机内部的所有功能部件都停止工作，备用电源为片内 RAM 和特殊功能寄存器供电，使它们的内容被保存下来。

在 MCS-51 的 CHMOS 型单片机中，待机方式和掉电保护方式都可以由电源控制寄存器 PCON 中的有关控制位控制。该寄存器的单元地址为 87H，它的各位的含义如图 2.16 所示。

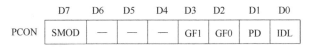

	D7	D6	D5	D4	D3	D2	D1	D0
PCON	SMOD	—	—	—	GF1	GF0	PD	IDL

图 2.16　电源控制寄存器 PCON 的格式

SMOD（PCON.7）：波特率加倍位。SMOD=1，当串行接口工作于方式 1、2、3 时，波特率加倍。

GF1、GF0：通用标志位。

PD（PCON.1）：掉电保护方式位。当 PD=1 时，进入掉电保护方式。

IDL（PCON.0）：待机方式位。当 IDL=1 时，进入待机方式。

当 PD 和 IDL 同时为 1 时，取 PD 为 1。复位时 PCON 的值为 0XXX0000B，单片机处于正常运行方式。

退出待机方式有两种方法。第一种方法是激活任何一个被允许的中断。当中断发生时，由硬件对 PCON.0 位清零，结束待机方式。另一种方法是采用硬件复位。

退出掉电保护方式的唯一方法是硬件复位。但应注意，在这之前应使 V_{CC} 恢复到正常工作电压值。

习 题 2

2.1 单项选择题

（1）下列关于程序计数器 PC 的描述中（　　）是错误的。

A．PC 不属于特殊功能寄存器　　B．PC 中的计数值可被编程指令修改

C．PC 可寻址 64KB RAM 空间　　D．PC 中存放着下一条指令的首地址

（2）MCS-51 单片机的复位信号是（　　）有效的。

A．下降沿　　B．上升沿　　C．低电平　　D．高电平

（3）（　　）不是 MCS-51 单片机的基本配置。

A．定时/计数器 T2　　B．128B 片内 RAM

C．4KB 片内 ROM　　D．全双工异步串行接口

（4）单片机中的 CPU 主要由（　　）两部分组成。

A．运算器和寄存器　　B．运算器和控制器

C．运算器和译码器　　D．运算器和计数器

（5）在 MCS-51 单片机的下列特殊功能寄存器中，具有 16 位字长的是（　　）。

A．PCON　　B．TCON　　C．SCONV　　D．DPTR

（6）MCS-51 单片机的 ALE 引脚是（　　）引脚。

A．地址锁存使能输出端　　B．外部程序存储器地址允许输入端

C．串行通信口输出端　　D．复位信号输入端

（7）MCS-51 单片机的存储器为哈佛结构，其内部包括（　　）。

A．4 个物理空间或 3 个逻辑空间　　B．4 个物理空间或 4 个逻辑空间

C．3 个物理空间或 4 个逻辑空间　　D．3 个物理空间或 3 个逻辑空间

（8）在 I/O 方式下，在从 P1 口读取引脚电平前应当（　　）。

A．先向 P1 口写 0　　B．先向 P1 口写 1　　C．先使中断标志清零　　D．先开中断

（9）程序状态字寄存器中反映进位（或借位）状态的标志位符号是（　　）。

A．CY　　B．F0　　C．OV　　D．AC

（10）单片机中的程序计数器 PC 用来（　　）。

A．存放指令　　B．存放正在执行的指令地址

C．存放下一条指令地址　　D．存放上一条指令地址

（11）单片机上电复位后，PC 的内容和 SP 的内容为（　　）。

A．0000H，00H　　B．0000H，07H　　C．0003H，07H　　D．0800H，08H

（12）PSW 中的 RS1 和 RS0 用来（　　）。

A．选择工作寄存器区号　　B．指示复位

C．选择定时器　　D．选择中断方式

（13）上电复位后，PSW 的初始值为（　　）。

A．1　　B．07H　　C．FFH　　D．0

（14）单片机 MCS-51 的 XTAL1 和 XTAL2 引脚是（　　）引脚。

A．外接定时器　　B．外接串行接口　　C．外接中断　　D．外接晶振

（15）MCS-51 单片机的 V_{SS}（20）引脚是（　　）引脚。

A．主电源+5V　　B．接地

C．备用电源　　D．访问片外存储器

（16）MCS-51 单片机的 P0～P3 口中具有第二功能的是（　　）。

A．P0 口　　B．P1 口　　C．P2 口　　D．P3 口

（17）当标志寄存器 PSW 中的 RS0 和 RS1 分别为 0 和 1 时，系统选用的工作寄存器组为（　　）。

A．组 0　　B．组 1　　C．组 2　　D．组 3

（18）MCS-51 单片机的内部 RAM 中具有位地址的字节地址范围是（　　）。

A．0～1FH　　B．20H～2FH　　C．30H～5FH　　D．60H～7FH

（19）若 MCS-51 单片机的机器周期为 6μs，则其晶振频率为（　　）MHz。

A．1　　B．2　　C．6　　D．12

（20）MCS-51 单片机的内部程序存储器容量为（　　）。

A．16KB　　B．8KB　　C．4KB　　D．2KB

（21）MCS-51 单片机的复位功能引脚是（　　）。

A．XTAL1　　B．XTAL2　　C．RST　　D．ALE

（22）当 PSW=18H 时，当前工作寄存器是（　　）。

A．第 0 组　　B．第 1 组　　C．第 2 组　　D．第 3 组

2.2　问答思考题

（1）51 单片机内部结构由哪些基本部件组成？各有什么功能？

（2）单片机的标志寄存器 PSW 中各位的定义分别是什么？

（3）51 单片机的引脚按功能可分为哪几类？各类中包含的引脚名称是什么？

（4）51 单片机在没接外部存储器时，ALE 引脚上输出的脉冲频率是多少？

（5）计算机存储器地址空间有哪几种结构形式？51 单片机属于哪种结构形式？

（6）如何认识 MCS-51 存储空间在物理结构上可划分为 4 个空间，而在逻辑上又可划分为 3 个空间？

（7）MCS-51 单片机片内低 128B RAM 区按功能可分为哪几个组成部分？各部分的主要特点是什么？

（8）MCS-51 单片机片内高 128B RAM 区与低 128B RAM 区相比有何特点？

（9）什么是复位？单片机的复位方式有哪几种？复位条件是什么？

（10）什么是时钟周期和指令周期？当振荡频率为 12MHz 时，一个机器周期为多少微秒？

（11）如何理解单片机 I/O 接口与特殊功能寄存器 P0～P3 的关系？

（12）如何理解通用 I/O 接口的准双向性？怎样确保读引脚所获信息的正确性？

（13）P0 口中的地址/数据复用功能是如何实现的？

第 3 章　C51 语言程序设计

3.1　C51 基本知识

C 语言是国内外普遍使用的一种程序设计语言。C 语言功能丰富，表达能力强，使用灵活方便，应用面广，目标程序效率高，可移植性好，而且能直接对计算机硬件进行操作。以前，计算机系统软件和硬件系统的软件主要是用汇编语言编写的。汇编语言编写程序对硬件操作很方便，编写的程序代码短。但是汇编语言使用起来很不方便，可读性和可移植性都很差，而且汇编语言程序在编写时，应用系统设计的周期长，调试和排错也比较难。为了提高设计计算机应用系统和应用程序的效率，改善程序的可读性和可移植性，最好采用高级语言来进行应用系统和应用程序设计。高级语言的种类有很多，虽然其他高级语言编程很方便，但不能对计算机硬件直接进行操作。而 C 语言既有高级语言使用方便的特点，又有汇编语言直接对硬件进行操作的特点，因而在现在计算机硬件系统设计中，往往用 C 语言来进行开发和设计，特别是在单片机应用系统开发中。

3.1.1　C 语言的特点及程序结构

1．C 语言的特点

与其他高级语言相比较，C 语言具有以下特点。

1）语言简洁、紧凑，使用方便、灵活

C 语言共有 32 个关键字、9 种控制语句，程序书写形式自由，与其他高级语言相比较，程序精练、简短。

2）运算符丰富

C 语言有很多运算符，共有 34 种，而且把括号、赋值、强制类型转换等都作为运算符处理。表达式灵活多样，可以实现各种各样的运算。

3）数据结构丰富，具有现代化语言的各种数据结构

C 语言的数据类型有整型、实型、字符型、数组类型、指针类型等，能用来实现各种复杂的数据结构。

4）可进行结构化程序设计

C 语言具有各种结构化的控制语句。如 if…else 语句、while 语句、for…while 语句、switch 语句、for 语句等。另外，C 语言程序以函数为模块单位，一个 C 语言程序由许多函数组成，一个函数相当于一个程序模块，因此 C 语言程序可以很容易地进行结构化程序设计。

5）可以直接对计算机硬件进行操作

C 语言允许直接访问物理地址，能进行位操作，能实现汇编语言的大部分功能，可以直接对硬件进行操作。

6）生成的目标代码质量高，程序执行效率高

众所周知，汇编语言生成的目标代码的效率是很高的，但据统计表明，对于同一个问题，用 C 语言编写的程序生成目标代码的效率仅比汇编语言编写的程序的效率低 10%～20%。而 C 语言编写程序比汇编语言编写程序方便且容易得多，可读性强，开发时间也短得多。

7）可移植性好

不同的计算机汇编指令不一样，用汇编语言编写的程序用于另外型号的机型使用时，必须改写成对应机型的指令代码。而 C 语言编写的程序基本不用做修改，就能用于各种机型和各种操作系统。

2. C 语言的程序结构

C 语言程序采用函数结构，每个 C 语言程序都由一个或多个函数组成。在这些函数中，至少应包含一个主函数 main()，也可以包含一个 main()函数和若干其他的功能函数。不管 main()函数放于何处，程序总是从 main()函数开始执行的，执行到 main()函数末尾则结束。在 main()函数中可调用其他函数，其他函数也可以相互调用，但 main()函数只能调用其他功能函数，而不能被其他函数所调用。功能函数可以是 C 语言编译器提供的库函数，也可以是由用户定义的自定义函数。在编制 C 程序时，程序的开始部分一般是预处理命令、函数说明和变量定义等。

C 语言程序结构一般如下：

```
预处理命令  include<>
函数说明    long   fun1();
            float  fun2();
定义变量    int    x,y;
            float  z;
功能函数 1  fun1( )      ┐
{                        │
    函数体 …             ├功能函数
}                        ┘
  主函数    main( )      ┐
{                        │
    主函数体 …           ├主函数
}                        ┘
功能函数 2  fun2( )      ┐
{                        │
  函数体 …               ├功能函数
}                        ┘
```

其中，函数往往由“函数定义”和“函数体”两部分组成。函数定义部分包括函数类型、函数名、形式参数说明等，函数名后面必须跟一对圆括号“()”，形式参数在()内定义。函数体由一对花括号“{}”将函数体的内容括起来。如果各函数内有多对花括号，则最外层的一对花括号“{}”为函数体的内容。函数体内包含若干语句，一般由两

部分组成：声明语句和执行语句。声明语句用于对函数中用到的变量进行定义，也可能对函数体中调用的函数进行声明。执行语句由若干语句组成，用来完成一定的功能。有的函数体仅有一对花括号“{}”，其中内部既没有声明语句，又没有执行语句，这种函数称为空函数。

C 语言程序在书写时格式十分自由，一条语句可以写成一行，也可以写成几行，还可以一行内写多条语句，每条语句后面必须以分号“;”作为结束符。C 语言程序对大小写字母敏感。在程序中，对同一个字母的大小写，系统是做不同处理的。在程序中可以用“/*.......*/”或“//”对 C 语言程序中的任何部分做注释，以提高程序的可读性。

C 语言本身没有输入/输出语句，输入和输出是通过输入/输出函数 scanf()和 printf()来实现的，输入/输出函数是通过标准库函数形式提供给用户的。

3.1.2 C 语言与 MCS-51 单片机

汇编语言有执行效率高、速度快、与硬件结合紧密等特点。尤其在进行 I/O 管理时，使用汇编语言快捷、直观。但汇编语言编程比高级语言编程难度大，可读性差，不便于移植，开发的时间长。而 C 语言作为一种高级程序设计语言，在程序设计时相对来说比较容易，支持多种数据类型，可移植性强，而且能够对硬件直接访问，能够按地址方式访问存储器或 I/O 接口。现在很多 MCS-51 单片机系统都用 C 语言编写程序，用 C 语言编写的应用程序必须由单片机的 C 语言编译器（简称 C51）转换成单片机可执行的代码程序。

用 C 语言编写 MCS-51 单片机程序与用汇编语言编写 MCS-51 单片机程序不一样，用汇编语言编写 MCS-51 单片机程序必须考虑其存储器结构，尤其必须考虑其片内数据存储器与特殊功能寄存器的使用，以及按实际地址处理端口数据。用 C 语言编写的 MCS-51 单片机应用程序则不用像汇编语言那样具体组织、分配存储器资源和处理端口数据。但在 C 语言编程中，对数据类型与变量的定义，必须要与单片机的存储结构相关联，否则编译器不能正确地映射定位。

用 C 语言编写单片机应用程序与标准的 C 语言程序也有相应的区别：C 语言编写单片机应用程序时，需根据单片机存储结构及内部资源定义相应的数据类型和变量，而标准的 C 语言程序不需要考虑这些问题；C51 包含的数据类型、变量存储模式、输入/输出处理、函数等方面与标准的 C 语言有一定的区别。其他语法规则、程序结构及程序设计方法等与标准的 C 语言程序设计相同。

现在支持 MCS-51 系列单片机的 C 语言编译器有很多，如 American Automation、Avocet、BSO/TASKING、DUNFIELD SHAREWARE 和 Keil μVision 等。各种编译器的基本情况相同，但具体处理时有一定的区别，其中 Keil μVision 以它的代码紧凑和使用方便等特点而优于其他编译器，现在使用得特别广泛。本书采用 Keil μVision 编译器进行 MCS-51 单片机 C 语言程序设计。

3.1.3 C51 程序结构

C51 程序结构与标准的 C 语言程序结构相同，采用函数结构，一个程序由一个或多个函数组成。其中有且只有一个为 main()函数，程序从 main()函数开始执行，执行到 main()函数末尾就结束。在 main()函数中可调用库函数和用户定义的函数。

以下通过一个可实现 LED 闪烁控制功能的源程序说明 C51 程序的基本结构，其电路原理图如图 3.1 所示。

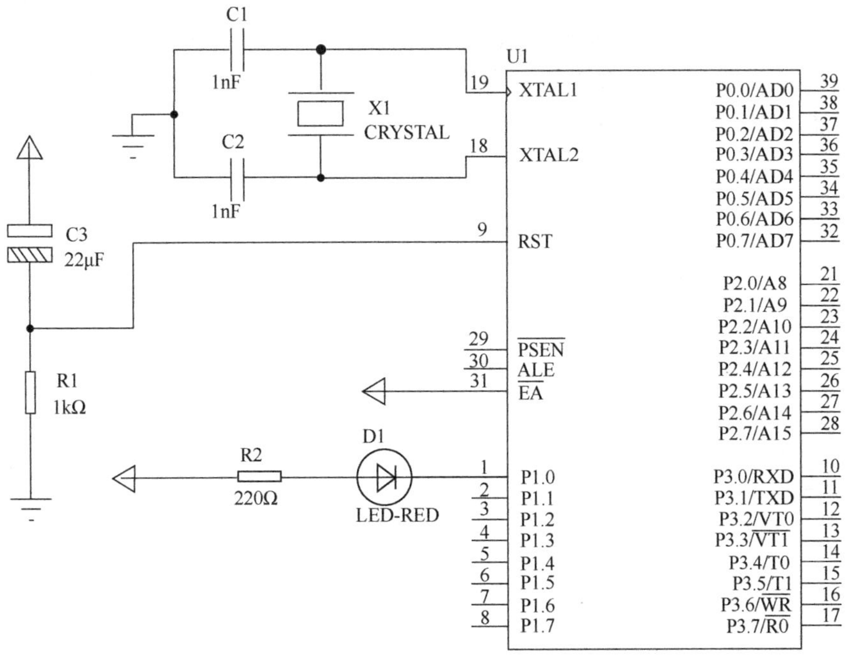

图 3.1　LED 指示灯闪烁电路原理图

程序如下：

```
#include  <reg51.h>            //51 单片机头文件
void  delay( );                //延时函数声明
   sbit  p1_0=P1^0;            //输出端口定义
     main ( ) {                //主函数
     while  (1) {              //无限循环体
     p1_0=0;                   //p1.0="0", LED 亮
     delay( );                 //延时
     p1_0=1;                   //p1.0="1", LED 灭
     delay( );                 //延时
   }
}
void  delay(void) {            //延时函数
   unsigned  char  i;          //字符型变量 i 定义
   for  (i=200;i>0;i--);       //循环延时
}
```

在本例的开始处使用了预处理命令#include，它告诉编译器在编译时将头文件 reg51.h 读入一起编译。头文件 reg51.h 包括对 8051 型单片机特殊功能寄存器名的集中说明。

本例中，main()是一个无返回、无参数型函数，虽然参数表为空，但一对圆括号()必须有，不能省略。其中：

① sbit　pl_0=P1^0 是全局变量定义，它将 P1.0 端口定义为 p1_0 变量；

② unsigned char i 是局部变量定义，它说明 i 是位于片内 RAM 且长度为 8 的无符号字符型变量；

③ while(1)是循环语句，可实现死循环功能；

④ p1_0=1 和 p1_ 0=0 是两个赋值语句，等号"="作为赋值运算符；

⑤ for(i=200;i>0;i--)是没有语句体的循环语句，这里起到软件延时的作用。

综上所述，C51 语言程序的基本结构为

```
包含<头文件>
    函数类型说明
    全局变量定义
main() {
局部变量定义
    <程序体>
}
func1() {
局部变量定义
    <程序体>
}
…
funcN() {
    局部变量定义
<程序体>
}
```

其中，func1(),…,funcN()代表用户定义的函数，程序体指 C51 提供的任何库函数调用语句、控制流程语句或其他函数调用语句。

C51 的语法规定、程序结构及程序设计方法都与标准 C 语言程序设计相同，但 C51 程序与标准的 C 语言程序在以下几个方面不同。

（1）C51 中定义的库函数和标准 C 语言定义的库函数不同。标准 C 语言定义的库函数是按通用微型计算机来定义的，而 C51 中定义的库函数是按 MCS-51 单片机相应情况来定义的。

（2）C51 中的数据类型与标准 C 语言的数据类型有一定的区别，在 C51 中还增加了几种针对 MCS-51 单片机特有的数据类型。

（3）C51 变量的存储模式与标准 C 语言中变量的存储模式不一样，C51 中变量的存储模式是与 MCS-51 单片机的存储器紧密相关的。

（4）C51 与标准 C 语言的输入/输出处理不一样，C51 中的输入/输出是通过 MCS-51 串行接口来完成的，执行输入/输出指令前必须对串行接口进行初始化。

（5）C51 与标准 C 语言在函数使用方面有一定区别，C51 中有专门的中断函数。

3.2 C51 的数据类型

3.2.1 C51 基本数据类型

数据的格式通常称为数据类型。标准 C 语言的数据类型可分为基本数据类型和组合数据类型（又称构造数据类型），组合数据类型由基本数据类型构造而成。标准 C 语言的基本数据类型有字符型 char、短整型 short、整型 int、长整型 long、浮点型 float 和双精度型 double。组合数据类型有数组类型、结构体类型、共同体类型和枚举类型，另外还有指针类型和空类型。C51 的数据类型也分为基本数据类型和组合数据类型，情况与标准 C 语言中的数据类型基本相同，但其中 char 型与 short 型相同，float 型与 double 型相同。另外，C51 中还有专门针对 MCS-51 单片机的特殊功能寄存器型和位类型，如表 3.1 所示。具体情况如下。

表 3.1　Keil C51 编译器能够识别的基本数据类型

基本数据类型	长度	取值范围
unsigned char	1 字节	0～+255
signed char	1 字节	–128～+127
unsigned int	2 字节	0～+65 535
signed int	2 字节	–32 768～+32 767
unsigned long	4 字节	0～+4 294 967 295
signed long	4 字节	–2 147 483 648～+2 147 483 647
float	4 字节	–3.402 823E+38～+3.402 823E+38
bit	1 位	0 或 1
sbit	1 位	0 或 1
sfr	1 字节	0～+255
sfr16	2 字节	0～+65 535

1. char 字符型

有 signed char 和 unsigned char 之分，默认为 signed char。它们的长度均为 1 字节，用于存放一个单字节数据。对于 signed char，它用于定义有符号字节数据，其字节的最高位为符号位，“0” 表示正数，“1” 表示负数，补码表示，所能表示的数值范围是–128～+127；对于 unsigned char，它用于定义无符号字节数据或字符，可以存放 1 字节的无符号数，其所能表示的数值范围为 0～+255。unsigned char 可以用来存放无符号数，也可以存放西文字符，一个西文字符占 1 字节，在计算机内部用 ASCII 码存放。

2. int 整型

有 singed int 和 unsigned int 之分，默认为 signed int。它们的长度均为 2 字节，用于存放一个双字节数据。对于 signed int，它用于存放 2 字节有符号数，补码表示，其所能表示的数值范围为–32 768～+32 767。对于 unsigned int，它用于存放 2 字节无符号数，其所能表示的数值范围为 0～65 535。

3. long 长整型

有 singed long 和 unsigned long 之分，默认为 signed long。它们的长度均为 4 字节，用于存放一个 4 字节数据。对于 signed long，它用于存放 4 字节有符号数，补码表示，其所能表示的数值范围为–2 147 483 648～+2 147 483 647。对于 unsigned long，它用于存放 4 字节无符号数，其所能表示的数值范围为 0～+4 294 967 295。

4. float 浮点型

float 型数据的长度为 4 字节，格式符合 IEEE-754 标准的单精度浮点型数据，包含指数和尾数两部分，最高位为符号位，“1”表示负数，“0”表示正数，其后的 8 位为阶码，最后的 23 位为尾数的有效数位，由于尾数的整数部分隐含为“1”，因此尾数的精度为 24 位。其在内存中的格式如图 3.2 所示。

字节地址	3	2	1	0
浮点数的内容	*SEEEEEEE*	*EMMMMMMM*	*MMMMMMMM*	*MMMMMMMM*

图 3.2 单精度浮点数的格式

其中，*S* 为符号位，*E* 为阶码位，共 8 位，用移码表示。阶码 *E* 的正常取值范围为 1～254，而对应的指数的实际取值范围为–126～+127；*M* 为尾数的小数部分，共 23 位，尾数的整数部分始终为“1”，故一个浮点数的取值范围为 $(-1)^S \times 2^{E-127} \times (1.M)$。

例如，浮点数+124.75=+1111100.11B=+1.11110011×2^{+110}，符号位为“0”，8 位阶码 *E* 为+110+1111111=10000101B，23 位数值位为 11110011000000000000000B，32 位浮点表示形式为 01000010 11111001 10000000 00000000B=42F98000H，其在内存中的表示形式如图 3.3 所示。

字节地址	3	2	1	0
浮点数的内容	01000010	11111001	10000000	00000000

图 3.3 浮点数+124.75 在内存中的表示形式

需要指出的是，对于浮点型数据，除正常数值外，还可能出现非正常数值。根据 IEEE 标准，当浮点型数据取以下数值（十六进制数）时即为非正常值：

FFFFFFFFH　　非数（NaN）
7F800000H　　正溢出（+INF）
FF800000H　　负溢出（–INF）

另外，由于 MCS-51 单片机不包括捕获浮点运算错误的中断向量，因此必须由用户自己根据可能出现的错误条件用软件来进行适当的处理。

5. 特殊功能寄存器型

这是 C51 扩充的数据类型，用于访问 MCS-51 单片机中的特殊功能寄存器数据。它分 sfr 和 sfr16 两种类型，其中 sfr 为字节型特殊功能寄存器类型，占一个内存单元，利用它可以访问 MCS-51 内部的所有特殊功能寄存器；sfr16 为双字节型特殊功能寄存器类型，占用 2 字节单元，利用它可以访问 MCS-51 内部的所有 2 字节的特殊功能寄存器。在 C51 中对特殊功能寄存器的访问必须先用 sfr 或 sfr16 进行声明。

6. 位类型

这也是 C51 中扩充的数据类型，用于访问 MCS-51 单片机中的可寻址的位单元。C51 支持两种位类型：bit 型和 sbit 型。它们在内存中都只占一个二进制位，其值可以是“1”或“0”。其中用 bit 定义的位变量在 C51 编译器编译时，在不同的时候位地址是可以变化的。而用 sbit 定义的位变量必须与 MCS-51 单片机的一个可以寻址位单元或可位寻址的字节单元中的某一位联系在一起，在 C51 编译器编译时，其对应的位地址是不可变化的。

在 C51 语言程序中有可能会出现在运算中数据类型不一致的情况。C51 允许任何标准数据类型的隐式转换，隐式转换的优先级顺序如下：

bit→char→int→long→float

signed→unsigned

也就是说，当 char 型数据与 int 型数据进行运算时，先自动将 char 型数据扩展为 int 型数据，然后与 int 型数据进行运算，运算结果为 int 型数据。C51 除支持隐式类型转换外，还可以通过强制类型转换符“( )”对数据类型进行人为的强制转换。

C51 编译器除支持以上这些基本数据类型外，还支持一些复杂的组合型数据类型，如数组类型、指针类型、结构类型和联合类型等复杂的数据类型，在后面将相继介绍。

3.2.2　C51 构造数据类型

前面介绍了 C51 语言中字符型、整型、浮点型、位型和寄存器型等基本数据类型。另外，C51 还提供指针类型和由基本数据类型构造的组合数据类型，组合数据类型主要有：数组、指针、结构、联合和枚举等。

1. 数组

数组是一组有序数据的集合，数组中的每个数据都属于同一数据类型。数组中的各元素可以用数组名和下标来唯一确定。根据下标的个数，数组分为一维数组、三维数组和多维数组。数组在使用之前必须进行定义。根据数组中存放的数据，数组可分为整型数组、字符数组等。不同的数组在定义、使用上基本相同，这里仅介绍使用最多的一维数组和字符数组。

1）一维数组

一维数组只有一个下标，定义的形式如下：

```
数据类型说明符 数组名[常量表达式][={初值 1，初值 2，…}]
```

各部分说明如下。

（1）“数据类型说明符”说明了数组中各元素存储的数据的类型。

（2）“数组名”是整个数组的标识符，它的取名方法与变量的取名方法相同。

（3）“常量表达式”，常量表达式要求取值为整型常量，必须用方括号“[ ]”括起来，用于说明该数组的长度，即该数组元素的个数。

（4）“初值”用于给数组元素赋初值，这部分在数组定义时属于可选项。对数组元素赋值，可以在定义时赋值，也可以在定义之后赋值。在定义时赋值，后面需带等号，初值需用花括号括起来，括号内的初值两两之间用逗号隔开，可以对数组的全部元素赋值，也可以只对部分元素赋值。初值为 0 的元素可以只用逗号占位而不写初值 0。

例如：下面是定义数组的两个例子。

```
unsigned char x[5];
unsigned int  y[3]={1,2,3};
```

第一句定义了一个无符号字符数组，数组名为 x，数组中的元素个数为 5。

第二句定义了一个无符号整型数组，数组名为 y，数组中的元素个数为 3，定义的同时给数组中的 3 个元素赋初值，分别为 1、2、3。

需要注意的是，C51 语言中数组的下标是从 0 开始的，因此上面第一句定义的 5 个元素分别是 x[0],x[1],x[2],x[3],x[4]。第二句定义的 3 个元素分别是 y[0],y[1],y[2]，赋值情况为 y[0]=1、y[1]=2、y[2]=3。

C51 规定在引用数组时，只能逐个引用数组中的各元素，而不能一次引用整个数组。但如果是字符数组，则可以一次引用整个数组。

【例 3.1】 用数组计算并输出 Fibonacci 数列的前 20 项。

Fibonacci 数列在数学和计算机算法中十分有用。Fibonacci 数列是这样的一组数：第一个数字为 0，第二个数字为 1，之后每个数字都是前两个数字之和。设计时通过数组存放 Fibonacci 数列，从第 3 项开始可通过累加的方法计算得到。

程序如下：

```
#include  <reg51.h>             //包含特殊功能寄存器库
#include  <stdio.h>             //包含 I/O 函数库
void  serial_ initial (void){    //printf 函数串口参数设置
{
  SCON=0x52;            //串口初始化
  TMOD=0x20;
  TH1=0XF3;
  TR1=1;
}
main()
{
  int  fib[20],i;
  fib[0]=0;
  fib[1]=1;
  serial_ initial();
  for  (i=2;1<20;1++)   fib[i]=fib[i-2]+fib[i-1];
  for  (i=0;i<20;i++)
  {
  if  (i%5==0)  printf ("\n");
  printf ("%6d",fib[i]);
  }
  while(1);
}
```

程序执行结果：

```
0    1    1    2    3
5    8    13   21   34
55   89   144  233  377
610  987  1597  2584  4148
```

注意：在 C51 的一般 I/O 函数库中定义的 I/O 函数都是通过串行接口实现的，在使用 I/O 函数之前，应先对 MCS-51 单片机的串行接口进行初始化。可以把串口初始化过程定义成一个函数，然后在程序中调用即可。如果该函数是另外一个程序文件中的函数，则在调用之前需要对它进行声明，且声明时前面加 extern，指明是一个外部函数。输入/输出对串口的初始化常采用这种方式，在主程序中直接调用串口初始化函数对串口进行初始化。

2）字符数组

用来存放字符数据的数组称为字符数组，它是 C 语言中常用的一种数组。字符数组中的每个元素都用来存放一个字符，也可用字符数组来存放字符串。字符数组的定义与一般数组相同，只是在定义时把数据类型定义为 char 型。

例如：

```
char  string1[10];
char  string2[20];
```

上面定义了两个字符数组，分别定义了 10 个元素和 20 个元素。

在 C 语言中，字符数组用于存放一组字符或字符串。存放字符时，一个字符占一个数组元素；而存放字符串时，由于 C 语言中规定字符以“\0”作为结束符，符号“\0”是一个 ASCII 码为 0 的字符，它是一个不可显示字符，字符串存放于字符数组中时，结束符自动存放于字符串的后面，也要占一个元素位置，因而定义数组长度时应比字符串长度大 1。

对于只存放一般字符的字符数组的赋值与使用和一般的数组完全相同，只能逐个元素进行访问。对于存放字符串的字符数组，既可以对字符数组的元素逐个进行访问，又可以对整个数组进行处理。对整个数组进行访问时是按字符串的方式处理的，赋值时可以直接用字符串对字符数组赋值，也可以以字符输入的形式对字符数组赋值。输出时可以按字符串形式输出。按字符串形式输入/输出时，格式字符用%s，字符数组用数组名。

【例 3.2】对字符数组进行输入和输出。

```
#include  <reg51.h>                //包含特殊功能寄存器库
#include  <stdio.h>                //包含 I/O 函数库
extern  serial_ initial();         //printf 函数串口参数设置
main()
{
   char  string[20] ;
   serial_ initial () ;
   printf ("please type any character: ");
   scanf ("%s",string) ;
   printf  ("%s\n",string) ;
   while(1) ;
}
```

程序中用“%s”格式控制输入/输出字符串，是针对整个字符数组进行的。数据项用数组名 string 程序执行时，从键盘输入 HOW ARE YOU 并回车，系统会自动在输入的字符串后面加一个结束符“\0”，存入到字符数组 string 中，然后输出 HOW ARE YOU。

2. 指针

指针是 C 语言中的一个重要概念。指针类型数据在 C 语言程序中使用得十分普遍，正确地使用指针类型数据，可以有效地表示复杂的数据结构，可以动态地分配存储器、直接处理内存地址。

1）指针的概念

了解指针的基本概念，先要了解数据在内存中的存储和读取方法。

我们知道，数据一般放在内存单元中，而内存单元是按字节来组织和管理的。每字节都有一个编号，即内存单元的地址，内存单元存放的内容是数据。

在汇编语言中，对内存单元数据的访问是通过指明内存单元的地址来实现的。访问时有两种方式：直接寻址方式和间接寻址方式。直接寻址是指通过在指令中直接给出数据所在单元的地址而访问该单元的数据，例如，MOV A，20H。在指令中直接给出所访问的内存单元地址 20H，访问的是地址为 20H 的单元的数据，该指令把地址为 20H 的片内 RAM 单元的内容送给累加器 A。间接寻址是指所操作的数据所在的内存单元地址不通过指令直接提供，该地址存放在寄存器中或其他内存单元中，指令中指明存放地址的寄存器或内存单元从而访问相应的数据。

在 C 语言中，可以通过地址方式来访问内存单元的数据，但 C 语言作为一种高级程序设计语言，数据通常是以变量的形式进行存放和访问的。对于变量，在一个程序中定义了一个变量，编译器在编译时就在内存中给这个变量分配一定的字节单元进行存储。如对整型变量（int）分配 2 字节单元，对浮点型变量（float）分配 4 字节单元，对字符型变量分配 1 字节单元等。变量在使用时要分清两个概念：变量名和变量的值。前一个是数据的标识，后一个是数据的内容。变量名相当于内存单元的地址，变量的值相当于内存单元的内容。对于内存单元的数据有两种访问方式，对于变量也有两种访问方式：直接访问方式和间接访问方式。

直接访问方式。对于变量的访问，大多数时候是直接给出变量名的。例如，print("%d",a)，直接给出变量 a 的变量名来输出变量 a 的内容。在执行时，根据变量名得到内存单元的地址，然后从内存单元中取出数据并按指定的格式输出，这就是直接访问方式。

间接访问方式。例如，要存取变量 a 中的值时，可以先将变量 a 的地址放在另一个变量 b 中。访问时先找到变量 b，从变量 b 中取出变量 a 的地址，然后根据这个地址从内存单元中取出变量 a 的值，这就是间接访问。在这里，从变量 b 中取出的不是所访问的数据，而是访问数据（变量 a 的值）的地址，这就是指针，变量 b 称为指针变量。

关于指针，要注意两个基本概念：变量的指针和指向变量的指针变量。变量的指针就是变量的地址。对于变量 a，如果它所对应的内存单元地址为 2000H，它的指针就是 2000H。指针变量是指一个专门用来存放另一个变量地址的变量，它的值是指针。上面变量 b 中存放的是变量 a 的地址，变量 b 中的值是变量 a 的指针，变量 b 就是一个指向变量 a 的指针变量。

如上所述，指针实质上就是各种数据在内存单元的地址，在 C51 语言中，不仅有指向一般类型变量的指针，还有指向各种组合类型变量的指针。在本书中只讨论指向一般变量的指针的定义与引用，对于指向组合类型变量的指针，可以参考其他相关书籍来学习它的使用。

2）指针变量的定义

在 C51 语言中，在使用指针变量之前必须对它进行定义，指针变量的定义与一般变量的定义类似，定义的一般形式为

```
数据类型说明符  [存储器类型]  *指针变量名;
```

数据类型说明符说明了该指针变量所指向的变量的类型。一个指向字符型变量的指针变量不能用来指向整型变量，反之，一个指向整型变量的指针变量也不能用来指向字符型变量。

存储器类型是可选项，它是 C51 编译器的一种扩展。如果带有此选项，则指针被定义为基于存储器的指针，无此选项时，被定义为一般指针。这两种指针的区别在于它们占的存储字节不同。一般指针在内存中占用 3 字节，第 1 字节存放该指针存储器类型的编码（由编译时编译模式的默认值确定），第 2 字节和第 3 字节分别存放该指针的高位和低位地址偏移量。存储器类型的编码值如图 3.4 所示。

存储器类型	idata	xdata	pdata	data	code
编码值	1	2	3	4	5

图 3.4　存储器类型的编码值

例如，存储器类型为 data、地址值为 0x1234 的指针变量在内存中的表示如图 3.5 所示。

字节地址	+0	+1	+2
内容	0x4	0x12	0x34

图 3.5　0x1234 的指针变量在内存中的表示

如果指针变量被定义为基于存储器的指针，则该指针的长度可为 1 字节（存储器类型选项为 idata、data、pdata 的片内数据存储单元）或 2 字节（存储器类型选项为 code、xdata 的程序存储器单元或片外数据存储单元）。

下面是几个指针变量定义的例子。

```
int   *p1;          /*定义一个指向整型变量的指针变量 p1*/
char  *p2;          /*定义一个指向字符型变量的指针变量 p2*/
char  data  *p3;    /*定义一个指向字符型变量的指针变量 p3，该指针访问的数据在片内数据存储器中，该指针在内存中占 1 字节*/
float  xdata  *p4;    /*定义一个指向字符型变量的指针变量 p4，该指针访问的数据在片外数据存储器中，该指针在内存中占 2 字节*/
```

3）指针变量的引用

指针变量是存放另一变量地址的特殊变量，指针变量只能存放地址。使用指针变量时注意两个运算符：&和*，其中，“&”是取地址运算符，“*”是指针运算符。通过“&”取地址运算符可以把一个变量的地址送给指针变量，使指针变量指向该变量；通过“*”指针运算符可以实现通过指针变量访问它所指向的变量的值。

指针变量经过定义之后可以像其他基本类型变量一样引用，例如

```
int  x,*px,* py;  /*变量及指针变量定义*/
px=&x;          /*将变量 x 的地址赋给指针变量 px，使 px 指向变量 x*/
*px=5;          /*等价于 x=5*/
py=px;          /*将指针变量 px 中的地址赋给指针变量 py，使指针变量 py 也指向 x*/
```

【例 3.3】 输入两个整数 x 与 y，经比较后按从大到小的顺序输出。

程序如下：

```
#include  <reg51.h>            //包含特殊功能寄存器库
#include  <stdio.h>            //包含 I/O 函数库
extern  serial_ initial() ;
main()
{
    int  x, y;
    int  * p,* p1,* p2;
    serial_ initial() ;
    printf("input  x  and  y:\n");
    scanf ("%d%d",&x,  &y) ;
    p1=&x;p2=&y;
```

```
    if (x<y)  {p=p1;p1=p2;p2=p;}
    printf ("max=%d, min=%d\n", *p1, *p2) ;
    while(1) ;
}
```

程序执行结果：

```
input  x  and  y;
4    8
max=8,  min=4
```

在这个程序中定义了 3 个指针变量：*p、*p1 和*p2，它们都指向整型变量。经过赋值后，p1 指向 x，p2 指向 y。然后比较变量 x 和 y 的大小，若 x<y，则将 p1 和 p2 交换，使 p1 指向 y，p2 指向 x；若 x>=y，则不交换。最后的结果是：指针 p1 指向较大的数，指针 p2 指向较小的数，按顺序输出*pl 和*p2 的值，就能得到正确的结果。值得注意的是，在程序执行过程中，变量 x 和 y 的值并没有交换。

3. 结构

前面介绍的数组把同一数据类型的数据合成一个整体使用。在实际应用中，常常还需要把不同数据类型的数据合在一起使用。在 C51 语言中，不同数据类型的数据合成一个整体使用是通过结构这种数据类型来实现的。结构是一种组合数据类型，它是将若干不同类型的变量结合在一起而形成的一种数据的集合体。组成该集合体的各变量称为结构元素或成员。整个集合体使用一个单独的结构变量名。一般来说，结构中的各变量之间存在某种关系，例如，时间数据中的时、分、秒，日期数据中的年、月、日等。结构便于对一些复杂而相互之间又有联系的一组数据进行管理。

1）结构与结构变量的定义

结构与结构变量是两个不同的概念，结构是一种组合数据类型，结构变量是取值为结构这种组合数据类型的变量，相当于整型数据类型与整型变量的关系，对于结构与结构变量的定义有两种方法。

（1）先定义结构类型再定义结构变量。

结构的定义形式如下

```
struct 结构名
{结构元素表};
```

结构变量的定义如下

```
struct  结构名 结构变量名 1， 结构变量名 2，…
```

其中，“结构元素表”为结构中的各成员，它可以由不同的数据类型组成。在定义时需指明各成员的数据类型。例如，定义一个日期结构类型 date，它由 3 个结构元素 year、month、day 组成，定义结构变量 d1 和 d2，如下

```
struct date
{
    int  year;
    char  month, day;
}
struct  date  d1, d2;
```

（2）在定义结构类型的同时定义结构变量名。

这种方法是将两个步骤合在一起，格式如下

```
struct 结构名
{结构元素表} 结构变量名 1，结构变量名 2，…
```

例如，对于上面的日期结构变量 d1 和 d2，可以按以下格式定义

```
struct date
{
    int  year;
    char  month, day;
} d1, d2;
```

对于第二种格式，如果在后面不再使用 date 结构类型定义变量，则定义时 date 结构名可以不要。

对于结构的定义说明如下。

① 结构中的成员可以是基本数据类型，也可以是指针或数组，还可以是另一结构类型变量，形成结构的结构，即结构的嵌套。结构的嵌套可以是多层次的，但这种嵌套不能包含其自身。

② 定义的一个结构是一个相对独立的集合体，结构中的元素只在该结构中起作用，因而一个结构中的结构元素的名字可以与程序中的其他变量的名称相同，两者代表不同的对象，在使用时互不影响。

③ 结构变量在定义时也可以像其他变量在定义时一样，加各种修饰符对它进行说明。

④ 在 C51 中允许将具有相同结构类型的一组结构变量定义成结构数组，定义时与一般数组的定义相同，结构数组与一般变量数组的不同在于结构数组的每个元素都是具有同一结构的结构变量。

2）结构变量的引用

在定义了一个结构变量之后，可以对它进行引用，即可以进行赋值、存取和运算。一般情况下，结构变量的引用是通过对其结构元素的引用来实现的，结构元素的引用的一般格式如下

```
结构变量名.结构元素名
```

或

```
结构变量名→结构元素名
```

其中，“.”是结构的成员运算符，例如，d1.year 表示结构变量 d1 中的元素 year，d2.day 表示结构变量 d2 中的元素 day 等。如果一个结构变量中的结构元素又是另一个结构变量，即结构的嵌套，则需要用到若干成员运算符，一级一级找到最低级的结构元素，而且只能对这个最低级的结构元素进行引用，形如 d1.time.hour 的形式。

【例 3.4】 输入 3 个学生的语文、数学、英语的成绩，分别统计他们的总成绩并输出。

程序如下：

```
#include  <reg51.h>              //包含特殊功能寄存器库
#include  <stdio.h>              //包含 I/O 函数库
extern  serial_initial() ;
struct  student
{
```

```
    unsigned char name[10];
    unsigned int  chinese;
    unsigned int  math;
    unsigned int  english;
    unsigned int  total;
  } p1[3] ;
  main()
  {
    unsigned char i;
    serial_ initial ();
    printf ("input 3 student name and result: \n") ;
    for (i=0;i<3;i++)
     {
      printf ("input name: \n");
      scanf ("%s",p1[i] . name);
      printf ("input result:\n");
      scanf ("%d, %d, %d" , &p1[i] .chinese, &p1[i] .math, &p1[i] .english);
    }
    for (i=0;i<3;i++)
    {
      p1[i].total=p1[i] .chinese+pl [i].math+p1[i]. english;
    }
    for (i=0;i<3;i++)
    {
      printf("%s total is %d" , p1[i].name, p1[i].total);
      printf ("\n");
    }
     while(1);
  }
```

程序执行结果

```
input 3 student name and result :
input name:
wang
input result:
76, 87, 69
input name:
yang
input result:
75, 77, 89
input name:
zhang
input result:
72, 81, 79
wang total is 232
```

```
yang  total  is  241
zhang  total  is  232
```

程序中定义了一个结构 student，它包含 5 个成员，其中第一个为数组 name，其余为 int 型数据，分别用于存放每个学生的姓名、语文成绩、数学成绩、英语成绩和总成绩。在定义结构的同时定义了结构数组 p1，它的元素个数为 3，用于存放 3 个学生的相关信息。在程序中引用了结构元素，给结构元素进行了赋值、运算和输出。从中可以看出，使用结构来处理一组有相互关系的数据非常方便。

4. 联合

前面介绍的结构能够把不同类型的数据组合在一起使用，另外，在 C51 语言中，还提供一种组合类型——联合，也能够把不同类型的数据组合在一起使用。但它与结构不一样，结构中定义的各变量在内存中占用不同的内存单元，在位置上是分开的，而联合中定义的各变量在内存中从同一个地址开始存放，即采用了所谓的"覆盖技术"。这种技术可使不同的变量分时使用同一内存空间，提高内存的利用效率。

1）联合的定义

联合的定义与结构的定义类似，可以先定义联合类型再定义联合变量，也可以在定义联合类型的同时定义联合变量，格式如下。

（1）先定义联合类型再定义联合变量。

定义联合类型，格式如下。

```
union 联合类型名
{成员列表};
```

定义联合变量，格式如下。

```
union 联合类型名变量列表;
```

例如

```
union  datal
{
   float  i;
   int  j;
   char  k;
}
union datal  a, b, c;
```

（2）在定义联合类型的同时定义联合变量，格式如下。

```
union 联合类型名
{成员列表}变量列表;
```

例如

```
union  datal;
{
   float  i;
   int  j;
   char  k;
}datal  a, b, c;
```

可以看出，定义结构与联合的区别只是将关键字由 struct 换成 union，但在内存的分配上两者完全不同。结构变量占用的内存长度是其中各元素所占用的内存长度的总和，而联合变量所占用的内存长度是其中各元素的长度的最大值。结构变量中的各元素可以同时进行访问，联合变量中的各元素在一个时刻只能对一个进行访问。在上面的例子中，float 型数据占 4 个内存单元，int 型数据占 2 个内存单元，char 型数据占 1 个内存单元，如用它们定义结构变量，则结构变量在内存中占 7 个内存单元。而例中定义的联合变量 a、b、c 都只占 4 个内存单元，即 float 型数据所占的内存单元数。定义成结构变量时，结构中的 i、j、k 这 3 个元素可以在程序中同时使用，而定义成联合变量时，联合中的 i、j、k 这 3 个元素不能在程序中同时使用，因为它们占用同一段内存，在不同时刻只能保存一个变量。

2）联合变量的引用

与结构变量一样，在定义了一个联合变量之后，就可以对它进行引用，可以对它进行赋值、存取和运算。同样，联合变量的引用是通过对其元素的引用来实现的，联合变量中元素的引用与结构变量中元素的引用格式相同，形式如下。

```
联合变量名.联合元素
```

或

```
联合变量名→联合元素
```

例如，对于前面定义的联合变量 a、b、c 中的元素，可以通过下面形式引用。

```
a.i;
b.j;
c.k;
```

分别引用联合变量 a 中的 float 型元素 i、联合变量 b 中的 int 型元素 j、联合变量 c 中的 char 型元素 k，可以用这样的引用形式给联合变量元素赋值、存取和运算。在使用过程中应注意，尽管联合变量中的各元素在内存中的起始地址相同，但它们的数据类型不一样，在使用时必须按相应的数据类型进行运用。

【例 3.5】利用联合类型把某一地址开始的两个单元分别按字方式和 2 字节方式使用。

```
# include  <reg51.h>          //包含特殊功能寄存器库
union
{
   unsigned  int  word;
   struct {unsigned  char  high; unsigned  char low; }bytes;
} count_ times;
```

这样定义后，对于 count_times 联合变量对应的 2 字节，如果用 count_times.word，则按字方式访问，如果用 count_times.bytes.high 和 count_times.bytes.low，则按高字节和低字节方式访问，这样提高了访问的灵活性。

5. 枚举

在 C51 语言中，用作标志的变量通常只能被赋予如下两个值中的一个：True（1）或 False（0）。但是在编程中，常常会将作为标志使用的变量赋予除 True（1）或 False（0）外的值。另外，标志变量通常被定义为 int 数据类型，在程序使用中作用往往会模糊不清。为避免这种情况，在 C51 语言中提供枚举类型。

枚举数据类型是一个有名字的某些整型常量的集合。这些整型常量是该类型变量可取的所有合法值，枚举定义时应当列出该类型变量的所有可取值。

枚举定义的格式与结构和联合基本相同，也有两种方法。

先定义枚举类型，再定义枚举变量，格式如下。

```
enum 枚举名 {枚举值列表};
enum 枚举名枚举变量列表,
```

或在定义枚举类型的同时定义枚举变量，格式如下。

```
enum 枚举名 {枚举值列表} 枚举变量列表;
```

例如，定义一个取值为星期几的枚举变量 d1

```
enum week {Sun, Mon, Tue, wed, Thu, Fri, Sat};
enum week d1;
```

或

```
enum week {Sun, Mon, Tue, Wed, Thu, Fri, Sat} d1;
```

以后就可以把枚举值列表中的各值赋给枚举变量 d1 进行使用了。

3.3　C51 的运算量

3.3.1　常量

常量是指在程序执行过程中其值不能改变的量。C51 支持整型常量、浮点型常量、字符型常量和字符串型常量。

1. 整型常量

整型常量也就是整型常数，根据其值范围的不同，在计算机中分配不同的字节数来存放。在 C51 中，它可以表示成以下几种形式。

（1）十进制整数，如 234、−56、0 等。

（2）十六进制整数，以 0x 开头表示，如 0x12 表示十六进制数 12H。

（3）长整数，在 C51 中当一个整数的值达到长整型的范围时，该数按长整型存放，在存储器中占 4 字节。另外，如一个整数后面加一个字母 L，这个数在存储器中也按长整型存放，如 123L 在存储器中占 4 字节。

2. 浮点型常量

浮点型常量也就是实型常数，有十进制表示形式和指数表示形式。

十进制表示形式又称定点表示形式，由数字和小数点组成，如 0.123、33.645 等都是十进制数表示形式的浮点型常量。

指数表示形式为

[±] 数字 [.数字] e [±]数字

例如，123.456e3、3.123e2 等都是指数形式的浮点型常量。

3. 字符型常量

字符型常量是用单引号括起来的字符，如‘a’‘1’‘F’等，可以是可显示的 ASCII 字符，也可以是不可显示的控制字符。对不可显示的控制字符，须在前面加上反斜杠“\”组成转义字符。利用它可以完成一些特殊功能和输出时的格式控制。常用的转义字符如表3.2所示。

表3.2 常用的转义字符

转义字符	含义	ASCII码
\0	空字符（null）	00H
\n	换行符（LF）	0AH
\r	回车符（CR）	0DH
\t	水平制表符（HT）	09H
\b	退格符（BS）	08H
\f	换页符（FF）	0CH
\‘	单引号	27H
\”	双引号	22H
\\	反斜杠	5CH

4. 字符串型常量

字符串型常量是由双引号“”括起来的字符组成的，如“D”“1234”“ABCD”等。注意字符串常量与字符常量是不一样的，一个字符常量在计算机内只占1字节，而一个字符串常量在内存中存放时，不仅双引号内的字符占1字节，而且系统会自动在后面加一个转义字符“\0”作为字符串结束符，因此不要将字符常量和字符串常量混淆，如字符常量‘A’和字符串常量“A”是不一样的。

3.3.2 变量

变量是在程序运行过程中其值可以改变的量。一个变量由两部分组成：变量名和变量值。每个变量都有变量名，在存储器中占用一定的存储单元，变量的数据类型不同，占用的存储单元数也不一样。在存储单元中存放的内容就是变量值。

在C51中，在使用变量前必须对变量进行定义，指出变量的数据类型和存储模式，以便编译系统为它分配相应的存储单元。定义的格式如下

```
[存储种类] 数据类型说明符 [存储器类型] 变量名1[=初值], 变量名2[=初值],…;
```

1. 存储种类

存储种类是指变量在程序执行过程中的作用范围。C51变量的存储种类有4种，分别是自动（auto）、外部（extern）、静态（static）和寄存器（register）。

（1）auto：使用auto定义的变量称为自动变量，其作用范围在定义它的函数体或复合语句内部。当定义它的函数体或复合语句执行时，C51才为该变量分配内存空间，结束时占用的内存空间释放。自动变量一般分配在内存的堆栈空间中。定义变量时，如果省略存储种类，则该变量默认为自动（auto）变量。

（2）extern：使用extern定义的变量称为外部变量。在一个函数体内，当要使用一个已在该函数体外或别的程序中定义过的外部变量时，该变量在该函数体内要用extern说明。外部变量被定义后分配固定的内存空间，在程序整个执行时间内都有效，直到程序结束才释放。

（3）static：使用 static 定义的变量称为静态变量，它分为内部静态变量和外部静态变量。在函数体内部定义的静态变量为内部静态变量，它在对应的函数体内有效，一直存在，但在函数体外不可见。这样不仅使变量在定义它的函数体外被保护，还可以实现当离开函数时值不被改变。外部静态变量是在函数外部定义的静态变量，它在程序中一直存在，但在定义的范围之外是不可见的。如在多文件或多模块处理中，外部静态变量只在文件内部或模块内部有效。

（4）register：使用 register 定义的变量称为寄存器变量。它定义的变量存放在 CPU 内部的寄存器中，处理速度快，但数量少。C51 编译器在编译时能自动识别程序中使用频率最高的变量，并自动将其作为寄存器变量，用户无须专门声明。

2. 数据类型说明符

在定义变量时，必须通过数据类型说明符指明变量的数据类型，指明变量在存储器中占用的字节数。可以是基本数据类型说明符，也可以是组合数据类型说明符，还可以是用 typedef 或#define 定义的类型别名。

1）特殊功能寄存器变量

MCS-51 单片机片内有许多特殊功能寄存器，通过这些特殊功能寄存器可以控制 MCS-51 单片机的定时器、计数器、串口、I/O 接口及其他功能部件，每个特殊功能寄存器在片内 RAM 中都对应 1 字节单元或 2 字节单元。

在 C51 中，允许用户对这些特殊功能寄存器进行访问，访问时需通过 sfr 或 sfl6 类型说明符进行定义，定义时需指明它们所对应的片内 RAM 单元的地址。格式如下

```
sfr
```

或

```
sfr16  特殊功能寄存器名=地址;
```

sfr 用于对 MCS-51 单片机中单字节的特殊功能寄存器进行定义，sfr16 用于对双字节的特殊功能寄存器进行定义。特殊功能寄存器名一般用大写字母表示，地址一般用直接地址形式。

【例 3.6】 特殊功能寄存器的定义。

```
sfr  PSW=0xd0;
sfr  SCON=0x98;
sfr  TMOD=0x89;
sfr  P1=0x90;
sfr16  DPTR=0x82;
sfr16  T0=0x8A;
```

2）位变量

在 C51 中，允许用户通过位类型符来定义位变量。位类型符有两个：bit 和 sbit，可以定义两种位变量。

bit 位类型符用于定义一般的可位处理的位变量，它的格式如下

```
bit  位变量名;
```

在格式中可以加上各种修饰，但注意存储器类型只能是 bdata、data、idata。因只能是片内 RAM 的可位寻址区，故严格来说只能是 bdata。

【例 3.7】 bit 型位变量的定义。

```
bit  data  a1;     /*正确*/
```

```
bit bdata a2;   /*正确*/
bit pdata a3;   /*错误*/
bit xdata a4;   /*错误*/
```

sbit 位类型符用于定义在可位寻址字节或特殊功能寄存器中的位，定义时需指明其位地址，可以是位直接地址，可以是可位寻址变量带位号，也可以是特殊功能寄存器名带位号，格式如下

```
sbit  位变量名=位地址;
```

如位地址为位直接地址，则其取值范围为 0x00～0xff；如位地址是可位寻址变量带位号或特殊功能寄存器名带位号，则在它前面需对可位寻址变量或特殊功能寄存器进行定义。字节地址与位号之间、特殊功能寄存器与位号之间一般用“∧”来间隔。

【例 3.8】 sbit 型位变量的定义。

```
sbit  OV=0xd2;
sbit  CY=0xd7;
unsigned  char  bdata  flag;
sbit  flag0=flag^0;
sfr  P1=0x90;
sbit  P1_0=P1^0;
sbit  P1_1=P1^1;
sbit  P1_2=P1^2;
sbit  P1_3=P1^3;
sbit  P1_4=P1^4;
sbit  P1_5=P1^5;
sbit  P1_6=P1^6;
sbit  P1_7=P1^7;
```

在 C51 中，为了用户处理方便，C51 编译器把 MCS-51 单片机常用的特殊功能寄存器和特殊位进行了定义，放在一个“reg51.h”的头文件中。当用户要使用时，只要在使用之前用一条预处理命令“#include<reg51.h>”将头文件包含到程序中，就可使用特殊功能寄存器名和特殊位名称。

3）其他

在 C51 中，为了提高程序的可读性，允许用户为系统固有的数据类型说明符用 typedef 或#define 起别名，格式如下

```
typedef  C51 固有的数据类型说明符别名;
```

或

```
#define  别名  C51 固有的数据类型说明符;
```

定义别名后，就可以用别名代替数据类型说明符对变量进行定义。别名可以用大写，也可以用小写，为了区别，一般用大写字母表示。

【例 3.9】 typedef 的使用。

```
typedef  unsigned  int  WORD;
#define  BYTE  unsigned  char;
BYTE  a1=0x12;
WORD  a2=0x1234;
```

3. 存储器类型

存储器类型用于指明变量所处的单片机的存储器区域情况。存储器类型与存储种类完全

不同。C51 编译器能识别的存储器类型有以下几种，如表 3.3 所示。

表 3.3　C51 编译器能识别的存储器类型

存储器类型	描　述
data	直接寻址的片内 RAM 低 128B，访问速度快
bdata	片内 RAM 的可位寻址区（20H～2FH），允许字节和位混合访问
idata	间接寻址访问的片内高 128B RAM（适用于 52 子系列）
pdata	用 Ri 间接访问的片外 RAM 的低 256B
xdata	用 DPTR 间接访问的片外 RAM，允许访问全部 64KB 片外 RAM
code	程序存储器 ROM 64KB 空间

定义变量时也可以省略“存储器类型”，默认时 C51 编译器将按编译模式默认存储器类型，具体编译模式的情况将在后面介绍。

【例 3.10】 变量定义存储种类和存储器类型相关情况。

```
char data var1;  /*在片内 RAM 低 128B 定义用直接寻址方式访问的字符型变量 var1*/
auto unsigned long data var2;  /*在片内 RAM 128B 定义用直接寻址方式访问的自动无符号长整型变量 var2*/
extern float xdata var3;  /*在片外 RAM 64KB 定义用间接寻址方式访问的外部实型变量 var3*/
int code var4;  /*在 ROM 空间定义整型变量 var4*/
unsigned char bdata var5;  /*在片内 RAM 位寻址区 20H～2FH 单元定义可字节处理和位处理的无符号字符型变量 var5*/
```

C51 编译器支持 3 种存储模式：SMALL 模式、COMPACT 模式和 LARGE 模式。不同的存储模式对变量默认的存储器类型不同。

（1）SMALL 模式。SMALL 模式称为小编译模式，在 SMALL 模式下，编译时函数参数和变量被默认在片内 RAM 中，存储器类型为 data。

（2）COMPACT 模式。COMPACT 模式称为紧凑编译模式，在 COMPACT 模式下，编译时函数参数和变量被默认在片外 RAM 的低 256B 空间，存储器类型为 pdata。

（3）LARGE 模式。LARGE 模式称为大编译模式，在 LARGE 模式下，编译时函数参数和变量被默认在片外 RAM 的 64B 空间，存储器类型为 xdata。

在程序中变量的存储模式的指定通过#pragma 预处理命令来实现。函数的存储模式可通过在函数定义时后面带存储模式来说明。如果没有指定，则系统都默认为 SMALL 模式。

【例 3.11】 变量的存储模式。

```
1) #pragma  small                  /*变量的存储模式为 SMALL*/
   char  k1;                       /*k1 变量存储器类型为 data*/
   int  xdata m1;                  /*m1 变量存储器类型为 xdata*/
2) #pragma  compact                /*变量的存储模式为 compact*/
   char  k2;                       /*k2 变量存储器类型为 pdata*/
   int  xdata  m2;                 /*m2 变量存储器类型为 xdata */
3) int  func1(int x1, int y1)  large      /*函数的存储模式为 LARGE,*/
   {                               /*函数 func1 的形参 x1 和 y1 的存储器类型为 xdata*/
   return(x1+y1);
```

```
  }
4) int  func2(int x2, int y2)          /*函数的存储模式隐含为SMALL*/
  {                                 /*函数 func2 的形参 x2 和 y2 的存储器类型为 data */
  return(x2-y2);
  }
```

4. 变量名

变量名是 C51 为区分不同变量而为不同变量取的名称。C51 中规定变量名可以由字母、数字和下画线 3 种字符组成，且第一个字母必须为字母或下画线。变量名有两种：普通变量名和指针变量名，它们的区别是指针变量名的前面要带“*”号。

3.3.3 绝对地址的访问

在 C51 中，可以通过变量的形式访问 MCS-51 单片机的存储器，也可以通过绝对地址来访问存储器。对于绝对地址，访问形式有 3 种。

1. 使用 C51 运行库中预定义宏

C51 编译器提供了一组宏定义来对 51 系列单片机的 code、data、pdata 和 xdata 空间进行绝对寻址。规定只能以无符号数方式访问，定义了 8 个宏定义，其函数原型如下

```
#define  CBYTE((unsigned  char  volatile*) 0x50000L)
#define  DBYTE((unsigned  char  volatile*) 0x40000L)
#define  PBYTE((unsigned  char  volatile*) 0x30000L)
#define  CWORD((unsigned  int  volatile*) 0x50000L)
#define  DWORD((unsigned  int  volatile*) 0x40000L)
#define  PWORD((unsigned  int  volatile*) 0x30000L)
#define  XBYTE((unsigned  char  volatile*) 0x20000L)
#define  XWORD((unsigned  int  volatile*) 0x20000L)
```

这些函数原型放在 absacc.h 文件中，使用时需用预处理命令把该头文件包含到文件中，形式为：#include<absacc.h>。

其中，CBYTE 以字节形式对 code 区寻址，DBYTE 以字节形式对 data 区寻址，PBYTE 以字节形式对 pdata 区寻址，XBYTE 以字节形式对 xdata 区寻址，CWORD 以字形式对 code 区寻址，DWORD 以字形式对 data 区寻址，PWORD 以字形式对 pdata 区寻址，XWORD 以字形式对 xdata 区寻址。访问形式如下

```
宏名  [地址]
```

宏名为 CBYTE、DBYTE、PBYTE、XBYTE、CWORD、DWORD、PWORD 或 XWORD；地址为存储单元的绝对地址，一般用十六进制数的形式表示。

【例 3.12】 绝对地址对存储单元的访问。

```
#include  <absacc.h>              /*将绝对地址头文件包含到文件中*/
#include  <reg51 .h>              /*将寄存器头文件包含到文件中*/
#define  uchar  unsigned  char  /*定义符号 uchar 为数据类型符 unsigned char*/
#define  uint  unsigned  int     /*定义符号 uint 为数据类型符 unsigned int*/
void main (void)
{
   uchar  var1;
```

```
    uint  var2;
    var1=XBYTE[0x0005];   /*XBYTE[0x0005]访问片外 RAM 的 0005 字节单元*/
    var2=XWORD[0x0002];  /* XWORD[0x0002]访问片外 RAM 的 0002 字单元*/
    …
    while(1);
}
```

在上面的程序中，XBYTE[0x0005]就是以绝对地址方式访问的片外 RAM 0005 字节单元，XWORD[0x0002]就是以绝对地址方式访问的片外 RAM 0002 字单元。

2. 通过指针访问

采用指针的方法，可以实现在 C51 程序中对任意指定的存储器单元进行访问。

【例 3.13】通过指针实现绝对地址的访问。

```
#define  uchar  unsigned char  /*定义符号 uchar 为数据类型符 unsigned char*/
#define  uint  unsigned int     /*定义符号 uint 为数据类型符 unsigned int*/
void  func (void)
{
    uchar  data  var1;
    uchar  pdata  *dp1;       /*定义一个指向 pdata 区的指针 dp1*/
    uint   xdata  *dp2;       /*定义一个指向 xdata 区的指针 dp2*/
    uchar  data  *dp3;        /*定义一个指向 data 区的指针 dp3*/
    dp1=0x30;                 /*dp1 指针赋值，指向 pdata 区的 30H 单元*/
    dp2=0x1000;               /*dp2 指针赋值，指向 xdata 区的 1000H 单元*/
    *dp1=0xff;                /*将数据 0xff 送到片外 RAM  30H 单元*/
    *dp2=0x1234;              /*将数据 0x1234 送到片外 RAM  1000H 单元*/
    dp3=&var1;                /*dp3 指针指向 data 区的 var1 变量*/
    *dp3=0x20;                /*给变量 var1 赋值 0x20*/
}
```

3. 使用 C51 扩展关键字_at_

使用_at_对指定的存储器空间的绝对地址进行访问，一般格式如下

```
[存储器类型]  数据类型说明符 变量名_at_地址常数;
```

其中，存储器类型为 data、bdata、idata、pdata 等 C51 能识别的数据类型，如省略，则按存储模式规定的默认存储器类型确定变量的存储器区域；数据类型为 C51 支持的数据类型；地址常数用于指定变量的绝对地址，必须位于有效的存储器空间之内；使用_at_定义的变量必须为全局变量。

【例 3.14】通过_at_实现绝对地址的访问。

```
#define  uchar  unsigned char    /*定义符号 uchar 为数据类型符 unsigned char*/
#define  uint  unsigned int      /*定义符号 uint 为数据类型符 unsigned int*/
data  uchar  x1_at_ 0x40;        /*在 data 区中定义字节变量 x1，它的地址为 40H*/
xdata  uint  x2_at_ 0x2000;      /*在 xdata 区中定义字变量 x2，它的地址为 2000H*/
void  main (void)
{
    x1=0xff;
    x2=0x1234;
```

```
    ...
    while(1) ;
}
```

3.4 C51 的运算符及表达式

C51 有很强的数据处理能力，具有十分丰富的运算符，利用这些运算符可以组成各种表达式及语句。在 C51 中，运算符按其在表达式中所起的作用，可分为赋值运算符、算术运算符、关系运算符、逻辑运算符、位运算符、复合赋值运算符、逗号运算符、条件运算符、指针与地址运算符、自增与自减运算符和强制类型转换运算符等。另外，运算符按其在表达式中与运算对象的关系，又可分为单目运算符、双目运算符和三目运算符等。表达式则是由运算符及运算对象所组成的具有特定含义的式子。

3.4.1 赋值运算符

在 C51 中，赋值运算符“=”的功能是将一个数据的值赋给一个变量，如 x=10。利用赋值运算符将一个变量与一个表达式连接起来的式子称为赋值表达式，在赋值表达式的后面加一个分号“;”就构成了赋值语句，一个赋值语句的格式如下

```
变量=表达式;
```

执行时先计算右边表达式的值，然后赋给左边的变量，例如

```
x=8+9;              /*将 8+9 的值赋给变量 x*/
x=y=5;              /*将常数 5 同时赋给变量 x 和 y*/
```

在 C51 中，允许在一个语句中同时给多个变量赋值，赋值顺序为自右向左。

3.4.2 算术运算符

C51 支持的算术运算符有

+	加或取正值运算符
−	减或取负值运算符
*	乘运算符
/	除运算符
%	取余运算符

加、减、乘运算相对比较简单，而对于除运算，如相除的两个数为浮点数，则运算的结果也为浮点数；如相除的两个数为整数，则运算的结果也为整数，即为整除。如 25.0/20.0 的结果为 1.25，而 25/20 的结果为 1。

对于取余运算，要求参加运算的两个数必须为整数，运算结果为它们的余数。例如，x=5%3，结果 x 的值为 2。

3.4.3 关系运算符

C51 中有 6 种关系运算符：

>	大于

<　　小于

>=　　大于或等于

<=　　小于或等于

= =　　等于

!=　　不等于

关系运算符用于比较两个数的大小，用关系运算符将两个表达式连接起来形成的式子称为关系表达式。关系表达式通常用来作为判别条件构造分支或循环程序。关系表达式的一般形式如下

```
表达式1  关系运算符 表达式2
```

关系运算的结果为逻辑量，成立为真（1），不成立为假（0）。其结果可以作为一个逻辑量参与逻辑运算。例如：5>3，结果为真（1），而 10==100，结果为假（0）。

注意：关系运算符等于“==”是由两个“=”组成的。

3.4.4 逻辑运算符

C51 有 3 种逻辑运算符：

||　　逻辑或

&&　　逻辑与

!　　逻辑非

关系运算符用于反映两个表达式之间的大小关系，逻辑运算符则用于求条件式的逻辑值，用逻辑运算符将关系表达式或逻辑量连接起来的式子就是逻辑表达式。

逻辑与，格式为

```
条件式1 && 条件式2
```

当条件式 1 与条件式 2 都为真时，结果为真（非 0 值），否则为假（0 值）。

逻辑或，格式为

```
条件式1 || 条件式2
```

当条件式 1 与条件式 2 都为假时，结果为假（0 值），否则为真（非 0 值）。

逻辑非，格式为

```
! 条件式
```

当条件式原来为真（非 0 值）时，逻辑非后结果为假（0 值）。当条件式原来为假（0 值）时，逻辑非后结果为真（非 0 值）。

例如：若 a=8，b=3，c=0，则!a 为假，a&&b 为真，b&&c 为假。

3.4.5 位运算符

C51 语言能对运算对象按位进行操作，它与汇编语言一样使用方便。位运算按位对变量进行运算，并不改变参与运算的变量的值。如果要求按位改变变量的值，则要利用相应的赋值运算。C51 中的位运算符只能对整数进行操作，不能对浮点数进行操作。C51 中的位运算符有

&　　按位与

|　　按位或

^　　按位异或
～　　按位取反
<<　　左移
>>　　右移

【例 3.15】a=0x54=01010100B，b=0x3b=00111011B，则 a&b、a|b、a^b、～a、a<<2、b>>2 分别为多少？

a&b=00010000B=0x10。

a|b=01111111B=0x7f。

a^b=01101111B=0x6f。

～a=10101011B=0xab。

a<<2=01010000B=0x50。

b>>2=00001110B=0x0e。

3.4.6 复合赋值运算符

C51 支持在赋值运算符“=”的前面加上其他运算符，组成复合赋值运算符。下面是 C51 支持的复合赋值运算符

+=	加法赋值	=	减法赋值
*=	乘法赋值	/=	除法赋值
%=	取模赋值	&=	逻辑与赋值
|=	逻辑或赋值	^=	逻辑异或赋值
～=	逻辑非赋值	>>=	右移位赋值
<<=	左移位赋值		

复合赋值运算的一般格式如下

```
变量 复合赋值运算符 表达式
```

它的处理过程：先把变量与后面的表达式进行某种运算，然后将运算的结果赋给前面的变量。其实这是 C51 语言中简化程序的一种方法，大多数二目运算都可以用复合赋值运算符简化表示。例如：a+=6 相当于 a=a+6；a*=5 相当于 a=a*5；b&=0x55 相当于 b=b&0x55；x>>=2 相当于 x=x>>2。

3.4.7 逗号运算符

在 C51 语言中，逗号“,”是一个特殊的运算符，可以用它将两个或两个以上的表达式连接起来，称为逗号表达式。逗号表达式的一般格式为

```
表达式 1，表达式 2，…，表达式 n
```

程序执行时对逗号表达式的处理：按从左至右的顺序依次计算各表达式的值，而整个逗号表达式的值是最右边的表达式（表达式 *n*）的值。例如：x=(a=3,6*a)，x 的值为 18。

3.4.8 条件运算符

条件运算符“?:”是 C51 语言中唯一的三目运算符，它要求有 3 个运算对象，用它可以将 3 个表达式连接在一起构成一个条件表达式。条件表达式的一般格式为

```
逻辑表达式? 表达式 1: 表达式 2
```

其功能是先计算逻辑表达式的值，当逻辑表达式的值为真（非 0 值）时，将计算的表达式 1 的值作为整个条件表达式的值；当逻辑表达式的值为假（0 值）时，将计算的表达式 2 的值作为整个条件表达式的值。例如：条件表达式 max=(a>b)?a:b 的执行结果是将 a 和 b 中较大的数赋值给变量 max。

3.4.9 指针与地址运算符

指针是 C51 语言中的一个十分重要的概念，在 C51 的数据类型中专门有一种指针类型。指针为变量的访问提供了另一种方式，变量的指针就是该变量的地址，还可以定义一个专门指向某个变量的地址的指针变量。为了表示指针变量和它所指向的变量地址之间的关系，C51 提供了两个专门的运算符

*　指针运算符

&　取地址运算符

指针运算符“*”放在指针变量的前面，通过它实现访问以指针变量的内容为地址所指向的存储单元。例如：指针变量 p 中的地址为 2000H，则*p 所访问的是地址为 2000H 的存储单元，x=*p，实现把地址为 2000H 的存储单元的内容送给变量 x。

取地址运算符“&”放在变量的前面，通过它取得变量的地址，变量的地址通常送给指针变量。例如，设变量 x 的内容为 12H，地址为 2000H，则&x 的值为 2000H。如有一指针变量 P，则通常用 p=&x，实现将 x 变量的地址送给指针变量 p，指针变量 p 指向变量 x，以后可以通过*p 访问变量 x。

3.5 表达式语句及复合语句

3.5.1 表达式语句

C51 语言是一种结构化的程序设计语言，它提供了十分丰富的程序控制语句，表达式语句是最基本的一种语句。在表达式的后边加一个分号“；”就构成了表达式语句，下面的语句都是合法的表达式语句

```
a=++b*9;
x=8;y=7;
++k;
```

在编写程序时，可以一行放一个表达式形成表达式语句，也可以一行放多个表达式形成表达式语句，这时每个表达式后面都必须带“;”号。另外，还可以仅由一个分号“;”占一行形成一个表达式语句，这种语句称为空语句。空语句是表达式语句的一个特例，空语句在语法上是一个语句，但在语义上它并不做具体的操作。

空语句在程序设计中通常用于两种情况。

（1）在程序中为有关语句提供标号，用以标记程序执行的位置。例如，采用下面的语句可以构成一个循环。

```
repeat: ;
;
```

```
goto  repeat;
```

（2）在用 while 语句构成的循环语句后面加一个分号，形成一个不执行其他操作的空循环体。这种结构通常用于对某位进行判断，当不满足条件时则等待，满足条件时则执行。

【例 3.16】下面这段子程序用于读取 8051 单片机的串行接口的数据，若没有接收到，则等待，接收数据后返回，返回值为接收的数据。

```
#include  <reg51.h>
{
char  c;
while(!RI) ;     //当接收中断标志位 RI 为 0 时，则等待，当接收中断标志位为 1 时，则结束等待
c=SBUF ;
RI=0;
return(c) ;
}
```

3.5.2 复合语句

复合语句是由若干语句组合而成的一种语句。在 C51 中，用一个花括号“{}”将若干语句括在一起就形成了一个复合语句。复合语句的最后不需要以分号“;”结束，但内部的各条语句仍需以分号“;”结束。复合语句的一般形式为

```
{
    局部变量定义;
    语句 1;
    语句 2;
}
```

复合语句在执行时，其中的各条单语句按顺序依次执行，整个复合语句在语法上等价于一条单语句，因此在 C51 中可以将复合语句视为一条单语句。通常复合语句出现在函数中，实际上，函数的执行部分（即函数体）就是一个复合语句，复合语句中的单语句一般是可执行语句，此外还可以是变量的定义语句（说明变量的数据类型）。在复合语句的内部语句中所定义的变量，称为该复合语句中的局部变量，它仅在当前这个复合语句中有效。利用复合语句将多条单语句组合在一起，以及在复合语句中进行局部变量定义，是 C51 语言的一个重要特征。

3.6 C51 的输入/输出

在计算机中，所谓输入和输出是相对于计算机主机而言的。将计算机主机内的信息送给外部设备称为输出，从外部设备传送信息给计算机主机称为输入。在汇编语言中，输入和输出是通过输入/输出指令实现的；在其他高级语言中，输入和输出是通过相应语句实现的。而在 C51 语言中，它本身不提供输入和输出语句，输入和输出操作是由函数来实现的。C51 的标准函数库提供了一个名为“stdio.h”的一般 I/O 函数库，其中定义了 C51 中的输入和输出函数。当使用输入和输出函数时，需先用预处理命令“#include <stdio.h>”将该函数库包含到文件中。

在 C51 的一般 I/O 函数库中定义了 C51 中的 I/O 函数，它们以 getkey()和 putchar()函数为基础，包含：字符输入函数 getchar()和字符输出函数 putchar()；字符串输入函数 gets()和字符串输出函数 puts()；格式输出函数 printf()和格式输入函数 scanf()等。在 C51 中，输入和输出函数用得较少，后面将对用得较多的格式输入函数和格式输出函数进行介绍。

在 C51 的一般 I/O 函数库中定义的 I/O 函数都是通过串行接口实现的。在使用 I/O 函数之前，应先对 MCS-51 单片机的串行接口进行初始化。选择串口工作于方式 1，波特率由定时/计数器 1 的溢出率决定。例如，设系统时钟为 12MHz，波特率为 2400bps，则初始化程序如下

```
SCON=0x52;
TMOD=0x20;
TL1=TH1=0xf3;
TR1=1;
```

如果希望支持其他 I/O 接口，则可以通过改动 getkey()和 putchar()函数来实现。

3.6.1　格式输出函数 printf()

printf()函数的作用是通过串行接口输出若干任意类型的数据，它的格式如下

```
printf(格式控制, 输出参数表)
```

格式控制是用双引号括起来的字符串，也称转换控制字符串，它包括 3 种信息：格式说明符、普通字符和转义字符。

（1）格式说明符，由“%”和格式字符组成，它的作用是指明输出数据的格式，如%d、%f 等，如表 3.4 所示。

（2）普通字符，这些字符按原样输出，用来输出某些提示信息。

（3）转义字符，就是前面介绍的转义字符（表 3.2），用来输出特定的控制符，如输出转义字符\n 就是使输出换一行。

输出参数表是需要输出的一组数据，可以是表达式。

表 3.4　C51 中的 printf()函数的格式字符及功能

格式字符	数据类型	输出格式
d	int	有符号十进制数
u	int	无符号十进制数
o	int	无符号八进制数
x	int	无符号十六进制数，用“a～f”表示
X	int	无符号十六进制数，用“A～F”表示
f	float	有符号十进制数浮点数，形式为[-]dddd.dddd
e,E	float	有符号十进制数浮点数，形式为[-]d.ddddE±dd
g,G	float	自动选择 e 或 f 格式中更紧凑的一种输出格式
c	char	单个字符
s	指针	指向一个带结束符的字符串
p	指针	带存储器指示符和偏移量的指针，形式为 M：aaaa。其中，M 可分别为 C（code）、D（data）、I（idata）、P（pdata），如 M 为 a，则表示的是指针偏移量

3.6.2 格式输入函数 scanf()

scanf()函数的作用是通过串行接口实现数据输入，它的使用方法与 printf()类似，scanf 的格式如下

```
scanf(格式控制，地址列表)
```

格式控制与 printf()函数的情况类似，也是用双引号括起来的一些字符，可以包括以下 3 种信息：空白字符、普通字符和格式说明。

（1）空白字符，包含空格、制表符和换行符等，这些字符在输出时被忽略。

（2）普通字符，除以百分号“%”开头的格式说明符外的所有非空白字符，在输入时要求原样输入。

（3）格式说明，由百分号“%”和格式字符组成，用于指明输入数据的格式，它的基本情况与 printf()相同，具体情况如表 3.5 所示。

地址列表是由若干地址组成的，它可以是指针变量、取地址运算符“&”加变量（变量的地址）或字符串名（表示字符串的首地址）。

表 3.5 C51 中 scanf()函数的格式字符及功能

格式字符	数据类型	输入格式
d	int 指针	有符号十进制数
u	int 指针	无符号十进制数
o	int 指针	无符号八进制数
x	int 指针	无符号十六进制数
f，e，E	float 指针	浮点数
c	char 指针	字符
s	string 指针	字符串

【例 3.17】 使用格式输入/输出函数的例子。

```
#include  <reg51.h>            //包含特殊功能寄存器库
#include  <stdio.h>            //包含 I/O 函数库
void  main (void)              //主函数
{
    int  x,y;                  //定义整型变量 x 和 y
    SCON=0x52;                 //串口初始化
    TMOD=0x20;
    TH1=0xF3;
    TR1=1;
    printf("input  x,y:\n");                //输出提示信息
    scanf("%d %d", &x , &y);                //输入 x 和 y 的值
    printf("\n") ;                          //输出换行
    printf("%d+%d=%d" ,x,y, x+y);           //按十进制数的形式输出
    printf("\n");                           //输出换行
    printf("%xH+%xH=%XH" ,x,y,x+y);         //按十六进制数的形式输出
    while(1) ;                              //结束
}
```

3.7　C51 程序基本结构与相关语句

3.7.1　C51 的基本结构

C51 语言是一种结构程序设计语言，程序由若干模块组成，每个模块包含若干基本结构，每个基本结构中可以有若干语句。C51 语言有 3 种基本结构：顺序结构、选择结构和循环结构。

1．顺序结构

顺序结构是最基本、最简单的结构，在这种结构中，程序由低地址到高地址依次执行，图 3.6 给出顺序结构流程图，程序先执行 A 操作，再执行 B 操作。

2．选择结构

选择结构可使程序根据不同的情况，选择执行不同的分支。在选择结构中，程序先对一个条件进行判断。当条件成立，即条件语句为“真”时，执行一个分支。当条件不成立，即条件语句为“假”时，执行另一个分支。如图 3.7 所示，当条件 P 成立时，执行分支 A；当条件 P 不成立时，执行分支 B。

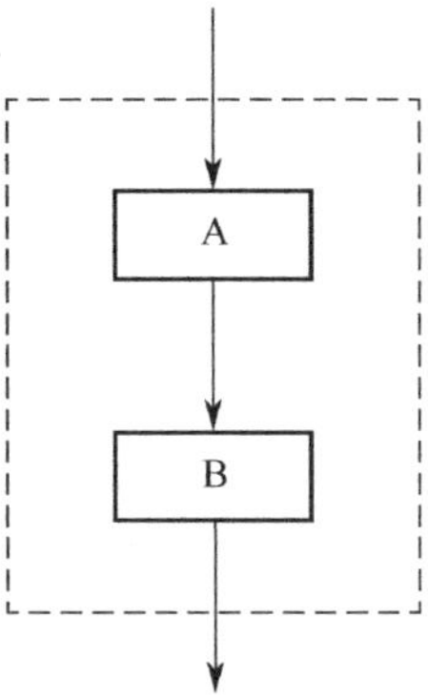

图 3.6　顺序结构流程图

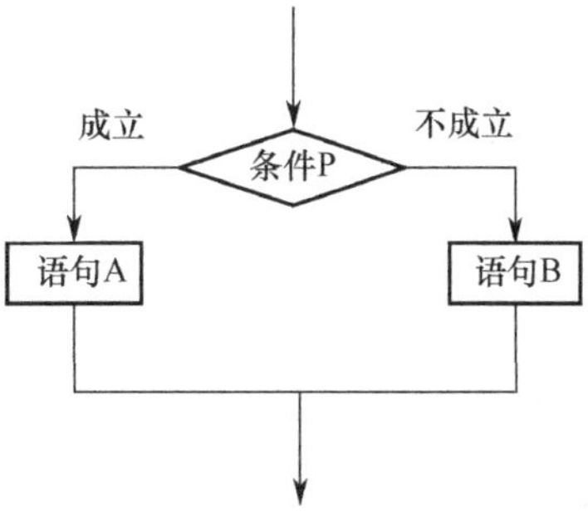

图 3.7　选择结构流程图

在 C51 中，实现选择结构的语句为 if…else、if…else if 语句。另外 C51 还支持多分支结构，多分支结构既可以通过 if 和 else if 语句嵌套实现，又可用 swith…case 语句实现。

3．循环结构

在程序处理过程中，有时需要某一段程序重复执行多次，这时就需要循环结构来实现，循环结构就是能够使程序段重复执行的结构。循环结构又分为两种：当（while）型循环结构和直到（do…while）型循环结构。

（1）当型循环结构。当型循环结构如图 3.8 所示，当条件 P 成立（为“真”）时，重复执行语句 A；当条件 P 不成立（为“假”）时，才停止重复，执行后面的程序。

（2）直到型循环结构。直到型循环结构如图 3.9 所示，先执行语句 A，再判断条件 P。当条件 P 成立（为“真”）时，再重复执行语句 A，直到条件 P 不成立（为“假”）时才停止重复，执行后面的程序。

构成循环结构的语句主要有：while、do…while、for 和 goto 等。

以上描述过程中，对于各种结构中的语句，可以用单语句，也可以用复合语句。

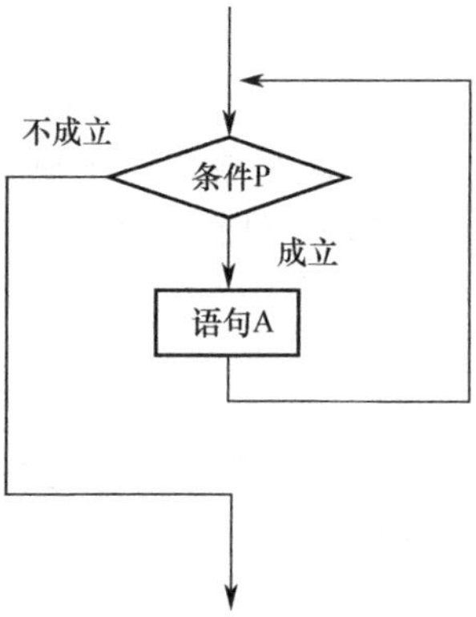

图 3.8 当型循环结构

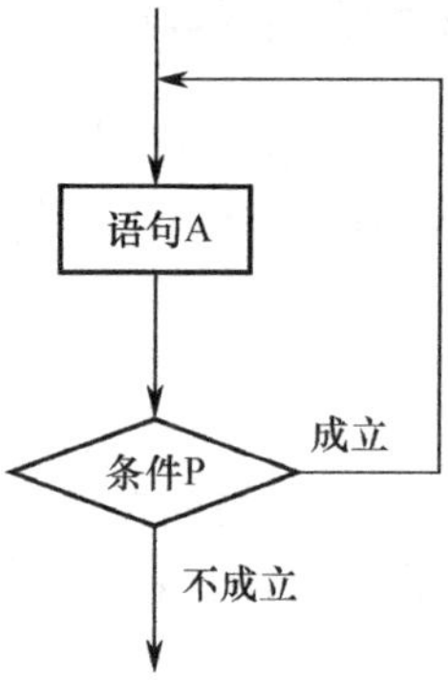

图 3.9 直到型循环结构

3.7.2 if 语句

if 语句是 C51 中的一个基本条件选择语句，它通常有 3 种格式。

```
(1) if(表达式){语句;}
(2) if(表达式){语句1;} else{语句2;}
(3) if(表达式1){语句1;}
else  if(表达式2){语句2;}
else  if(表达式3){语句3;}
...
else  if(表达式n-1){语句n-1;}
else  {语句n;}
```

【例 3.18】 if 语句的用法。

① if (x!=y) print("x=%d, y=%d\n", x, y);

执行上面语句时，如果 x 不等于 y，则输出 x 的值和 y 的值。

② if (x>y) max=x;

  else max= y;

执行上面语句时，如 x 大于 y 成立，则把 x 送给最大值变量 max；如 x 大于 y 不成立，则把 y 送给最大值变量 max。使 max 变量得到 x、y 中的大数。

③ if (score>=90) printf("Your result is A\n");

  else if (score>=80) printf("Your result is B\n");

  else if (score>=70) printf("Your result is C\n");

  else if (score>= 60) printf("Your result is D\n");

  else printf("Your result is E\n");

执行上面语句后，能够根据分数 score 分别打出 A、B、C、D、E 这 5 个等级。

3.7.3　switch…case 语句

if 语句通过嵌套可以实现多分支结构，但结构复杂。switch 是 C51 提供的专门处理多分支结构的多分支选择语句，它的格式如下

```
switch  (表达式)
{case 常量表达式 1: {语句 1;}break;
 case 常量表达式 2: {语句 2;}break;
 …
 case  常量表达式 n: {语句 n;}break;
 default: {语句 n+1;}
}
```

说明如下：

（1）switch 后面括号内的表达式可以是整型或字符型表达式。

（2）当该表达式的值与某一“case”后面的常量表达式的值相等时，就执行该“case”后面的语句，遇到 break 语句时退出 switch 语句。若表达式的值与所有 case 后的常量表达式的值都不相同，则执行 default 后面的语句，然后退出 switch 结构。

（3）每个 case 常量表达式的值必须不同，否则会出现自相矛盾的现象。

（4）case 语句和 default 语句的出现次序对执行过程没有影响。

（5）每个 case 语句后面可以有 break 语句，也可以没有。若有 break 语句，执行到 break 则退出 swich 结构；若没有，则会顺次执行后面的语句，直到遇到 break 或结束。

（6）每个 case 语句后面可以带一个语句，也可以带多个语句，还可以不带。语句可以用花括号括起来，也可以不括。

（7）多个 case 可以公用一组执行语句。

【例 3.19】 switch…case 语句的用法。

将学生成绩划分为 A～E，对应不同的百分制分数，要求根据不同的等级打印出它的对应百分数。可以通过下面的 switch…case 语句实现。

```
…
switch (grade)
{
case 'A': printf("90～100\n") ;break;
case 'B': printf("80～90\n") ;break;
case 'C': printf("70～80\n") ;break;
case 'D': printf ("60～70\n") ;break;
case 'E': printf ("<60\n") ;break;
default:printf("error"\n))
}
```

3.7.4　while 语句

while 语句在 C51 中用于实现当型循环结构，它的格式如下

```
while(表达式)
{语句;}  /*循环体*/
```

while 语句后面的表达式是能否循环的条件，后面的语句是循环体。当表达式为非 0（“真”）时，就重复执行循环体内的语句；当表达式为 0（“假”）时，则终止 while 循环，程序将执行循环结构之外的下一条语句。它的特点是：先判断条件，后执行循环体。在循环体中对条件进行改变，然后判断条件。如条件成立，则再执行循环体；如条件不成立，则退出循环；如条件第一次就不成立，则循环体一次也不执行。

【例 3.20】 下面程序通过 while 语句实现计算并输出 1～100 的累加和。

```
#include  <reg51.h>              //包含特殊功能寄存器库
#include  <stdio.h>              //包含 I/O 函数库
void  main (void)                //主函数
{
   int   i,s=0;                  //定义整型变量 i 和 s
   i=1;
   SCON=0x52;                    //串口初始化
   TMOD=0x20 ;
   TH1=0xF3;
   TR1=1;
   while  (i<=100)               //累加和在 s 中
   {
      s=s+i;
      i++;
   }
   printf ("1t2+3+…+100=%d\n",s);
   while(1);
}
```

程序执行的结果：1+2+3+…+100=5050。

3.7.5 do…while 语句

do…while 语句在 C51 中用于实现直到型循环结构，它的格式如下

```
do
{语句; }            /*循环体*/
while(表达式);
```

它的特点是：先执行循环体中的语句，后判断表达式。如表达式成立（“真”），则再执行循环体，然后又判断，直到有表达式不成立（“假”），退出循环，执行 do…while 结构的下一条语句。do…while 语句在执行时，循环体内的语句至少会被执行一次。

【例 3.21】 通过 do…while 语句实现计算并输出 1～100 的累加和。

```
#include  <reg51.h>              //包含特殊功能寄存器库
#include  <stdio.h>              //包含 I/O 函数库
void  main (void)                //主函数
{
   int   i,s=0;                  //定义整型变量 i 和 s
   i=1;
   SCON=0x52;                    //串口初始化
```

```
    TMOD= 0x20;
    TH1=0xF3;
    TR1=1;
    do                              //累加和在 s 中
    {
       s=s+i;
       i++;
    }
    while (i<=100) ;
    printf ("1+2+3+…+100=%d\n",s);
    while(1) ;
}
```

程序执行的结果：1+2+3+…+100=5050。

3.7.6　for 语句

在 C51 语言中，for 语句是使用最灵活、用得最多的循环控制语句之一，同时也很复杂。它可以用于循环次数已经确定的情况，也可以用于循环次数不确定的情况。它完全可以代替 while 语句，功能强大。格式如下

```
for(表达式 1; 表达式 2; 表达式 3)
{语句;}                   /*循环体*/
```

for 语句后面带 3 个表达式，它的执行过程如下。

（1）先求解表达式 1 的值。

（2）求解表达式 2 的值，如表达式 2 的值为真，则执行循环体中的语句，然后执行步骤（3）的操作，如表达式 2 的值为假，则结束 for 循环，转到最后一步。

（3）若表达式 2 的值为真，则执行完循环体中的语句后，求解表达式 3，然后转到第（4）步。

（4）转到步骤（2）继续执行。

（5）退出 for 循环，执行下面的一条语句。

在 for 循环中，一般表达式 1 为初值表达式，用于给循环变量赋初值；表达式 2 为条件表达式，对循环变量进行判断；表达式 3 为循环变量更新表达式，用于对循环变量的值进行更新，使循环变量不满足条件而退出循环。

【例 3.22】 用 for 语句实现计算，并输出 1～100 的累加和。

```
#include  <reg51.h>              //包含特殊功能寄存器库
#include  <stdio.h>              //包含 I/O 函数库
void  main (void)                //主函数
{
   int  i,s=0;                   //定义整型变量 i 和 s
   SCON=0x52;                    //串口初始化
   TMOD=0x20;
   TH1=0xF3;
   TR1=1;
```

```
    for (i=1;i<=100;1++)  s=s+i;  //累加和在 s 中
    printf ("1+2+3+…+100=%d\n",s) ;
    while(1) ;
}
```

程序执行的结果：1+2+3+…+100=5050。

3.7.7 循环的嵌套

在一个循环的循环体中允许包含一个完整的循环结构，这种结构称为循环的嵌套。外面的循环称为外循环，里面的循环称为内循环，如果在内循环的循环体内又包含循环结构，就构成了多重循环。

在 C51 中，允许 3 种循环结构相互嵌套。

【例 3.23】用嵌套结构构造一个延时程序。

```
void delay (unsigned int x)
{
    unsigned char j;
    while (x--)
    {for (j=0; j<125; j++);}
}
```

这里，用内循环构造一个基准的延时，调用时通过参数设置外循环的次数，这样就可以形成各种延时关系。

3.7.8 break 和 continue 语句

break 和 continue 语句通常用于循环结构中，用来跳出循环结构。但是二者又有所不同，下面分别介绍。

1. break 语句

前面已经介绍过用 break 语句可以跳出 switch 结构，使程序继续执行 switch 结构后面的一个语句。使用 break 语句还可以从循环体中跳出循环，提前结束循环而接着执行循环结构下面的语句。它不能用在除循环语句和 switch 语句外的任何其他语句中。

【例 3.24】下面一段程序用于计算圆的面积，当计算得到的面积大于 100 时，由 break 语句跳出循环。

```
for  (r=1; r<=10; r++)
{
    area=pi*r*r;
    if (area>100)  break;
}
printf ("%d ", area) ;
```

2. continue 语句

continue 语句用在循环结构中，用于结束本次循环，跳过循环体中 continue 下面尚未执行的语句，直接进行下一次是否执行循环的判断。

continue 语句和 break 语句的区别在于：continue 语句只是结束本次循环而不是终止整个循环；break 语句则是结束循环，不再进行条件判断。

【例 3.25】输出 100～200 范围内不能被 3 整除的数。

```
for  (i=100;i<=200; i++)
{
   if  (i%3= =0)  continue;
   printf ("%d ",i) ;
}
```

在程序中，当 i 能被 3 整除时，执行 continue 语句，结束本次循环，跳过 printf()函数。只有不能被 3 整除时才执行 printf()函数。

3.7.9　return 语句

return 语句一般放在函数的最后位置，用于终止函数的执行，并控制程序返回调用该函数时所处的位置。返回时还可以通过 return 语句带回返回值。return 语句格式有两种：

（1）return;

（2）return(表达式);

如果 return 语句后面带有表达式，则计算表达式的值，并将表达式的值作为函数的返回值。若不带表达式，则函数返回时将返回一个不确定的值。通常用 return 语句把调用函数取得的值返回给主调用函数。

3.8　函数

在程序设计过程中，对于较大的程序一般采用模块化结构。通常将其分成若干子程序模块，每个子程序模块都完成一种特定的功能。在 C51 中，子程序模块是用函数来实现的。在前面我们介绍了 C51 的程序结构，C51 的程序是由一个主函数和若干子函数组成的，每个子函数都完成一定的功能。在一个程序中只能有一个主函数，主函数不能被调用。程序执行时，从主函数开始，到主函数的最后一条语句结束。子函数可以被主函数调用，也可以被其他子函数或其本身调用形成子程序嵌套。在 C51 中，系统提供了丰富的功能函数，其被放于标准函数库中，以供用户调用。如果用户需要的函数没有被包含在函数库中，用户也可以根据需要自己定义函数以便使用。

3.8.1　函数的定义

用户在用 C51 进行程序设计的过程中，既可以用系统提供的标准库函数，也可以使用自己定义的函数。对于系统提供的标准库函数，用户使用时需在之前通过预处理命令 include 将对应的标准函数库包含到程序开始。而对于用户自定义的函数，在使用之前必须对它进行定义，定义之后才能调用。函数定义的一般格式如下

```
函数类型 函数名（形式参数）[reentrant] [interrupt  m] [using n]
形式参数说明
{
```

```
    局部变量定义
    函数体
}
```

前面称为函数的首部，后面称为函数的尾部，格式说明如下。

1．函数类型

函数类型说明了函数返回值的类型。它可以是前面介绍的各种数据类型，用于说明函数最后的 return 语句送回给被调用处的返回值的类型。如果一个函数没有返回值，函数类型可以不写，实际处理中，这时一般把它的类型定义为 void。

2．函数名

函数名是用户为自定义函数取的名字，以便调用函数时使用。它的取名规则与变量的命名规则一样。

3．形式参数表

形式参数表用于列举在主调函数与被调用函数之间进行数据传递的形式参数。在函数定义时，形式参数的类型必须说明，可以在形式参数表的位置说明，也可以在函数名后面、函数体前面进行说明。如果函数没有参数传递，在定义时，形式参数可以没有或用 void，但括号不能省略。

【例 3.26】定义一个返回两个整数中的最大值的函数 max()。

```
int  max(int  x,int  y)
{
    int  z;
    z=x>y? x:y;
    return(z);
}
```

也可以写成这样：

```
int  max(x,y)
int  x,y;
{
    int  z;
    z=x>y? x:y;
    return(z) ;
}
```

4．interrupt m 修饰符

interrupt m 是 C51 函数中非常重要的一个修饰符，这是因为中断函数必须通过它进行修饰。在 C51 程序设计中经常会用到中断函数用于实现系统实时性，提高程序处理效率。

在 C51 程序设计中，若函数定义时用了 interrupt m 修饰符，则系统编译时把对应函数转换为中断函数，自动加上程序头段和尾段，并按 MCS-51 系统中断的处理方式自动把它安排在程序存储器中的相应位置。在该修饰符中，m 的取值为 0～31，对应的中断情况如下。

0—外部中断 0；

1—定时/计数器 T0；

2—外部中断 1；

3—定时/计数器 T1；

4—串行接口中断；

其他值预留。

在编写 MCS-51 中断函数时应注意如下几点。

（1）中断函数不能进行参数传递，如果中断函数包含任何参数声明，都将导致编译出错。

（2）中断函数没有返回值，如果企图定义一个返回值，将得不到正确的结果，建议在定义中断函数时将其定义为 void 类型，以明确说明没有返回值。

（3）在任何情况下都不能直接调用中断函数，否则会产生编译错误。因为中断函数的返回是由 8051 单片机的 RETI 指令完成的，RETI 指令影响 8051 单片机的硬件中断系统。如果在没有实际中断的情况下直接调用中断函数，RETI 指令的操作结果会产生一个致命的错误。

（4）如果在中断函数中调用了其他函数，则被调用函数所使用的寄存器必须与中断函数相同，否则会产生不正确的结果。

（5）C51 编译器对中断函数编译时会自动在程序开始和结束处加上相应的内容，具体如下：在程序开始处对 ACC、B、DPH、DPL 和 PSW 入栈，结束时出栈。中断函数未加 using n 修饰符的，开始时还要将 R0～R1 入栈，结束时出栈。如中断函数加 using n 修饰符，则在开始将 PSW 入栈后还要修改 PSW 中的工作寄存器组选择位。

（6）C51 编译器从绝对地址 8m+3 处产生一个中断向量，其中 m 为中断号，也即 interrupt 后面的数字，该向量包含一个到中断函数入口地址的绝对跳转。

（7）中断函数最好写在文件的尾部，并且禁止使用 extern 存储类型说明，防止其他程序调用。

【例 3.27】编写一个用于统计外中断 0 的中断次数的中断服务程序。

```
extern  int  x;
void  int0  ()  interrupt 0  using 1
{
    x++;
}
```

5. using n 修饰符

在前面单片机基本原理中介绍了 MCS-51 单片机有 4 组工作寄存器：0 组、1 组、2 组和 3 组。每组有 8 个寄存器，分别用 R0～R7 表示。修饰符 using　n 用于指定本函数内部使用的工作寄存器组，其中 n 的取值为 0～3，表示寄存器组号。

对于 using　n 修饰符的使用，注意以下几点。

（1）加入 using n 后，C51 在编译时自动在函数的开始处和结束处加入以下指令。

```
{
    PUSH  PSW;                          //标志寄存器入栈
    MOV  PSW, #与寄存器组号 n 相关的常量;
    …
    POP  PSW;                           //标志寄存器出栈
}
```

（2）using n 修饰符不能用于有返回值的函数，因为 C51 函数的返回值是放在寄存器中的，如寄存器组改变了，返回值就会出错。

3.8.2 函数的调用与声明

1. 函数的调用

函数调用的一般形式如下：

```
函数名 (实参列表);
```

对于有参数的函数调用，若实参列表包含多个实参，则各个实参之间用逗号隔开。主调函数的实参与形参的个数应该相等，类型一一对应。实参与形参的位置一致。调用时实参按顺序一一把值传递给形参。在 C51 编译系统中，实参表的求值顺序为从左到右。如果调用的是无参数函数，则实参也不需要，但是括号不能省略。

按照函数调用在主调函数中出现的位置，函数调用方式有以下 3 种。

（1）函数语句。把被调用函数作为主调用函数的一个语句。

（2）函数表达式。函数被放在一个表达式中，以一个运算对象的方式出现。这时的被调用函数要求带有返回语句，以返回一个明确的数值参加表达式的运算。

（3）函数参数。被调用函数作为另一个函数的参数。

C51 中，在一个函数中调用另一个函数，要求被调用函数必须是已经存在的函数，可以是库函数，也可以是用户自定义函数。如果是库函数，则要在程序的开头用#include 预处理命令将被调用函数的函数库包含到文件中；如果是用户自定义函数，在使用时，应根据定义情况做相应的处理。

2. 自定义函数的声明

在 C51 程序设计中，如果一个自定义函数的调用在函数的定义之后，在使用函数时可以不对函数进行说明；如果一个函数的调用在定义之前，或调用的函数不在本文件内部，而是在另一个文件中，则在调用之前需对函数进行声明，指明所调用的函数在程序中有定义或在另一个文件中，并将函数的有关信息通知编译系统。函数的声明是通过函数的原型来指明的。

在 C51 中，函数原型一般形式如下

```
[extern]  函数类型 函数名 (形式参数表);
```

函数声明的格式与函数定义时函数的首部基本一致，但函数的声明与函数的定义不一样。函数的定义是对函数功能的确立，包括指定函数名、函数值类型、形参及类型和函数体等，它是一个完整的函数单位。而函数的声明则是把函数的名字、函数类型及形参的类型、个数和顺序通知编译系统，以便调用函数时系统进行对照检查。函数的声明后面要加分号。

如果声明的函数在文件内部，则声明时不用 extern；如果声明的函数不在文件内部，而在另一个文件中，则声明时需带 extern，指明使用的函数在另一个文件中。

【例 3.28】函数的使用

```
#include  <reg51.h>              //包含特殊功能寄存器库
#include  <stdio. h>              //包含 I/O 函数库
int  max (int x,int y);          //对 max 函数进行声明
void  main(void)                 //主函数
{
```

```
    int  a,b;
    SCON=0x52;
    TMOD=0x20;
    TH1=0xF3;
    TR1=1;
    scanf ("please input a,b:%d",&a,&b);
    printf("\n");
    printf ("max is: %d\n",max(a,b));
    while(1);
}
int  max(int x, int y)
{
    int  z;
    z=(x>=y?x:y);
    return(z);
}
```

【例 3.29】外部函数的使用。

```
程序 serial_ initial.c
#include  <reg51.h>           //包含特殊功能寄存器库
#include  <stdio.h>           //包含 I/O 函数库
void  serial_ initial (void){
{
    SCON=0x52;                //串口初始化
    TMOD=0x20;
    TH1=0xF3;
    TR1=1;
}
程序 exam3-29.c
#include  <reg51.h>           //包含特殊功能寄存器库
#include  <stdio.h>           //包含 I/O 函数库
extern  serial_initial();
void  main (void)             //主函数
{
    int  a,b;
    serial_ initial() ;
    scanf ("please  input a, b:%d, %d",&a,&b);
    printf  ("\n") ;
    printf  ("max  is:%d\n",a>=b?a:b) ;
    while(1) ;
}
```

在上面两个例子中，例 3.28 中的主函数使用了一个在后面定义的函数 max()，在使用之前用函数原型“int max(int x; int y);”进行了声明。例 3.29 中的程序 exam3-29.c 中调用了一个在另一个程序 serial_initial.c 中定义的函数 serial_initial()，则在调用之前对它进行了声明，且声明时前面加了 extern，指明该函数是另外一个程序文件中的函数，是一个外部函数。

3.8.3 函数的嵌套与递归

1. 函数的嵌套

在 C51 语言中，函数的定义是相互平行、互相独立的。在函数定义时，一个函数体内不能包含另一个函数，即函数不能嵌套定义。但是在一个函数的调用过程中可以调用另一个函数，即允许嵌套调用函数。C51 编译器通常依靠堆栈来进行参数传递，由于 C51 的堆栈设在片内 RAM 中，而片内 RAM 的空间有限，因而嵌套的深度比较有限，一般在几层以内。如果层数过多，就会导致堆栈空间不够而出错。

【例 3.30】函数的嵌套调用。

```
#include  <reg51.h>                    //包含特殊功能寄存器库
#include  <stdio.h>                    //包含 I/O 函数库
extern  serial_ initial () ;
int  max(int  a, int  b)
{
    int  z;
    z=a>=b?a:b;
    return(z) ;
}
int  add(int  c, int  d, int  e, int  f)
{
    int  result;
    result=max (c,d) +max(e,f);        //调用函数 max
    return  (result) :
}
main()
{
    int  final;
    serial_ initial();
    final=add(7,5,2,8);
    printf ("%d", final);
    while(1);
}
```

在主函数中调用了函数 add，而在函数 add 中又调用了函数 max，形成了两层嵌套调用。

2. 函数的递归

递归调用是嵌套调用的一种特殊情况。如果在调用一个函数过程中又出现了直接或间接调用该函数本身，则称为函数的递归调用。

在函数的递归调用中要避免出现无终止的自身调用，应通过条件控制结束递归调用，使得递归的次数有限。

下面是一个利用递归调用求 $n!$的例子。

【例 3.31】递归求数的阶乘 $n!$。

在数学计算中，一个数 n 的阶乘等于该数本身乘以数 $n-1$ 的阶乘，即 $n!=n\times(n-1)!$，用 $n-1$ 的阶乘来表示 n 的阶乘就是一种递归表示方法。在程序设计中通过函数递归调用来实现。

程序如下：

```
#include  <reg51.h> //包含特殊功能寄存器库
#include  <stdio.h> //包含 I/O 函数库
extern  serial_ initiali();
int  fac(int  n)  reentrant
{
   int  result;
   if  (n= =0)
      result=1;
   else
      result=n*fac(n-1) ;
   return  (result) ;
}
main()
{
   int  fac_ result;
   serial_initial() ;
   fac_ result=fac(11) ;
   printf ("%d\n",fac_ result) ;
}
```

使用 fac(n)求数 n 的阶乘时，当 n 不等于 0 时调用函数 fac(n−1)，而求 n−1 的阶乘时，当 n−1 不等于 0 时调用函数 fac(n−2)，以此类推，直到 n 等于 0 为止。在函数定义时使用了 reentrant 修饰符。

习　题　3

3.1　单项选择题

（1）C51 数据类型中关键词“sfr”用于定义（　　）。

A．指针变量　　B．字符型变量

C．无符号变量　　D．特殊功能寄存器变量

（2）将 aa 定义为片外 RAM 区的无符号字符型变量的正确写法是（　　）。

A．unsigned char data aa;　　B．signed char xdata aa;

C．extern signed char data aa;　　D．unsigned char xdata aa;

（3）以下选项中合法的 C51 变量名是（　　）。

A．xdata　　B．sbit　　C．start　　D．interrupt

（4）51 单片机能直接运行的文件格式是（　　）。

A．*.asm　　B．*.c　　C．* .hex　　D．*.txt

（5）C51 数据类型中的关键词“bit”用于定义（　　）。

A．位变量　　B．字节变量

C．无符号变量　　D．特殊功能寄存器变量

（6）已知 P1 口第 0 位的位地址是 0x90，将其定义为位变量 P1_0 的正确命令是（　　）。

A．bit　P1_0=0x90;　　B．sbit　P1_0=0x90;

C．sfr　P1_0=0x90;　　D．sfr16　P1_0=0x90;

（7）将 bmp 定义为片内 RAM 区的有符号字符型变量的正确写法是（　　）。

A．char data bmp;　　B．signed char xdata bmp;

C．extern signed char data bmp;　　D．unsigned char xdata bmp;

（8）设编译模式为 SMALL，将 csk 定义为片内 RAM 区的无符号字符型变量的正确写法是（　　）。

A．char data csk;　　B．unsigned char csk;

C．extern signed char data csk;　　D．unsigned char xdata csk;

（9）在 xdata 存储区里定义一个指向 char 类型变量的指针变量 px 的下列语句中，（　　）是正确的（默认为 SMALL 编译模式）。

A．char * xdata px;　　B．char xdata * px;

C．char xdata * data px;　　D．char * px xdata;

3.2　问答思考题

（1）在 C51 中为何要尽量采用无符号的字节变量或位变量？

（2）为了提高程序的运行速度，C51 中频繁操作的变量应定义在哪个存储区？

（3）C51 的变量定义包含哪些要素？其中哪些是不能省略的？

（4）C51 数据类型中的关键词 sbit 和 bit 都可用于位变量的定义，但二者有何不同之处？

（5）定义变量 a、b、c，其中 a 为内部 RAM 的可位寻址区的字符变量，b 为外部数据存储区浮点型变量，c 为指向 int 型 xdata 区的指针。

（6）编程将 8051 的内部数据存储器 20H 单元和 35H 单元的数据相乘，结果存到外部数据存储器（任意位置）中。

（7）8051 的片内数据存储器 25H 单元中存放着一个 0～255 范围内的整数，编程求其平方根，将平方根放到以 30H 单元为首址的内存中。

（8）将外部 RAM 的 10H～15H 单元的内容传送到内部 RAM 的 10H～15H 单元。

第 4 章　MCS-51 单片机内部资源及应用

MCS-51 单片机的内部资源主要有并行输入/输出（I/O）接口、定时/计数器、串行接口及中断系统，MCS-51 单片机的大部分功能就是通过对这些资源的利用来实现的。下面分别对其进行介绍，并用 C 语言分别给出相应例子。

4.1　并行 I/O 接口

MCS-51 单片机有 4 个 8 位的并行 I/O 接口：P0 口、P1 口、P2 口和 P3 口。这 4 个并行接口既可以并行输入或输出 8 位数据，又可以按位方式使用，即每一位均能独立作为输入或输出。它们的结构在 2.5.1 节已经介绍，这里仅介绍它们的应用与编程。

【例 4.1】键控 LED 灯。将单片机的 P2 口接 4 个发光二极管，P0 口接 4 个开关，编程实现：当开关动作时，对应的发光二极管亮或灭，电路如图 4.1 所示。

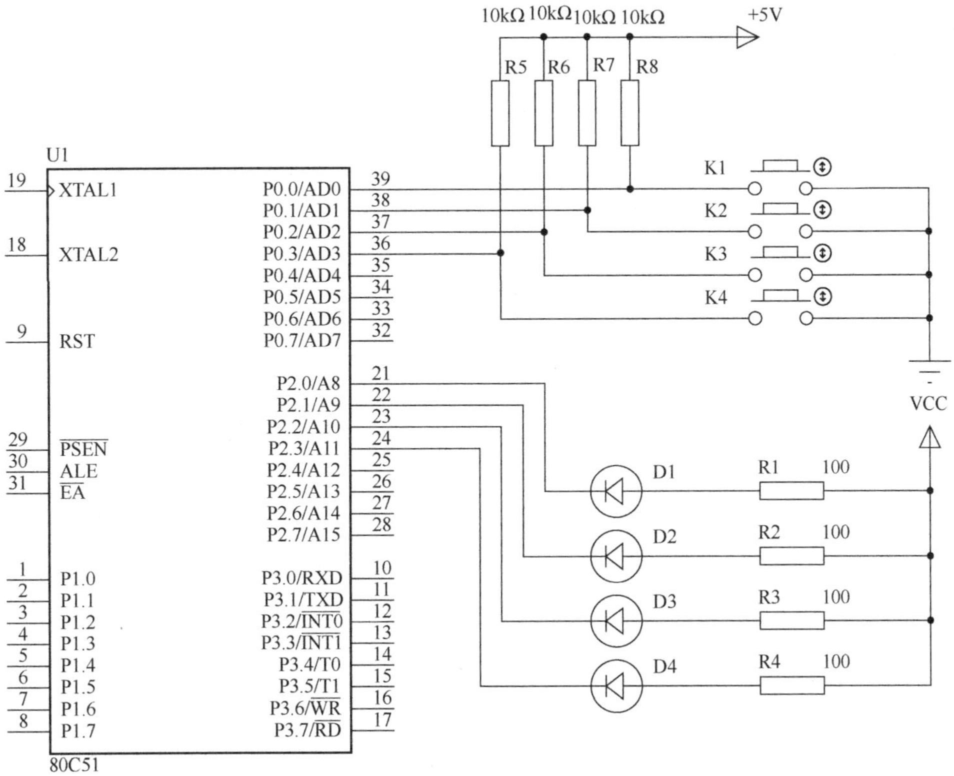

图 4.1　并行 I/O 接口简单电路

只需把 P0 口的内容读出后，通过 P2 口输出即可。

C51 语言程序如下

```
#include<reg51.h>
void main()
{

   char key = 0;      //定义按键变量
   while(1)
   {
   key = P0 & 0x0f;      //读取按键状态，高4位清零
   if (key != 0x0f) P2 = key;  //有按键动作时，将P0口的状态值送P2
      }
}
```

【例 4.2】采用查询法实现键控流水灯，电路如图 4.1 所示。要求实现：K1 为“启动键”，首次按压 K1 可产生“自下向上”的流水灯运动；K2 为“停止键”，按压 K2 可终止流水灯的运动；K3 和 K4 为“方向键”，分别产生“自上向下”和“自下向上”运动。

按键检测是采用查询法进行的，其流程图如图 4.2 所示。

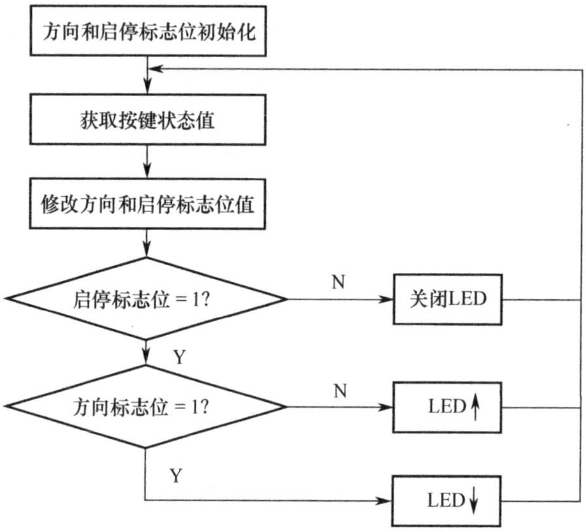

图 4.2 查询法键控流水灯流程图

具体程序如下

```
#include "reg51.h"
char led[]={0x0e,0x0d,0x0b,0x07};      //LED灯的花样数据
void delay(unsigned char time)        //延时函数
{
     unsigned char j=225;
     for(;time>0;time--)
          for(;j>0;j--);
}
void main()
{
```

```
    bit dir=0,run=0;              //标志位定义及初始化，dir 方向标志，run 启停标志；
    char i;
    while(1)
  {
        switch (P0 & 0x0f){                //读取键值
          case 0x0e:run=1;break;           //K1 动作，设 run=1
          case 0x0d:run=0,dir=0;break;     //K2 动作，设 run=dir=0
          case 0x0b:dir=1;break;           //K3 动作，设 dir=1
          case 0x07:dir=0;break;           //K4 动作，设 dir=0
        }
        if (run)                           //若 run=dir=1，则自上而下流动
          if(dir)
              for(i=0;i<=3;i++){
                  P2=led[i];
                  delay(255);
              }
            else                           //若 run=1，dir=0，则自下而上流动
              for(i=3;i>=0;i--){
                  P2=led[i];
                  delay(255);
              }
       else P2=0xff;                       //若 run=0，则灯全灭
    }
  }
```

4.2　中断系统

4.2.1　中断的基本概念

中断是计算机中很重要的一个概念，中断系统是计算机的重要组成部分。实时控制、故障处理往往通过中断来实现，计算机与外部环境设备之间的信息传送常常采用中断处理方式。什么是中断呢？在计算机中，由于软/硬件的原因，CPU 从当前正在执行的程序中暂停，而自动转去执行预先安排好的为处理该原因所对应的服务程序。执行完服务程序后，再返回被暂停的位置继续执行原来的程序，这个过程称为中断，实现中断的硬件系统和软件系统称为中断系统。

中断处理涉及以下几个方面的问题。

1. 中断源及中断请求

产生中断请求信号的事件、原因称为中断源。根据中断产生的原因，中断可分为软件中断和硬件中断。当中断源请求 CPU 中断时，就通过软件或硬件的形式向 CPU 提出中断请求。对于一个中断源，中断请求信号产生一次，CPU 中断一次，不能出现中断请求产生一次、CPU 响应多次的情况，这就要求中断请求信号及时撤除。

2. 中断优先权控制

能产生中断的原因有很多，当系统有多个中断源时，有时会出现几个中断源同时请求中断的情况，但 CPU 在某个时刻只能对一个中断源进行响应，响应哪一个呢？这就涉及中断优先权控制问题。在实际系统中，往往根据中断源的重要程度给不同的中断源设定优先级。当多个中断源提出中断请求时，优先级高的先响应，优先级低的后响应。

3. 中断允许与中断屏蔽

当中断源提出中断请求时，CPU 检测到以后是否立即进行中断处理呢？答案是不一定。CPU 响应中断时，会受到中断系统多个方面的控制，其中主要是中断允许和中断屏蔽的控制。如果某个中断源被系统设置为屏蔽状态，则无论中断请求是否提出，都不会响应；当中断源设置为允许状态，且又提出了中断请求时，CPU 才会响应。另外，当有高优先级中断正在响应时，也会屏蔽同级中断和低优先级中断。

4. 中断响应与中断返回

当 CPU 检测到中断源提出的中断请求，且中断处于允许状态时，CPU 就会响应中断，进入中断响应过程。首先对当前的断点地址进行入栈保护，然后把中断服务程序的入口地址送给程序指针 PC，转移到中断服务程序，在中断服务程序中进行相应的中断处理。最后，通过中断返回指令 RETI 返回断点位置，结束中断。在中断服务程序中往往还涉及现场保护、现场恢复及其他处理。

4.2.2 MCS-51 单片机的中断系统

1. 中断源

MCS-51 单片机提供 5 个（52 子系列提供 6 个）硬件中断源：2 个外部中断源 $\overline{\text{INT0}}$（P3.2）和 $\overline{\text{INT1}}$（P3.3），2 个定时/计数器 T0 和 T1 的溢出中断 TF0 和 TF1；1 个串行接口发送 TI 和接收 RI 中断。

1）外部中断 $\overline{\text{INT0}}$ 和 $\overline{\text{INT1}}$

外部中断 $\overline{\text{INT0}}$ 和 $\overline{\text{INT1}}$ 的中断请求信号从外部引脚 P3.2 和 P3.3 输入，主要用于自动控制、实时处理、单片机掉电和设备故障的处理。

外部中断请求 $\overline{\text{INT0}}$ 和 $\overline{\text{INT1}}$ 有两种触发方式：电平触发及跳变（边沿）触发。这两种触发方式可以通过对特殊功能寄存器 TCON 编程来选择。特殊功能寄存器 TCON 中的高 4 位用于定时/计数器控制，具体介绍参见 4.3.3 节。低 4 位用于外部中断控制，形式如图 4.3 所示。

TCON	D7	D6	D5	D4	D3	D2	D1	D0
(88H)	TF1	TR1	TF0	TR0	IE1	IT1	IE0	IT0

图 4.3 定时/计数器的特殊功能寄存器 TCON

IT0（IT1）：外部中断 0（或 1）的触发方式控制位。IT0（或 IT1）被设置为 0，则选择外部中断为电平触发方式；IT0（或 IT1）被设置为 1，则选择外部中断为边沿触发方式。

IE0（IE1）：外部中断 0（或 1）的中断请求标志位。在电平触发方式时，CPU 在每个机器周期的 S5P2 采样 P3.2（或 P3.3），若 P3.2（或 P3.3）引脚为高电平，则 IE0（IE1）清零，若 P3.2（或 P3.3）引脚为低电平，则 IE0（IE1）置 1，向 CPU 请求中断；在边沿触发方式时，若第一个机器周期采样到 P3.2（或 P3.3）引脚为高电平，第二个机器周期采样到 P3.2（或 P3.3）引脚为低电平，则由 IE0（或 IE1）置 1，向 CPU 请求中断。

在边沿触发方式时，CPU 在每个机器周期都采样 P3.2（或 P3.3）。为了保证能检测到负跳变，输入到 P3.2（或 P3.3）引脚上的高电平与低电平至少应保持 1 个机器周期。CPU 响应后能够由硬件自动将 IE0（或 IE1）清零。

对于电平触发方式，只要 P3.2（或 P3.3）引脚为低电平，IE0（或 IE1）就置 1，请求中断，CPU 响应后不能由硬件自动将 IE0（或 IE1）清零。如果在中断服务程序返回时，P3.2（或 P3.3）引脚仍为低电平，则又会中断，这样就会出现发出一次请求、中断多次的情况。为避免这种情况，只有在中断服务程序返回前撤销 P3.2（或 P3.3）的中断请求信号，即使 P3.2（或 P3.3）为高电平，通常通过外加如图 4.4 所示的外电路来实现，外部中断请求信号通过 D 触发器加到单片机的 P3.2（或 P3.3）引脚上。当外部中断请求信号使 D 触发器的 CLK 端发生正跳变时，由于 D 端接地，因此 Q 端输出 0，向单片机发出中断请求。CPU 响应中断后，利用一根 I/O 线 P1.0 作为应答线。

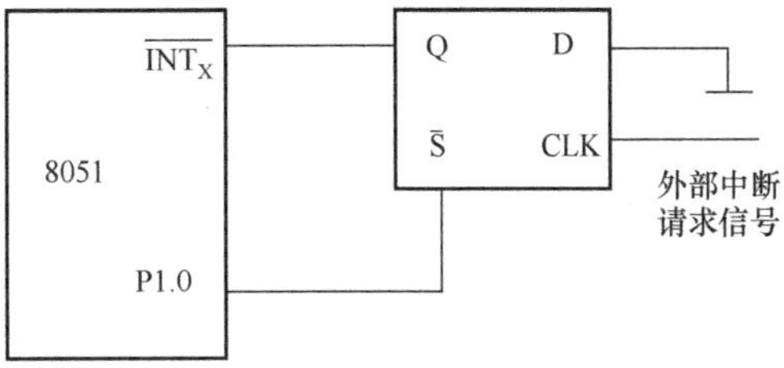

图 4.4 撤销外部中断的外电路

2）定时/计数器 T0 和 T1 中断

当定时/计数器 T0（或 T1）溢出时，由硬件置 TF0（或 TF1）为“1”，向 CPU 发送中断请求，当 CPU 响应中断时，将由硬件自动清除 TF0（或 TF1）。

3）串行接口中断

MCS-51 的串行接口中断源对应两个中断标志位：串行接口发送中断标志位 TI 和串行接口接收中断标志位 RI。无论哪个标志位置“1”，都请求串行接口中断。到底是发送中断 TI 还是接收中断 RI，只有在中断服务程序中通过指令查询来判断。串行接口中断响应后，不能由硬件自动清零，必须由软件对 TI 或 RI 清零。

2. 中断允许控制

MCS-51 单片机中没有专门的开中断和关中断指令，对各中断源的允许和屏蔽是由内部的中断允许寄存器 IE 的各位来控制的。中断允许寄存器 IE 的字节地址为 A8H，可以进行位寻址，各标志位的定义如图 4.5 所示。

IE	D7	D6	D5	D4	D3	D2	D1	D0
(A8H)	EA		ET2	ES	ET1	EX1	ET0	EX0

图 4.5 中断允许寄存器 IE

EA：中断允许总控位。EA=0，屏蔽所有的中断请求：EA=1，开放中断。EA 的作用是使中断允许形成两级控制，即各中断源首先受 EA 位的控制，其次受各中断源自己的中断允许位的控制。

ET2：定时/计数器 T2 的溢出中断允许位，只用于 52 子系列，51 子系列无此位。ET2=0，禁止 T2 中断；ET2=1，允许 T2 中断。

ES：串行接口中断允许位。ES=0，禁止串行接口中断；ES=1 允许串行接口中断。

ET1：定时/计数器 TI 的溢出中断允许位。ET1=0，禁止 TI 中断；ET1=1，允许 TI 中断。

EX1：外部中断 $\overline{\text{INT1}}$ 的中断允许位。EX1=0，禁止外部中断 $\overline{\text{INT1}}$ 中断；EX1=1，允许外部中断 $\overline{\text{INT1}}$ 中断。

ET0：定时/计数器 T0 的溢出中断允许位。ET0=0，禁止 T0 中断；ET0=1，允许 T0 中断。

EX0：外部中断 $\overline{\text{INT0}}$ 的中断允许位。EX0=0，禁止外部中断 $\overline{\text{INT0}}$ 中断：EX0=1，允许外部中断 $\overline{\text{INT0}}$ 中断。

系统复位时，中断允许寄存器 IE 的内容为 00H，如果要开放某个中断源，则必须使 IE 中的总控位和对应的中断允许位置“1”。

3. 优先级控制

MCS-51 单片机有 5 个中断源，为了处理方便，每个中断源都有两级控制：高优先级和低优先级，通过由内部的中断优先级寄存器 IP 来设置。中断优先级寄存器 IP 的字节地址为 B8H，可以进行位寻址，各标志位的定义如图 4.6 所示。

IP	D7	D6	D5	D4	D3	D2	D1	D0
(B8H)			PT2	PS	PT1	PX1	PT0	PX0

图 4.6 中断优先级寄存器 IP

PT2：定时/计数器 T2 的中断优先级控制位，只用于 52 子系列。

PS：串行接口的中断优先级控制位。

PT1：定时/计数器 T1 的中断优先级控制位。

PX1：外部中断 $\overline{\text{INT1}}$ 的中断优先级控制位。

PT0：定时/计数器 T0 的中断优先级控制位。

PX0：外部中断 $\overline{\text{INT0}}$ 的中断优先级控制位。

如果某位被置“1”，则对应的中断源被设为高优先级；如果某位被清零，则对应的中断源被设为低优先级。对于同级中断源，系统有默认的优先级顺序，默认的优先级顺序如表 4.1 所示。

表 4.1 同级中断源的优先级顺序

中 断 源	优先级顺序
外部中断 0	最高
定时/计数器 T0 中断	
外部中断 1	
定时/计数器 T1 中断	
串行接口中断	最低

通过中断优先级寄存器 IP 改变中断源的优先级顺序，可以实现两个方面的功能：改变系统中断源的优先级顺序和实现二级中断嵌套。

通过设置中断优先级寄存器 IP，能够改变系统默认的优先级顺序。例如，要把外部中断 $\overline{\text{INT1}}$ 的中断优先级设为最高，其他的按系统的默认顺序，则把 PX1 位设为 1，其余位设为 0，5 个中断源的优先级顺序就为 $\overline{\text{INT1}}$→$\overline{\text{INT0}}$→T0→T1→ES。

通过用中断优先级寄存器组成两级优先级，可以实现二级中断嵌套。对于中断优先级和中断嵌套，MCS-51 单片机有以下 3 条规定。

（1）正在进行的中断过程不能被新的同级或低优先级的中断请求所中断，直到该中断服务程序结束，返回主程序且执行了主程序中的一条指令后，CPU 才响应新的中断请求。

（2）正在进行的低优先级中断服务程序能被高优先级中断请求所中断，实现两级中断嵌套。

（3）当 CPU 同时接收到几个中断请求时，首先响应优先级最高的中断请求；如果几个中断请求为同一级，则按照系统默认的优先级顺序执行。

实际上，MCS-51 单片机对于二级中断嵌套的处理是通过中断系统中的两个用户不可寻址的优先级状态触发器来实现的。这两个优先级状态触发器用来记录本级中断源是否正在中断。如果正在中断，则硬件自动将其优先级状态触发器置“1”。若高优先级状态触发器置“1”，则屏蔽所有后来的中断请求。若低优先级状态触发器置“1”，则屏蔽所有后来的低优先级中断，允许高优先级中断形成二级嵌套。当中断响应结束时，对应的优先级状态触发器由硬件自动清零。

MCS-51 单片机的中断源和相关的特殊功能寄存器及内部硬件线路构成的中断系统的逻辑结构如图 4.7 所示。

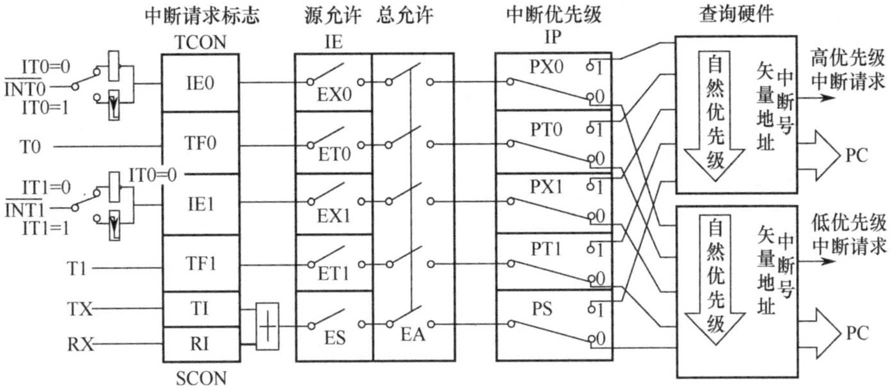

图 4.7　中断系统的逻辑结构

4．中断响应

1）中断响应的条件

MCS-51 单片机响应中断的条件为：中断源有请求且中断允许。MCS-51 单片机工作时，在每个机器周期的 S5P2 期间，对所有中断源按用户设置的优先级和内部规定的优先级进行顺序检测，并在 S6 期间找到所有有效的中断请求。如有中断请求，且满足下列条件，则在下一个机器周期的 S1 期间响应中断，否则丢弃中断采样的结果。

（1）无同级或高优先级中断正在处理。

（2）现行指令执行到最后一个机器周期且已结束。

（3）当现行指令为 RETI 或访问 IE、IP 的指令时，执行完该指令且紧随其后的另一条指令也已执行完毕。

2）中断响应过程

MCS-51 单片机响应中断后，由硬件自动执行如下的功能操作。

（1）根据中断请求源的优先级高低，对相应的优先级状态触发器置“1”。

（2）保护断点，即把程序计数器 PC 的内容压入堆栈保存。

（3）清内部硬件可清除的中断请求标志位（IE0、IE1、TF0、TF1）。

表 4.2 中断服务程序的入口地址

中 断 源	中 断 号	入 口 地 址
外部中断 0	0	0003H
定时/计数器 0	1	000BH
外部中断 1	2	0013H
定时/计数器 1	3	001BH
串行接口	4	0023H

（4）把被响应的中断服务程序入口地址送入 PC，从而转入相应的中断服务程序执行。中断服务程序的入口地址如表 4.2 所示。

3）中断响应时间

所谓中断响应时间，是指 CPU 检测到中断请求信号到转入中断服务程序入口所需要的机器周期。了解中断响应时间对设计实时测控应用系统有重要指导意义。

MCS-51 单片机响应中断的最短时间为 3 个机器周期，最长为 8 个机器周期。若 CPU 检测到中断请求信号的时间正好是一条指令的最后一个机器周期，则无须等待就可以立即响应。所以响应中断就是内部硬件执行一条长调用指令需要 2 个机器周期，检测需要 1 个机器周期，共需要 3 个机器周期。

4.2.3 MCS-51 中断系统的应用

【例 4.3】中断方式的键控流水灯。

按键检测是采用查询法进行的，按键查询、标志位修改及彩灯循环这几个环节是串联关系，当 CPU 运行于彩灯循环环节时，将因不能及时检测按键状态，而使按键操作不灵敏。

解决这个问题的思路是，利用外部中断检测按键的状态，一旦有按键动作发生，系统就立即更新标志位。这样，就能保证系统及时按新标志位值控制彩灯运行。为此，需要先对原电路图进行改造，加装一只 4 输入与门电路（输入端与 P0 口并联），这样就能将按键闭合电平转换为 $\overline{\text{INT0}}$ 中断信号。改造后的电路原理图如图 4.8 所示。

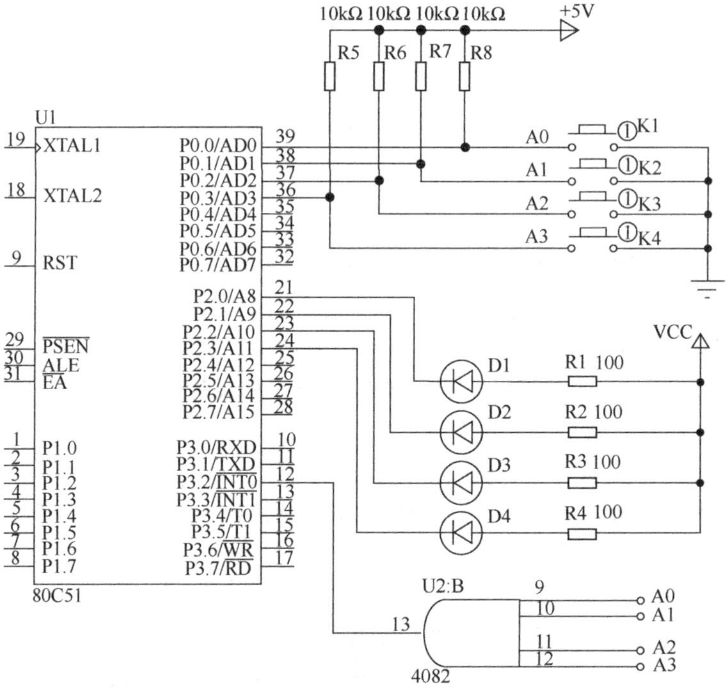

图 4.8 电路原理图

编程时，主函数只负责彩灯循环运行，中断函数则负责按键检测与标志位刷新，程序流程图如图 4.9 所示。

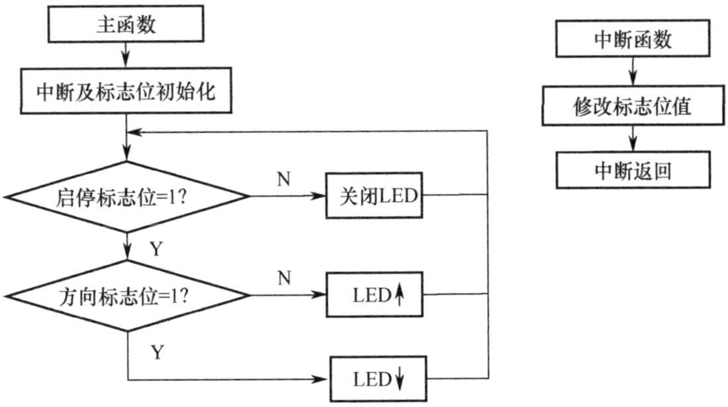

图 4.9　程序流程图

例 4.3 的参考程序如下

```
#include "reg51.h"
char led []={ 0xfe, 0xfd, 0xfb, 0xf7}; //LED 亮灯控制字
bit dir=0, run=0;   //全局变量
void delay (unsigned int time) ;
key () interrupt 0{              //键控中断函数
    switch (P0&0x0f) {           //修改标志位状态
    case 0x0e:run=1;break;
    case 0x0d:run=0, dir=0;break;
    case 0x0b:dir=1;break;
    case 0x07:dir=0;break;
}}
void main()
{
char i;
IT0=1;EX0=1;EA=1;//边沿触发、允许、总中断允许
while(1)
{
  if(run)
  {
  if(dir)//若 run=dir=1，则自上而下流动
     for(i=0;i<=3;i++){
       P2=led[i];
       delay(200);
     }
   else//若 run=1，dir=0，则自下而上流动
      for(i=3;i>=0;i--){
          P2=led[i];
          delay(200);
```

```
        }
      else P2=0xff;//若 run=0，则灯全灭
      }
  }
  void delay (unsigned int time) {
    unsigned int j=0;
    for (; time>0; time--)
    for(j=0;j<125;j++) ;
    }
```

4.3 定时/计数器接口

定时/计数器是单片机中的重要功能模块，在检测、控制和智能仪器等设备中经常用它来定时。另外，它还可以用于对外部事件进行计数。

4.3.1 定时/计数器的主要特性

（1）MCS-51 系列中的 51 子系列有两个 16 位的可编程定时/计数器：定时/计数器 T0 和定时/计数器 T1。

（2）每个定时/计数器既可以对系统时钟计数实现定时，也可以对外部信号计数实现计数功能，通过编程设定来实现。

（3）每个定时/计数器都有多种工作方式，其中 T0 有 4 种工作方式，T1 有 3 种工作方式，T2 有 3 种工作方式。通过编程可设定其工作于某种工作方式。

（4）每个定时/计数器在定时/计数时间到时产生溢出，使相应的溢出位置位，溢出可通过查询或中断方式处理。

4.3.2 定时/计数器 T0、T1 的结构及工作原理

定时/计数器 T0、T1 的结构框图如图 4.10 所示，它由加法计数器、方式寄存器 TMOD、控制寄存器 TCON 等组成。

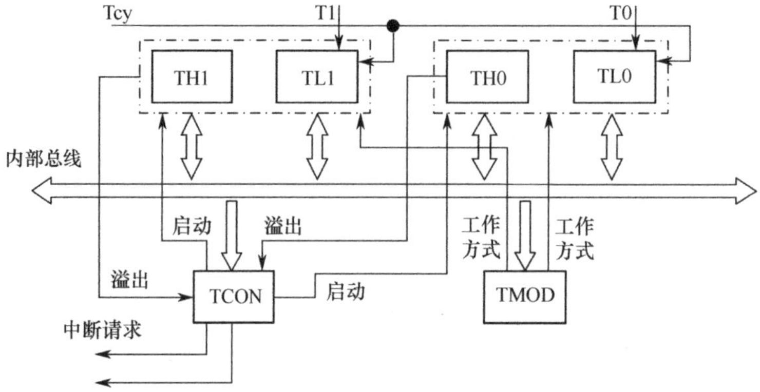

图 4.10 定时/计数器 T0、T1 的结构框图

定时/计数器的核心是 16 位加法计数器，在图中用特殊功能寄存器 TH0、TL0 及 TH1、TL1 表示。TH0、TL0 是定时/计数器 T0 的加法计数器的高 8 位和低 8 位，TH1、TL1 是定时/计数器 T1 的加法计数器的高 8 位和低 8 位。方式寄存器 TMOD 用于设定定时/计数器 T0 和 T1 的工作方式，控制寄存器 TCON 用于对定时/计数器的启动、停止进行控制。

当定时/计数器用于定时时，加法计数器对内部机器周期 Tcy 计数。因为机器周期是定值，所以对 Tcy 的计数就是定时，如 Tcy=1μs，计数 100，则定时 100μs。当定时/计数器用于计数时，加法计数器对单片机芯片引脚 T0（P3.4）或 T1（Q3.5）上的输入脉冲计数。每来一个输入脉冲，加法计数器加 1。当由全 1 再加 1 变成全 0 时产生溢出，使溢出位 TF0 或 TF1 置位，如中断允许，则向 CPU 提出定时/计数中断，如中断不允许，则只有通过查询方式使用溢出位。

在使用加法计数器时应注意两个方面。

第一，由于它是加法计数器，每来一个计数脉冲，加法器中的内容加 1 个单位，当由全 1 加到全 0 时计满溢出。因而，如果要计 *N* 个单位，则首先应向计数器置初值 *X*，且有

初值 *X*=最大计数值（满值）*M* –计数值 *N*

在不同的计数方式下，最大计数值（满值）不一样。一般来说，当定时/计数器工作于 *R* 位计数方式时，它的最大计数值（满值）为 2 的 *R* 次幂。

第二，当定时/计数器工作于计数方式时，对芯片引脚 T0（P3.4）或 T1（P3.5）上的输入脉冲计数，计数过程如下：在每个机器周期的 S5P2 时刻对 T0（P3.4）或 T1（P3.5）上的信号采样一次，如果上一个机器周期采样到高电平，下一个机器周期采样到低电平，则计数器在下一个机器周期的 S3P2 时刻加 1 计数一次。因而需要两个机器周期才能识别一个计数脉冲，所以外部计数脉冲的频率应小于振荡频率的 1/24。

4.3.3　定时/计数器的方式寄存器和控制寄存器

1. 定时/计数器的方式寄存器 TMOD

方式寄存器 TMOD 用于设定定时/计数器 T0 和 T1 的工作方式。它的字节地址为 89H，格式如图 4.11 所示。

TMOD	D7	D6	D5	D4	D3	D2	D1	D0
(89H)	GATE	C/T	M1	M0	GATE	C/T	M1	M0
	←定时器1→				←定时器0→			

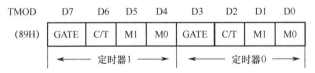

图 4.11　定时/计数器的方式寄存器 TMOD

M1、M0 为工作方式选择位，用于对 T0 的 4 种工作方式、T1 的 3 种工作方式进行选择，如表 4.3 所示。

表 4.3　定时/计数器的工作方式

M1	M0	工 作 方 式	方 式 说 明
0	0	0	13 位定时/计数器
0	1	1	16 位定时/计数器
1	0	2	8 位自动重置定时/计数器
1	1	3	两个 8 位定时/计数器（只有 T0 有）

C/T：定时或计数方式选择位。当 C/T=1 时工作于计数方式，当 C/T=0 时工作于定时方式。

GATE：门控位，用于控制定时/计数器的启动是否受外部中断请求信号的影响。如果 GATE=1，定时/计数器 T0 的启动还受芯片外部中断请求信号引脚$\overline{\text{INT0}}$（P3.2）的控制，定时/计数器 T1 的启动还受芯片外部中断请求信号引脚$\overline{\text{INT1}}$（P3.3）的控制，只有当外部中断请求信号引脚$\overline{\text{INT0}}$（P3.2）或$\overline{\text{INT1}}$（P3.3）为高电平时才开始启动计数；如果 GATE=0，定时/计数器的启动与外部中断请求信号引脚$\overline{\text{INT0}}$（P3.2）和$\overline{\text{INT1}}$（P3.3）无关。一般情况下 GATE=0。

2. 定时/计数器的控制寄存器 TCON

控制寄存器 TCON 用于控制定时/计数器的启动与溢出，它的字节地址为 88H，可以进行位寻址。各标志位的格式如图 4.12 所示。

TCON	D7	D6	D5	D4	D3	D2	D1	D0
(88H)	TF1	TR1	TF0	TR0	IE1	IT1	IE0	IT0

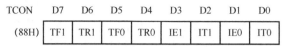

图 4.12 定时/计数器的控制寄存器 TCON

TF1：定时/计数器 T1 的溢出标志位。当定时/计数器 T1 计满时，由硬件使它置位，如中断允许，则触发 T1 中断。进入中断处理后，由内部硬件电路自动清除。

TR1：定时/计数器 T1 的启动位。可由软件置位或清零，当 TR1=1 时启动，当 TR1=0 时停止。

TF0：定时/计数器 T0 的溢出标志位，当定时/计数器 T0 计满时，由硬件使它置位，如中断允许，则触发 T0 中断。进入中断处理后，由内部硬件电路自动清除。

TR0：定时/计数器 T0 的启动位。可由软件置位或清零，当 TR0=1 时启动，当 TR0=0 时停止。

TCON 的低 4 位是用于外中断控制的，有关内容在 4.2.2 节已经介绍。

4.3.4 定时/计数器的工作方式

1. 方式 0

当 M1M0 两位为 00 时，定时/计数器工作于方式 0，方式 0 的结构如图 4.13 所示。

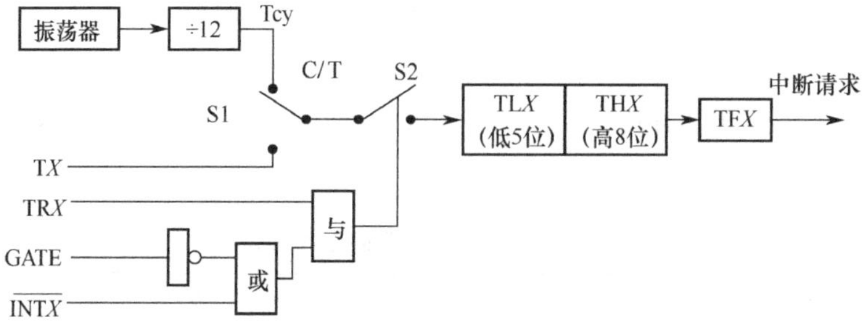

图 4.13 T0、T1 方式 0 的结构

在这种方式下，16 位的加法计数器只用了 13 位，分别是 TL0（或 TL1）的低 5 位和

TH0（或 TH1）的高 8 位，TL0（或 TL1）的高 3 位未用。计数时，当 TL0（或 TL1）的低 5 位计满时向 TH0（或 TH1）进位，当 TH0（或 TH1）也计满时则溢出，使 TF0（或 TF1）置位。如果中断允许，则提出中断请求。另外也可通过查询 TF0（或 TF1）判断是否溢出。由于采用 13 位的定时/计数方式，因此最大计数值（满值）为 2 的 13 次幂，为 8192。如计数值为 N，则置入的初值 X 为

$$X=8192-N$$

在实际中使用时，先根据计数值计算出初值，然后按位置置入初值寄存器中。如定时/计数器 T0 的计数值为 1000，则初值为 7192，转换成二进制数为 1110000011000B，则 TH0=11100000B，TL0=00011000B。

在方式 0 计数的过程中，当计数器计满溢出时，计数器的计数过程并不会结束，计数脉冲来时同样会进行加 1 计数。只是这时计数器从 0 开始计数，是满值的计数。如果要重新实现 N 个单位的计数，则这时应重新置入初值。

2. 方式 1

当 M1M0 两位为 01 时，定时/计数器工作于方式 1，方式 1 的结构与方式 0 的结构相同，只是把 13 位变成 16 位。

在方式 1 下，16 位的加法计数器被全部用上，TL0（或 TL1）作低 8 位，TH0（或 TH1）作高 8 位。计数时，当 TL0（或 TL1）计满时向 TH0（或 TH1）进位，当 TH0（或 TH1）也计满时则溢出，使 TF0（或 TF1）置位。同样可通过中断或查询方式来处理溢出信号 TF0（或 TF1）。由于是 16 位的定时/计数方式，因此最大计数值（满值）为 2 的 16 次幂，等于 65536。如计数值为 N，则置入的初值 X 为

$$X=65536-N$$

如定时/计数器 T0 的计数值为 1000，则初值为 65536–1000=64536。转换成二进制数为 1111110000011000B，则 TH0=11111100B，TL0=00011000B。

方式 1 计满后的情况与方式 0 的情况相同。当计数器计满溢出时，计数器的计数过程也不会结束，而是以满值开始计数。如果要重新实现 N 个单位的计数，则应重新置入初值。

3. 方式 2

当 M1M0 两位为 10 时，定时/计数器工作于方式 2，方式 2 的结构如图 4.14 所示。

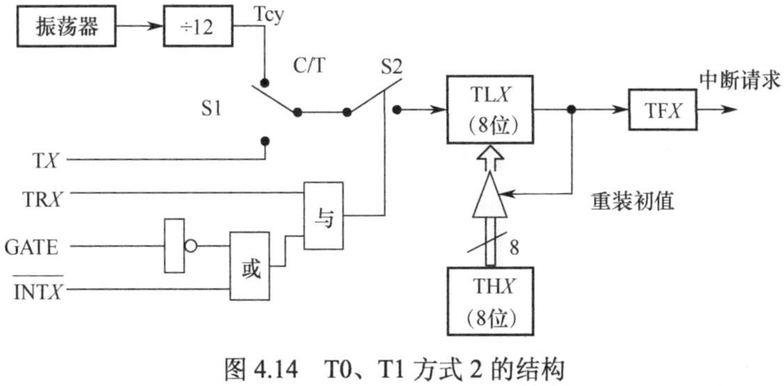

图 4.14　T0、T1 方式 2 的结构

在方式 2 下，16 位的计数器只用了 8 位来计数，用的是 TL0（或 TL1）的 8 位来进行计数，而 TH0（或 TH1）用于保存初值。计数时，当 TL0（或 TL1）计满时则溢出，一方面使

TF0（或 TF1）置位，另一方面溢出信号又会触发如图 4.14 所示的三态门，使三态门导通，TH0（或 TH1）的值就自动装入 TL0（或 TL1）。同样可通过中断或查询方式来处理溢出信号 TF0（或 TF1）。由于是 8 位的定时/计数方式，因此最大计数值（满值）为 2 的 8 次幂，等于 256。如计数值为 N，则置入的初值 X 为

$$X=256-N$$

如定时/计数器 T0 的计数值为 100，则初值为 256–100=156，转换成二进制数为 10011100B，则 TH0=TL0=10011100B。

由于方式 2 计满后，溢出信号会触发三态门，自动地把 TH0（或 TH1）的值装入 TL0（或 TL1）中，因此如果要重新实现 N 个单位的计数，不用重新置入初值。

4. 方式 3

方式 3 只有定时/计数器 T0 才有。当 M1M0 两位为 11 时，定时/计数器 T0 工作于方式 3，方式 3 的结构如图 4.15 所示。

在方式 3 下，定时/计数器 T0 被分为两部分 TL0 和 TH0，其中，TL0 可作为定时/计数器使用，占用 T0 的全部控制位：GATE、C/T、TR0 和 TF0；而 TH0 固定只能作为定时器使用，对机器周期进行计数，这时它占用定时/计数器 T1 的 TR1 位、TF1 位和 T1 的中断资源。因此这时定时/计数器 T1 不能使用启动控制位和溢出标志位，通常将定时/计数器 T1 作为串行接口的波特率发生器。只要赋初值，设置好工作方式，它便自动启动，溢出信号直接送串行接口。若要停止工作，则只需送入一个把定时/计数器 T1 设置为方式 3 的方式控制字即可。由于定时/计数器 T1 没有方式 3，因此如果强行把它设置为方式 3，就相当于使其停止工作。

在方式 3 下，计数器的最大计数值、初值的计算与方式 2 的完全相同。

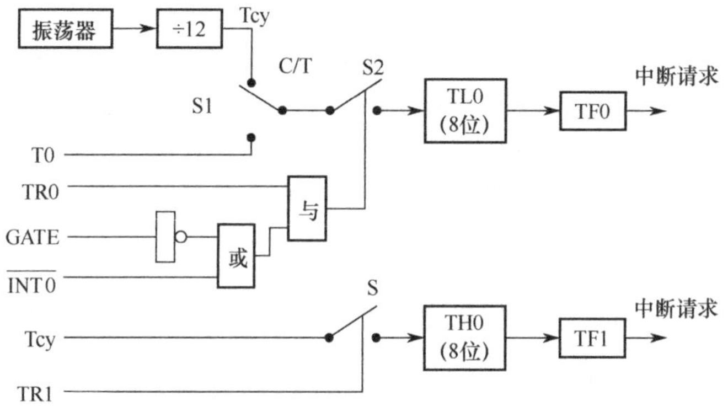

图 4.15 T0 方式 3 的结构

4.3.5 定时/计数器的初始化编程及应用

1. 定时/计数器的编程

MCS-51 的定时/计数器是可编程的，可以设定为对机器周期进行计数实现定时功能，也可以设定为对外部脉冲计数实现计数功能。有 4 种工作方式，使用时可根据情况选择其中一种。MCS-51 单片机的定时/计数器的初始化过程如下。

（1）根据要求选择方式，确定方式控制字，写入方式寄存器 TMOD。

（2）根据要求计算定时/计数器的计数值，再由计数值求得初值，写入初值寄存器。

（3）根据需要开放定时/计数器中断（后面需编写中断服务程序）。

（4）设置定时/计数器的控制寄存器 TCON 的值，启动定时/计数器开始工作。

（5）等待定时/计数时间到，执行中断服务程序；如用查询处理，则编写查询程序判断溢出标志，溢出标志等于 1 时进行相应处理。

2. 定时/计数器的应用

通常利用定时/计数器来产生周期性的波形，其基本思想是：利用定时/计数器产生周期性的定时，定时时间到，则对输出端进行相应的处理。例如，产生周期性的方波，只需待定时时间到，对输出端取反一次即可。不同的方式定时的最大值不同，如定时的时间很短，则选择方式 2，方式 2 形成周期性的定时，无须重置初值；如定时比较长，则选择方式 0 或方式 1；如时间很长，一个定时/计数器不够用，这时可用两个定时/计数器或一个定时/计数器加软件计数的方法。

【例 4.4】设系统时钟频率为 12MHz，用定时/计数器 T0 编程实现从 P1.0 输出周期为 500μs 的方波。

分析：从 P1.0 输出周期为 500μs 的方波，只需 P1.0 每隔 250μs 取反一次即可。当系统时钟频率为 12MHz，定时/计数器 T0 工作于方式 2 时，最大的定时时间为 256μs，满足 250μs 的定时要求，方式控制字应设定为 00000010B（02H）。系统时钟频率为 12MHz，定时为 250μs，计数值 N 为 250，初值 X=256−250=6，则 TH0=TL0=06H。

（1）采用中断处理方式的程序。

C 语言程序：

```
# include  <reg51.h> //包含特殊功能寄存器库
sbit P1_0=P1^0;
void main ()
{
   TMOD=0x02;
   TH0=0x06; TL0=0x06;
   EA=1; ET0=1 ;
   TR0=1;
   while (1) ;
}
void time0_int (void) interrupt 1   //中断服务程序
{
   P1_0=!P1_0;
}
```

（2）采用查询方式处理的程序。

```
#include<reg51.h>//包含特殊功能寄存器库
sbit P1_0=P1^0;
void main()
{
   TMOD=0x02;
   TH0=0x06;TL0=0x06;
   TR0=1;
```

```
    for(;;)
    {
       if(TF0){TF0=0;P1_0=!P1_0;}//查询计数溢出
    }
}
```

在例 4.4 中，定时的时间在 256μs 以内，用方式 2 处理很方便。如果定时时间大于 256μs，则此时用方式 2 不能直接处理。如果定时时间小于 8192μs，则可用方式 0 直接处理。如果定时时间小于 65536μs，则用方式 1 可直接处理。处理时与方式 2 的不同在于定时时间到后需重新置初值。如果定时时间大于 65536μs，这时用一个定时/计数器直接处理不能实现，可用两个定时/计数器共同处理或用一个定时/计数器配合软件计数方式处理。

【例 4.5】 设系统时钟频率为 12MHz，编程实现从 P1.1 输出周期为 1s 的方波。

根据例 4.4 的处理过程，这时应产生 500ms 的周期性的定时，定时到则对 P1.1 取反即可。由于定时时间较长，一个定时/计数器不能直接实现，因此可用定时/计数器 T0 产生周期为 10ms 的定时，然后用一个变量 i 对 10ms 计数 50 次或用定时/计数器 T0 对 10ms 计数 50 次实现。系统时钟频率为 12MHz，定时/计数器 T0 定时为 10ms，计数值 N 为 10000，只能选方式 1，方式控制字为 00000001B（01H），初值 X 为

$$X=65536-10000=55536=1101100011110000B$$

则 TH0=11011000B=D8H，TL0=11110000B=F0H。

（1）用变量 i 作计数器软件计数，中断处理方式。

C 语言程序如下

```
# include <reg51.h>             //包含特殊功能寄存器库
sbit  P1_1=P1^1;
char  i;
void main()
{
    TMOD=0x01;
    TH0=0xD8; TL0=0xf0;
    EA=1;ET0=1;
    i=0;
    TR0=1;
    while(1) ;
}
void time0_int (void) interrupt 1 //中断服务程序
{
    TH0=0xD8 ;TL0=0xf0;
    i++;
    if (i==50) {P1_1=!P1_1;i=0; }
}
```

（2）用定时/计数器 T1 计数实现。定时/计数器 T1 工作于计数方式时，计数脉冲通过 T1（P3.5）输入。设当定时/计数器 T0 的定时时间到时对 T1（P3.5）取反一次，则 T1（P3.5）每隔 20ms 产生一个计数脉冲，那么定时 500ms 只需计数 25 次。设定时/计数器 T1 工作于方式 2，初值 X=256–25=231=11100111B=E7H，TH1=TL1=E7H。因为定时/计数器 T0 工作于方式 1，即定时方式，所以这时方式控制字为 01100001B（61H），定时/计数器 T0 和 T1 都采用中断方式工作。

C 语言程序如下

```
# include <reg51.h>               //包含特殊功能寄存器库
sbit  P1_1=P1^1;
sbit  P3_5=P3^5;
void  main()
{
    TMOD=0x61;
    TH0=0xD8; TL0=0xf0;
    TH1=0xE7; TL1=0xE7;
    EA=1;
    ET0=1;ET1=1;
    TR0=1;TR1=1;
    while(1);
}
void  time0_int (void)  interrupt 1     //T0 中断服务程序
{
    TH0=0xD8; TL0=0xf0 ;
    P3_5=!P3_5;
}
void time1_int (void) interrupt 3       //T1 中断服务程序
{
    P1_1=! P1_1;
}
```

4.4 串行接口

4.4.1 通信的基本概念

1. 并行通信和串行通信

计算机与外界的通信有两种基本方式：并行通信和串行通信，如图 4.16 所示。

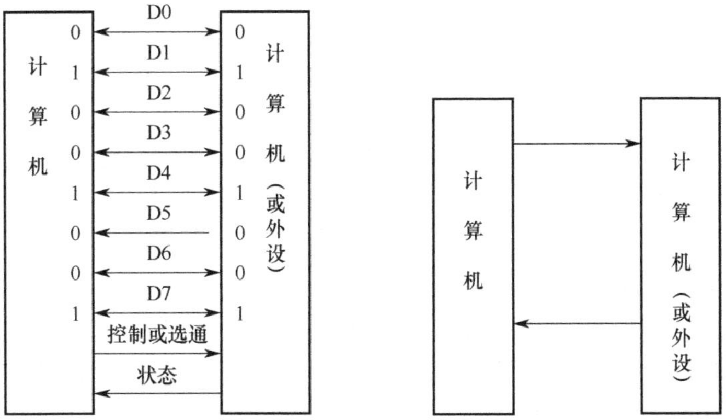

（a）并行通信　　　　（b）串行通信

图 4.16　计算机与外界的通信方式

通信时一次同时传送多位的称为并行通信，例如，一次传送 8 位或 16 位数据。在 MCS-51 单片机中，并行通信可通过并行输入/输出接口实现。并行通信的特点是通信速度快，但传输信号线多，传输距离较远时线路复杂，成本高，通常用于短距离传输。

若通信时数据是一位接一位顺序传送的，则称为串行通信，串行通信可以通过串行接口来实现。串行通信的特点是传输信号线少，通信线路简单，通信速度慢，成本低，适合长距离通信。

根据信息传送的方向，串行通信可以分为单工通信、半双工通信和全双工通信 3 种，如图 4.17 所示。单工方式只有一根数据线，信息只能单向传送；半双工方式也只有一根数据线，但信息可以分时双向传送；全双工方式有两根数据线，在同一时刻能够实现数据的双向传送。

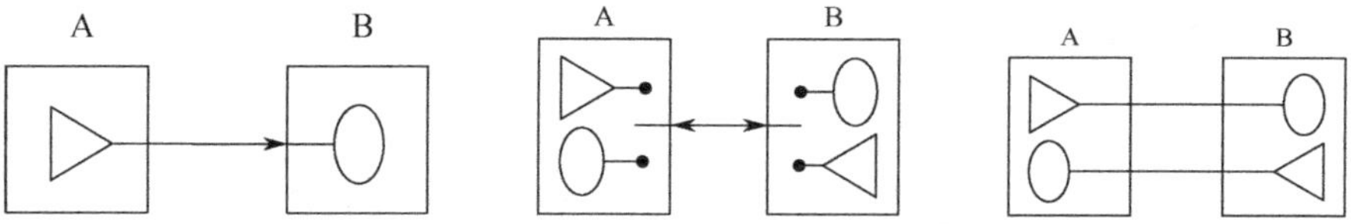

(a) 单工通信 (b) 半双工通信 (c) 全双工通信

图 4.17 串行通信工作方式

2. 同步通信和异步通信

串行通信按信息的格式又可分为串行异步通信和串行同步通信两种方式。

1）串行异步通信方式

串行异步通信方式的特点是数据在线路上传送时是以一个字符（字节）为单位的，未传送时线路处于空闲状态，空闲线路约定为高电平“1”。传送的一个字符又称为一帧信息。传送时每个字符前加一个低电平的起始位，然后是数据位，数据位为 5～8 位，低位在前，高位在后，数据位后可以带一个奇偶校验位，最后是停止位，停止位用高电平表示，它可以是 1 位、1 位半或 2 位。格式如图 4.18 所示。

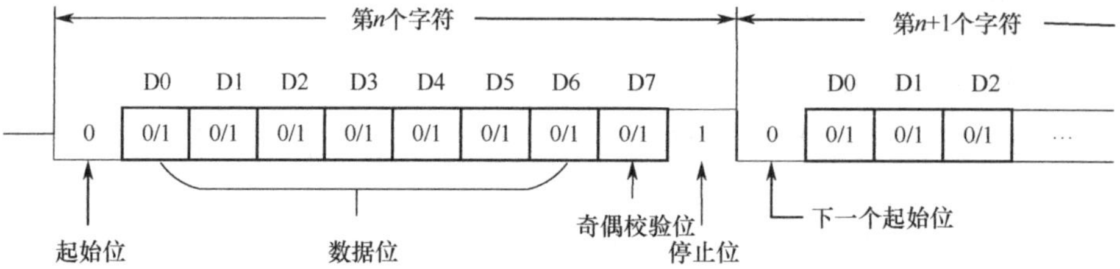

图 4.18 串行异步通信数据格式

异步传送时，字符间可以间隔，间隔的位数不固定。由于一次只传送一个字符，因此一次传送的位数比较少，对发送时钟和接收时钟的要求相对不高，线路简单，但传送速度较慢。

2）串行同步通信方式

串行同步通信方式的特点是数据在线路上传送时以字符块为单位，一次传送多个字符，传送时须在前面加上一个或两个同步字符，后面加上校验字符，格式如图 4.19 所示。

同步字符1	同步字符2	数据块	校验字符1	校验字符2

图 4.19 串行同步通信数据格式

同步通信方式中一次连续传送多个字符，传送的位数多，对发送时钟和接收时钟的要求较高，往往用同一个时钟源控制，控制线路复杂，传送速度快。

3. 波特率

波特率是串行通信中的一个重要概念，它用于衡量串行通信速度的快慢。波特率是指串行通信中单位时间内传送的二进制位数，单位为 bps。若每秒传送 200 位二进制位，则波特率为 200bps。在异步通信中，传输速度往往可用每秒传送多少字节（Byte）来表示，它与波特率的关系为

$$波特率(bps) = 一个字符的二进制位数\times字符/秒(bps)$$

例如，每秒传送 200 个字符，每个字符包括 1 个起始位、8 个数据位、1 个校验位和 1 个停止位，则波特率为 2200bps。在异步串行通信中，波特率一般为 50～9600bps。

4.4.2 MCS-51 单片机串行接口的功能与结构

1. 功能

MCS-51 单片机具有一个全双工的串行异步通信接口，可以同时发送、接收数据。发送、接收数据可通过查询或中断方式处理，使用十分灵活，能方便地与其他计算机或串行传送信息的外部设备（如串行打印机、CRT 终端）实现双机、多机通信。

它有 4 种工作方式，分别是方式 0、方式 1、方式 2 和方式 3。

方式 0，称为同步移位寄存器方式，一般用于外接移位寄存器芯片扩展 I/O 接口。

方式 1，8 位的异步通信方式，通常用于双机通信。

方式 2 和方式 3，9 位的异步通信方式，通常用于多机通信。

不同工作方式的波特率不一样，方式 0 和方式 2 的波特率直接由系统时钟产生，方式 1 和方式 3 的波特率由定时/计数器 T1 的溢出率决定。

2. 结构

MCS-51 单片机的串行接口主要由发送数据寄存器、发送控制器、输出控制门、接收数据寄存器、接收控制器、输入移位寄存器等组成，它的结构如图 4.20 所示。

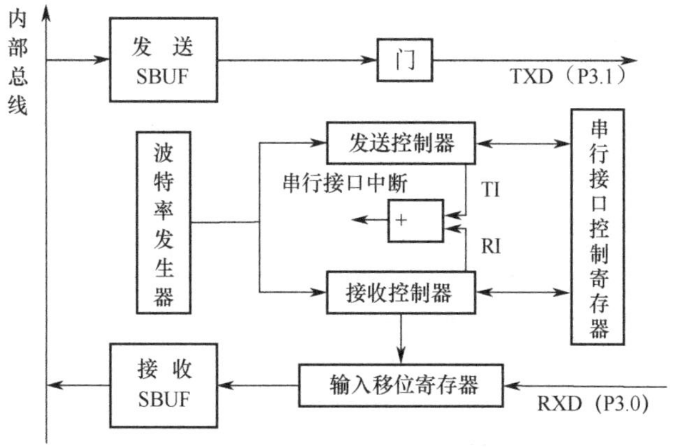

图 4.20　MCS-51 单片机串行接口的结构框图

从用户使用的角度来看，它由 3 个特殊功能寄存器组成：发送数据寄存器和接收数据寄

存器合用特殊功能寄存器 SBUF（串行接口数据寄存器）、串行接口控制寄存器 SCON 和电源控制寄存器 PCON。

串行接口数据寄存器（SBUF）的字节地址为 99H，实际对应两个寄存器：发送数据寄存器和接收数据寄存器。当 CPU 向 SBUF 写数据时对应的是发送数据寄存器，当 CPU 读 SBUF 时对应的是接收数据寄存器。

发送数据时，执行一条向 SBUF 写入数据的指令，把数据写入发送数据寄存器，就启动发送过程。在发送时钟的控制下，先发送一个低电平的起始位，紧接着把发送数据寄存器中的内容按低位在前、高位在后的顺序一位一位地发送出去，最后发送一个高电平的停止位。一个字符发送完毕，串行接口控制寄存器中的发送中断标志位 TI 位置位。对于方式 2 和方式 3，在发送完数据位后，要把串行接口控制寄存器 SCON 中的 TB8 位发送出去后再发送停止位。

接收数据时，串行数据的接收受到串行接口控制寄存器 SCON 中的允许接收位 REN 的控制。当 REN 位置 1 时，接收控制器就开始工作，对接收数据线进行采样，当采样到从“1”到“0”的负跳变时，接收控制器开始接收数据。为了减小干扰的影响，接收控制器在接收数据时，将 1 位的传送时间分成 16 等份，用其中的 7、8、9 这 3 个状态对接收数据线进行采样。3 次采样中，当两次采样为低电平时，就认为接收的是“0”；当两次采样为高电平时，就认为接收的是“1”。如果接收到的起始位的值不是“0”，则起始位无效，复位接收电路。如果起始位为“0”，则开始接收其他各位数据。接收的前 8 位数据依次移入输入移位寄存器，接收的第 9 位数据置入串行接口控制寄存器的 RB8 位中。如果接收有效，则输入移位寄存器中的数据置入接收数据寄存器中，同时串行接口控制寄存器中的接收中断位 RI 置 1，通知 CPU 来取数据。

3. 串行接口控制寄存器 SCON

串行接口控制寄存器是一个特殊功能寄存器，它的字节地址为 98H，可以进行位寻址，位地址为 98H～9FH。SCON 用于定义串行接口的工作方式，进行接收、发送控制和监控串行接口的工作过程。它的格式如图 4.21 所示。

SCON	D7	D6	D5	D4	D3	D2	D1	D0
98H	SM0	SM1	SM2	REN	TB8	RB8	TI	RI

图 4.21　串行接口控制寄存器 SCON

SM0、SM1：串行接口工作方式选择位。用于选择 4 种工作方式，如表 4.4 所示。表中 f_{osc} 为单片机的时钟频率。

表 4.4　串行接口工作方式选择

SM0	SM1	方　式	功　能	波 特 率
0	0	方式 0	移位寄存器方式	$f_{osc}/12$
0	1	方式 1	8 位异步通信方式	可变
1	0	方式 2	9 位异步通信方式	$f_{osc}/32$ 或 $f_{osc}/64$
1	1	方式 3	9 位异步通信方式	可变

SM2：多机通信控制位。在方式 2 和方式 3 接收数据时，若 SM2=1，如果接收到的第 9

位数据（RB8）为“0”，则输入移位寄存器中接收的数据不能移入到接收数据寄存器 SBUF，接收中断标志位 RI 不置“1”，接收无效；如果接收到的第 9 位数据（RB8）为“1”，则输入移位寄存器中接收的数据将移入到接收数据寄存器 SBUF，接收中断标志位 RI 置“1”，接收才有效：当 SM2=0 时，无论接收到的数据的第 9 位（RB8）是“1”还是“0”，输入移位寄存器中接收的数据都将移入到接收数据寄存器 SBUF，同时接收中断标志位 RI 置“1”，接收都有效。

方式 1 时，若 SM2=1，则只有接收到有效的停止位，接收才有效。

方式 0 时，SM2 位必须为 0。

REN：允许接收控制位。若 REN=1，则允许接收：若 REN=0，则禁止接收。

TB8：发送数据的第 9 位。在方式 2 和方式 3 中，TB8 中为发送数据的第 9 位，它可以用来作为奇偶校验位。在多机通信中，它往往用来表示主机发送的是地址还是数据：TB8=0 为数据，TB8=1 为地址。该位可以由软件置“1”或清“0”。

RB8：接收数据的第 9 位。在方式 2 和方式 3 中，RB8 用于存放接收数据的第 9 位。方式 1 时，若 SM2=0，则 RB8 为接收到的停止位。在方式 0 时，不使用 RB8。

TI：发送中断标志位。在一组数据发送完后被硬件置位。在方式 0 时，在发送数据第 8 位结束后，由内部硬件使 TI 置位；在方式 1、2、3 时，在停止位开始发送时由硬件置位。TI 置位，标志着上一个数据发送完毕，告诉 CPU 可以通过串行接口发送下一个数据了。在 CPU 响应中断后，TI 不能自动清零，必须用软件清零。此外，TI 可供查询使用。

RI：接收中断标志位。当数据接收有效后由硬件置位。在方式 0 时，当接收数据的第 8 位结束后，由内部硬件使 RI 置位。在方式 1、2、3 时，当接收有效时，由硬件使 RI 置位。RI 置位，标志着一个数据已经接收到，通知 CPU 可以从接收数据寄存器中来取接收的数据了。对于 RI 标志，在 CPU 响应中断后，也不能自动清零，必须用软件清零。此外，RI 也可供查询使用。

另外，对于串行接口发送中断 TI 和接收中断 RI，无论哪个响应，都触发串口中断。到底是发送中断还是接收中断，只有在中断服务程序中通过软件来识别。

在系统复位时，SCON 的所有位都被清零。

4．电源控制寄存器 PCON

电源控制寄存器 PCON 是一个特殊功能寄存器，它主要用于电源控制方面。另外，PCON 中的最高位 SMOD 称为波特率加倍位，它用于对串行接口的波特率进行控制，格式如图 4.22 所示。

PCON	D7	D6	D5	D4	D3	D2	D1	D0
87H	SMOD							

图 4.22 电源控制寄存器 PCON

当 SMOD 为 1 时，则串行接口方式 1、方式 2、方式 3 的波特率加倍。PCON 的字节地址为 87H，不能进行位寻址，只能按字节方式访问。

4.4.3 串行接口的工作方式

MCS-51 单片机的串行接口有 4 种工作方式，由串行接口控制寄存器 SCON 中的 SM0

和 SM1 决定。

1．方式 0

当 SM0 和 SM1 为 00 时，工作于方式 0。它通常用来外接移位寄存器，用作扩展 I/O 接口。方式 0 的波特率固定为 $f_{osc}/12$。工作时，串行数据通过 RXD 输入和输出，同步时钟通过 TXD 输出。发送和接收数据时低位在前、高位在后，长度为 8 位。图 4.23 给出了串行接口工作方式 0 的逻辑结构示意图。

1）发送过程

在 TI=0 时，当 CPU 执行一条向 SBUF 写数据的指令时，就启动发送过程。经过一个机器周期，写入发送数据寄存器中的数据按低位在前、高位在后的顺序从 RXD 依次发送出去，同步时钟从 TXD 送出。8 位数据（一帧）发送完毕后，由硬件使发送中断标志 TI 置位，向 CPU 申请中断。若要再次发送数据，则必须用软件将 TI 清零，并再次执行写 SBUF 指令。

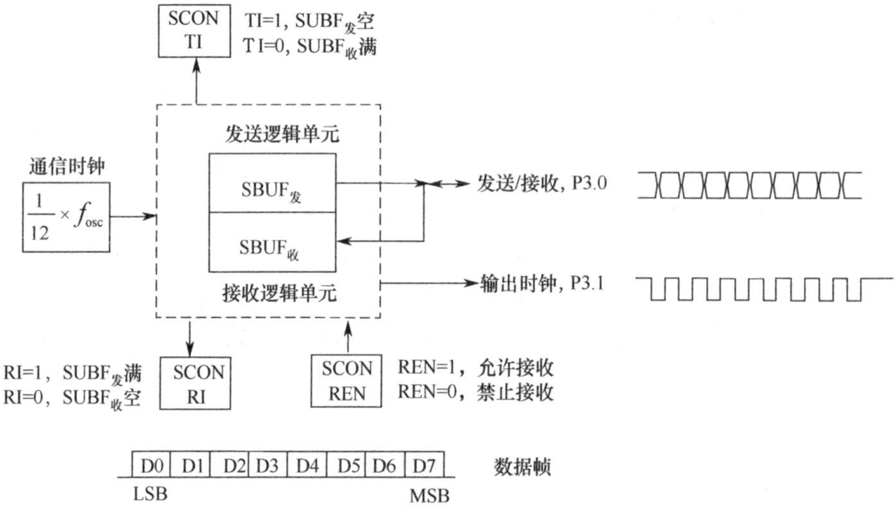

图 4.23 串行接口工作方式 0 的逻辑结构示意图

2）接收过程

在 RI=0 的条件下，将 REN（SCON.4）置“1”就启动一次接收过程。串行数据通过 RXD 接收，同步移位脉冲通过 TXD 输出。在移位脉冲的控制下，RXD 上的串行数据依次移入移位寄存器。在 8 位数据（一帧）全部移入移位寄存器后，接收控制器发出“装载 SBUF”信号，将 8 位数据并行送入接收数据缓冲器 SBUF 中。同时，由硬件使接收中断标志 RI 置位，向 CPU 申请中断。CPU 响应中断后，从接收数据寄存器中取出数据，然后用软件使 RI 复位，使移位寄存器接收下一帧信息。

2．方式 1

当 SM0 和 SM1 为 01 时工作于方式 1，方式 1 为 8 位异步通信方式。在方式 1 下，一帧信息为 10 位：1 位起始位（0）、8 位数据位（低位在前）和 1 位停止位（1）。TXD 为发送数据端，RXD 为接收数据端。波特率可变，由定时/计数器 T1 的溢出率和电源控制寄存器 PCON 中的 SMOD 位决定，即

$$波特率=2^{SMOD}\times（T1 的溢出率）/32$$

因此在方式 1 时，需对定时/计数器 T1 进行初始化。图 4.24 给出了串行接口工作方式 1 的逻辑结构示意图。

1）发送过程

在 TI=0 时，当 CPU 执行一条向 SBUF 写数据的指令时，就启动了发送过程。数据由 TXD 引脚送出，发送时钟由定时/计数器 T1 送来的溢出信号经过 16 分频或 32 分频后得到。在发送时钟的作用下，先通过 TXD 端送出一个低电平的起始位，然后是 8 位数据（低位在前），其后是一个高电平的停止位。在一帧数据发送完毕后，由硬件使发送中断标志 TI 置位，向 CPU 申请中断，完成一次发送过程。

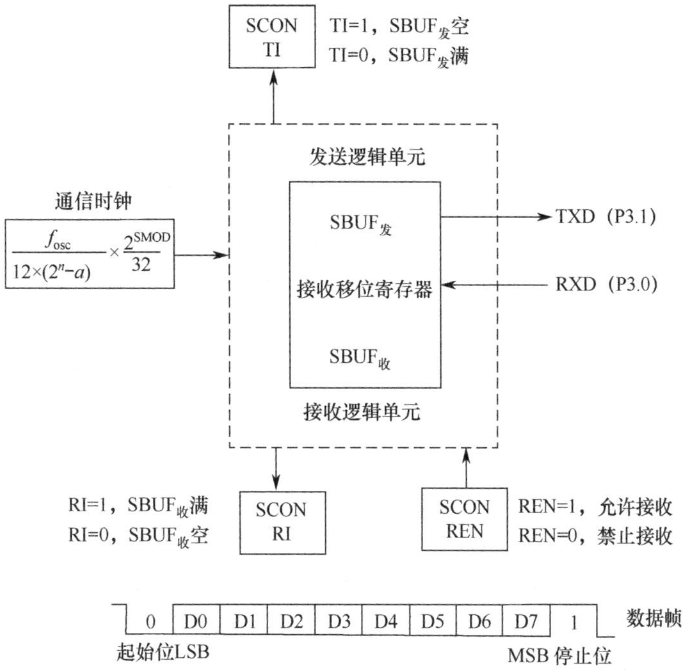

图 4.24　串行接口工作方式 1 的逻辑结构示意图

2）接收过程

当允许接收控制位 REN 被置 1 时，接收器就开始工作，由接收器以所选波特率的 16 倍速率对 RXD 引脚上的电平进行采样。当采样到从“1”到“0”的负跳变时，启动接收控制器开始接收数据，在接收移位脉冲的控制下依次把所接收的数据移入移位寄存器。在 8 位数据及停止位全部移入后，根据以下状态，进行相应操作。

（1）如果 RI=0、SM2=0，接收控制器发出“装载 SBUF”信号，将输入移位寄存器中的 8 位数据装入接收数据寄存器 SBUF，停止位装入 RB8，并置 RI=l，向 CPU 申请中断。

（2）如果 RI=0、SM2=1，那么只有当停止位为“1”时才发生上述操作。

（3）RI=0、SM2=1 且停止位为“0”，所接收的数据不装入 SBUF，数据将会丢失。

（4）如果 RI=1，则所接收的数据在任何情况下都不装入 SBUF，即数据丢失。

无论出现哪种情况，接收控制器都将继续采样 RXD 引脚，以便接收下一帧信息。

3. 方式 2 和方式 3

采用方式 2 和方式 3 时都为 9 位异步通信接口。接收和发送一帧信息的长度为 11 位，即 1 个低电平的起始位、9 位数据位、1 个高电平的停止位。发送的第 9 位数据放于 TB8 中，接收的第 9 位数据放于 RB8 中。TXD 为发送数据端，RXD 为接收数据端。方式 2 和方式 3 的区别在于波特率不一样，其中方式 2 的波特率只有两种：$f_{osc}/32$ 或 $f_{osc}/64$。方式 3 的波特率与方式 1 的波特率相同，由定时/计数器 T1 的溢出率和电源控制寄存器 PCON 中的 SMOD 决定，即：波特率=2^{SMOD}×(T1 的溢出率)/32。在方式 1 时，也需要对定时/计数器 T1 进行初始化。图 4.25 和图 4.26 分别给出了串行接口工作方式 2 和 3 的逻辑结构示意图。

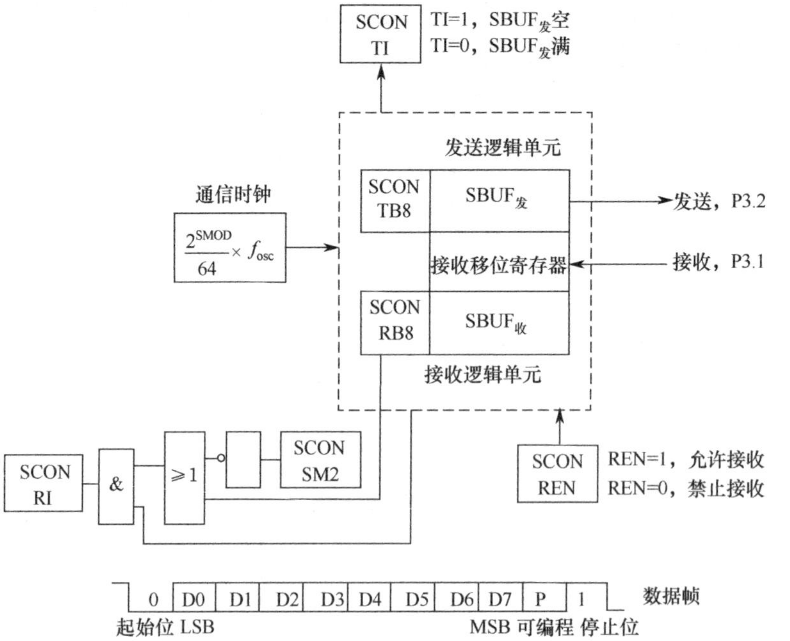

图 4.25　串行接口工作方式 2 的逻辑结构示意图

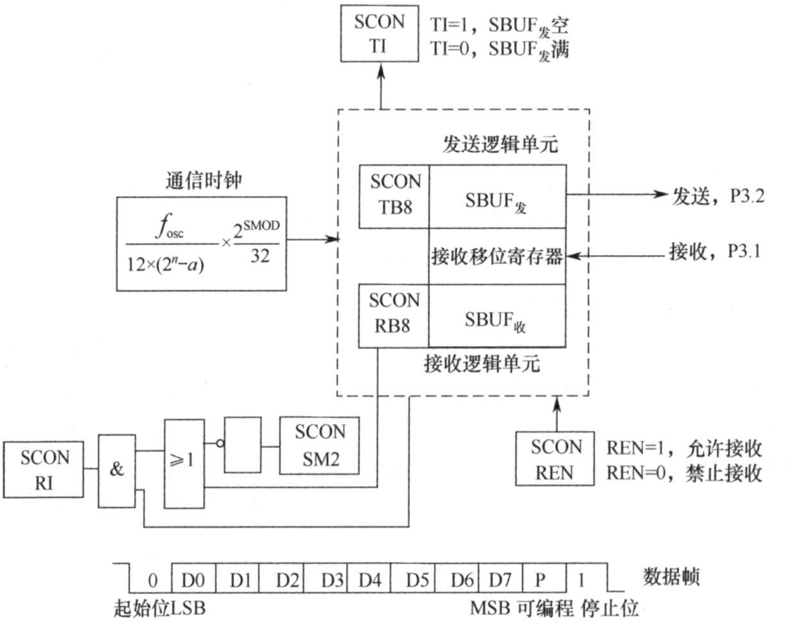

图 4.26　串行接口工作方式 3 的逻辑结构示意图

1）发送过程

方式 2 和方式 3 发送的数据为 9 位，其中发送的第 9 位在 TB8 中。在启动发送之前，必须把要发送的第 9 位数据装入 SCON 寄存器中的 TB8 中。准备好 TB8 后，就可以通过向 SBUF 中写入发送的字符数据来启动发送过程，发送时前 8 位数据从发送数据寄存器中取得，发送的第 9 位从 TB8 中取得。一帧信息发送完毕时，置 TI 为 1。

2）接收过程

方式 2 和方式 3 的接收过程与方式 1 类似。当 REN 位置 1 时也启动接收过程，所不同的是接收的第 9 位数据是发送过来的 TB8 位，而不是停止位，接收到后存放到 SCON 中的 RB8 中。对接收是否有效进行判断也是用接收的第 9 位，而不是停止位。其余情况与方式 1 相同。

4.4.4 串行接口的编程及应用

1. 串行接口的初始化编程

在使用 MCS-51 串行接口之前必须先对它进行初始化编程。初始化编程是指设定串行接口的工作方式、波特率，启动它发送和接收数据。初始化编程过程如下。

（1）串行接口控制寄存器 SCON 位的确定。

根据工作方式确定 SM0、SM1 位。对于方式 2 和方式 3，还要确定 SM2 位。如果是接收端，则置允许接收位 REN 为 1；如果采用方式 2 和方式 3 发送数据，则应将发送数据的第 9 位写入 TB8 中。

（2）设置波特率。

对于方式 0，不需要对波特率进行设置。

对于方式 2，仅需对 PCON 中的 SMOD 位进行设置。

对于方式 1 和方式 3，不仅需对 PCON 中的 SMOD 位进行设置，还要对定时/计数器 T1 进行设置。这时定时/计数器 T1 一般工作于方式 2——8 位可重置方式，初值可由下面的公式求得。

由于

$$\text{波特率}=2^{\text{SMOD}}\times(\text{T1 的溢出率})/32$$

则

$$\text{T1 的溢出率}=\text{波特率}\times 32/2^{\text{SMOD}}$$

而 T1 工作于方式 2 的溢出率又可由下式表示

$$\text{T1 的溢出率}=f_{\text{osc}}/[12\times(256-\text{初值})]$$

所以

$$\text{T1 的初值}=256-f_{\text{osc}}\times 2^{\text{SMOD}}/(12\times\text{波特率}\times 32)$$

2. 串行接口的应用

MCS-51 单片机的串行接口在实际使用中通常用于 3 种情况：利用方式 0 扩展并行 I/O 接口；利用方式 1 实现点对点的双机通信；利用方式 2 或方式 3 实现多机通信。

（1）利用方式 0 扩展并行 I/O 接口。

MCS-51 单片机的串行接口在方式 0 时，若外接一个串入并出的移位寄存器，则可以扩展并行输出口；若外接一个并入串出的移位寄存器，则可以扩展并行输入口。

【例 4.6】用 8051 单片机的串行接口外接串入并出的芯片 CD4094 来扩展并行输出口，从而控制一组发光二极管，使发光二极管从右至左延时轮流显示。

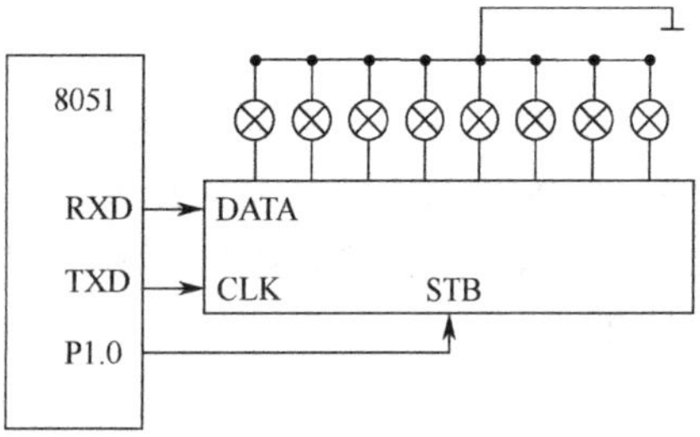

图 4.27 用 CD4094 扩展并行输出口

CD4094 是一块 8 位的串入并出的芯片，带有一个控制端 STB。当 STB=0 时，打开串行输入控制门，在时钟信号 CLK 的控制下，数据从串行输入端 DATA 一个时钟周期一位地依次输入：当 STB=1 时，打开并行输出控制门，CD4094 中的 8 位数据并行输出。使用时，8051 串行接口工作于方式 0，8051 的 TXD 接 CD4094 的 CLK，RXD 接 DATA，STB 用 P1.0 控制，8 位并行输出端接 8 个发光二极管，如图 4.27 所示。

设串行接口采用查询方式，显示的延时依靠调用延时子程序来实现，程序如下。

C 语言程序

```
#include <reg51.h>//包含特殊功能寄存器库
sbit  P1_0=P1^0;
void main()
{
    unsigned char i,j;
    SCON=0x00;
    j=0x01;
    for (; ;)
    {
        P1_0=0;
        SBUF=j;
        while(!TI) { ;}
        P1_0=1;TI=0;
        for (i=0;i<=254;i++) {;}
        j=j*2;
        if (j==0x00) j=0x01 ;
    }
}
```

【例 4.7】 用 8051 单片机的串行接口外接并入串出的芯片 CD4014 来扩展并行输入口，从而输入一组开关的信息。

CD4014 是一块 8 位的并入串出的芯片，带有一个控制端 P/S。当 P/S=1 时，8 位并行数据置入内部的寄存器；当 P/S=0 时，在时钟信号 CLK 的控制下，内部寄存器的内容按低位在前的顺序从 Q_B 串行输出端依次输出。使用时，8051 串行接口工作于方式 0，8051 的 TXD 接 CD4094 的 CLK，RXD 接 Q_B，P/S 用 P1.0 控制。另外，用 P1.1 控制 8 位并行数据的置入，如图 4.28 所示。

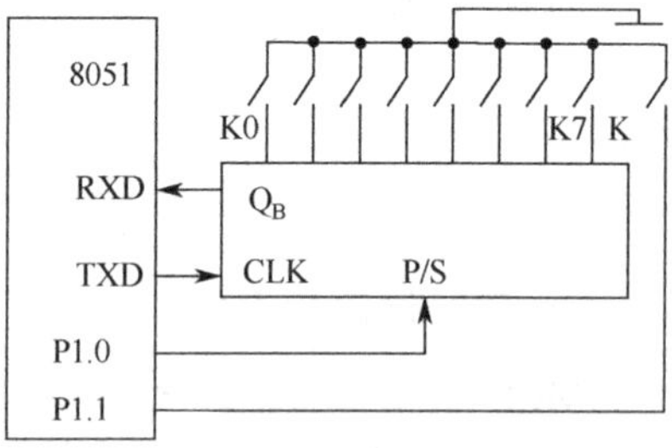

图 4.28 用 CD4014 扩展并行输入口

串行接口方式 0 数据的接收，用 SCON 寄存器中的 REN 位来控制，采用查询 RI 的方式来判断数据是否输入，程序如下。

C 语言程序

```
#include<reg51.h>//包含特殊功能寄存器库
```

```
sbit P1_0=P1^0;
sbit P1_1=P1^1;
void main()
{
    unsigned char i;
    P1_1=1;
    while(P1_1==1){;}
    P1_0=1;
    P1_0=0;
    SCON=0x10;
    while(!RI) {;}
    RI=0;
    i=SBUF;
    …
}
```

（2）利用方式 1 实现点对点的双机通信。

要实现甲与乙两台单片机点对点的双机通信，线路只需将甲机的 TXD 与乙机的 RXD 相连，将甲机的 RXD 与乙机的 TXD 相连，地线与地线相连。软件方面选择相同的工作方式，设相同的波特率即可实现。

【例 4.8】 用 C 语言编程实现双机通信。

线路连接如图 4.29 所示。

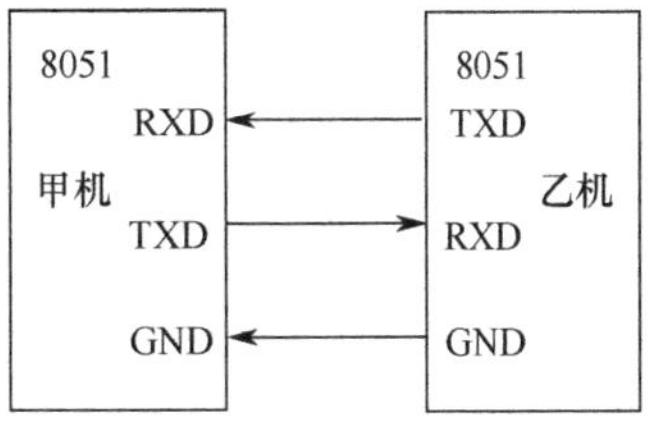

图 4.29　方式 1 双机通信线路连接

甲、乙两机都选择方式 1：8 位异步通信方式，最高位用作奇偶校验，波特率为 1200bps，甲机发送，乙机接收，因此甲机的串口控制字为 50H，乙机的串口控制字为 50H。

由于选择的是方式 1，波特率由定时/计数器 T1 的溢出率和电源控制寄存器 PCON 中的 SMOD 位决定，因此需对定时/计数器 T1 初始化。

设 SMOD=0，甲、乙两机的振荡频率为 12MHz，波特率为 1200bps，定时/计数器 T1 选择为方式 2，则初值为

$$初值 = 256 - f_{osc} \times 2^{SMOD} / (12 \times 波特率 \times 32)$$
$$= 256 - 12000000/(12 \times 1200 \times 32) \approx 230 = E6H$$

根据要求，定时/计数器 T1 的方式控制字为 20H。

在 C 语言编程中，为了保持通信的畅通与准确，在通信中双机做了如下约定：通信开始时，甲机首先发送一个信号 aa，乙机接收到后回答一个信号 bb，表示同意接收。甲机收到 bb 后，就可以发送数据了。假定发送 10 个字符，数据缓冲区为 buf，数据发送完后发送一个校验和。乙机接收到数据后，存入乙机的数据缓冲区 buf 中，并用接收的数据产生校验和并与接收的校验和相比较，如相同，则乙机发送 00H，回答接收正确；如不同，则发送 0FFH，请求甲机重发。

由于甲、乙两机都要发送和接收信息，因此甲、乙两机的串口控制寄存器的 REN 位都应设为 1，方式控制字都为 50H。

甲机的发送程序

```
#include <reg51.h>
unsigned char buf[10];
unsigned char pf;
void main (void)
{
    unsigned char i;
    TMOD=0x20;            //串行接口初始化
    TL1=0xe6;
    TH1=0xe6;
    PCON=0x00;
    TR1=1;
    SCON=0x50;
    do{
        SBUF=0xaa;        //发送联络信号
        while (TI==0);
        TI=0;
        while (RI==0) ;      //等待乙机回答
        RI=0;
    } while ( (SBUF^0xbb) !=0) ;   //乙未准备好，继续联络
    do{
        pf=0;
        for (i=0;i<10;i++) {
            SBUF=buf[i]; //发送一个数据
            pf+=buf[i];      //求校验和
            while (TI==0);
            TI=0;
        }
     SBUF=pf;               //发送校验和
     while (TI==0);
     TI=0;
     while (RI==0) ;         //等待乙机应答
     RI=0;
    } while (SBUF!=0);         //应答出错，则重发
}
```

乙机的接收程序

```
#include<reg51.h>
unsigned char buf[10];
unsigned char pf;
void main(void)
{
    unsigned char i;
    TMOD=0x20;                 //串行接口初始化
```

```
    TL1=0xe6;
    TH1=0xe6;
    PCON=0x00;
    TR1=1;
    SCON=0x50;
    do{
      while(RI==0);
      RI=0;
    }while(SBUF^0xaa!=0);                  //判断甲机是否请求
    SBUF=0xbb;                             //发送应答信号
    while(TI==0);
    TI=0;
    while(1)
    {
       pf=0;
       for(i=0;i<10;i++)
       {
       while(RI==0);
       RI=0;
       buf[i]=SBUF;                        //接收一个数据
       pf+=buf[i];                         //求校验和
       }
       while(RI==0);                       //接收甲机发送的校验和
       RI=0;
       if(SBUF^pf)==0)                     //比较校验和
       {
          SBUF=0x00;break;                 //校验和相同则发“0x00”
       }
       else
       {
          SBUF=0xff;                       //校验和不同则发“0xff",重新接收
          while(TI==0);
          TI=0;
       }
    }
}
```

（3）多机通信。

通过 MCS-51 单片机串行接口能够实现一台主机与多台从机进行通信，主机和从机之间能够相互发送和接收信息，但从机与从机之间不能相互通信。

MCS-51 单片机串行接口的方式 2 和方式 3 是 9 位异步通信。发送信息时，发送数据的第 9 位由 TB8 取得，接收信息的第 9 位放于 RB8 中，而接收是否有效要受 SM2 位的影响。

当 SM2=0 时，无论接收的 RB8 位是 0 还是 1，接收都有效，RI 都置 1；当 SM2=1 时，只有接收的 RB8 位等于 1 时，接收才有效，RI 才置 1。利用这个特性便可以实现多机通信。

多机通信时，主机每一次都向从机传送 2 字节信息，先传送从机的地址信息，再传送数据信息。处理时，地址信息的 TB8 位设为 1，数据信息的 TB8 位设为 0。

多机通信过程如下。

① 所有从机的 SM2 位开始时都被置为 1，都能够接收主机送来的地址。

② 主机发送一帧地址信息，包含 8 位从机地址，TB8 置 1，表示发送的为地址。

③ 由于所有从机的 SM2 位都为 1，从机都能接收主机发送的地址，从机接收到主机送来的地址后与本机的地址相比较，如接收的地址与本机的地址相同，则使 SM2 位为 0，准备接收主机送来的数据，如果不同，则不处理。

④ 主机发送数据，发送数据时将 TB8 置为 0，表示为数据帧。

⑤ 对于从机，由于主机发送的第 9 位 TB8 为 0，那么只有 SM2 位为 0 的从机可以接收主机送来的数据，这样就实现主机从多台从机中选择一台从机进行通信了。

【例 4.9】要求设计一个 1 台主机、255 台从机的多机通信的系统。

（1）多机通信线路图如图 4.30 所示。

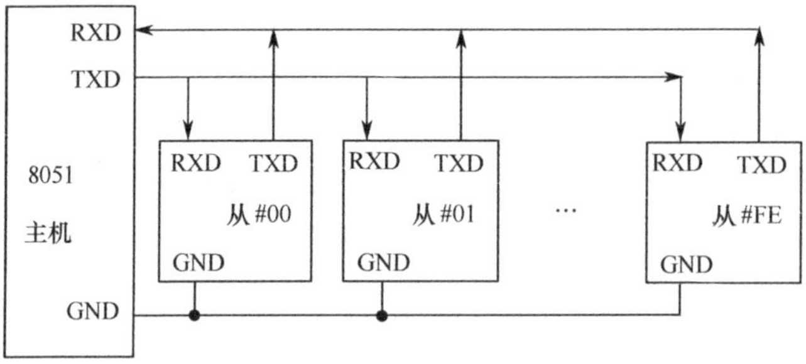

图 4.30 多机通信线路图

（2）软件设计。

① 通信协议

通信时，为了处理方便，通信双方应制定相应的协议。在本例中，主、从机串行接口都设为方式 3，波特率为 1200bps，PCON 中的 SMOD 位都取 0，设 f_{osc} 为 12MHz，根据前面知定时/计数器 T1 的方式控制字为 20H，初值为 E6H，主机的 SM2 位设为 0，从机的 SM2 开始时设为 1，从机地址为 00H～FEH。另外还制定如下几条简单的协议。

主机发送的控制命令如下。

00H：要求从机接收数据（TB8=0）。

01H：要求从机发送数据（TB8=0）。

FFH：命令所有从机的 SM2 位置 1，准备接收主机送来的地址（TB8=1）。

从机发给主机的状态字格式如图 4.31 所示。

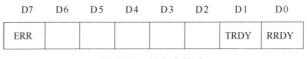

D7	D6	D5	D4	D3	D2	D1	D0
ERR						TRDY	RRDY

图 4.31 状态字格式

其中：

ERR=1，表示从机接收到非法命令。

TRDY=1，表示从机发送准备就绪。

RRDY=1，表示从机接收准备就绪。

② 主、从机的通信程序流程

主机的通信程序采用查询方式，以子程序的形式编程。串行接口初始化在主程序中，与从机通信过程用子程序方式处理，其流程图如图 4.32 所示。

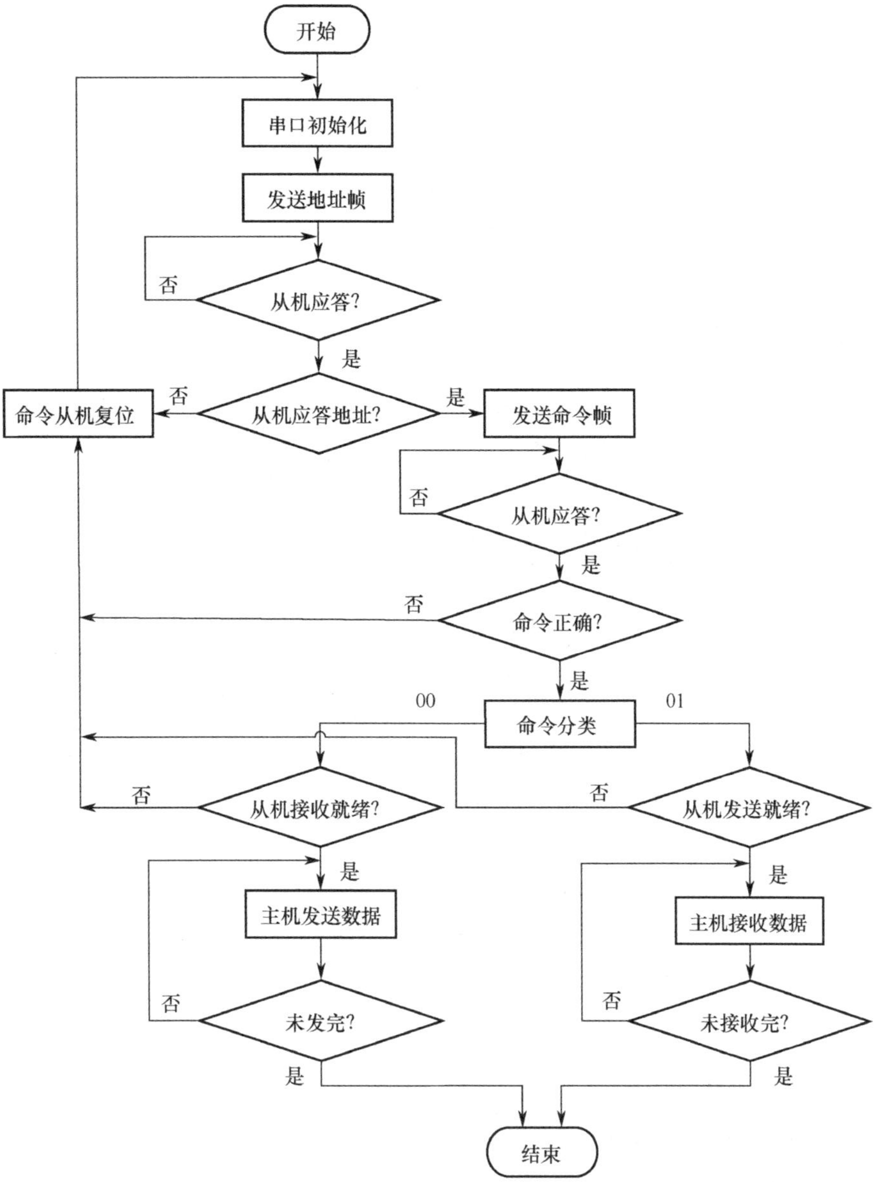

图 4.32　流程图

从机采用中断处理，主程序中对串行接口初始化、中断系统初始化。中断服务程序中实现信息的接收与发送，从机中断服务程序流程如图 4.33 所示，主程序略。

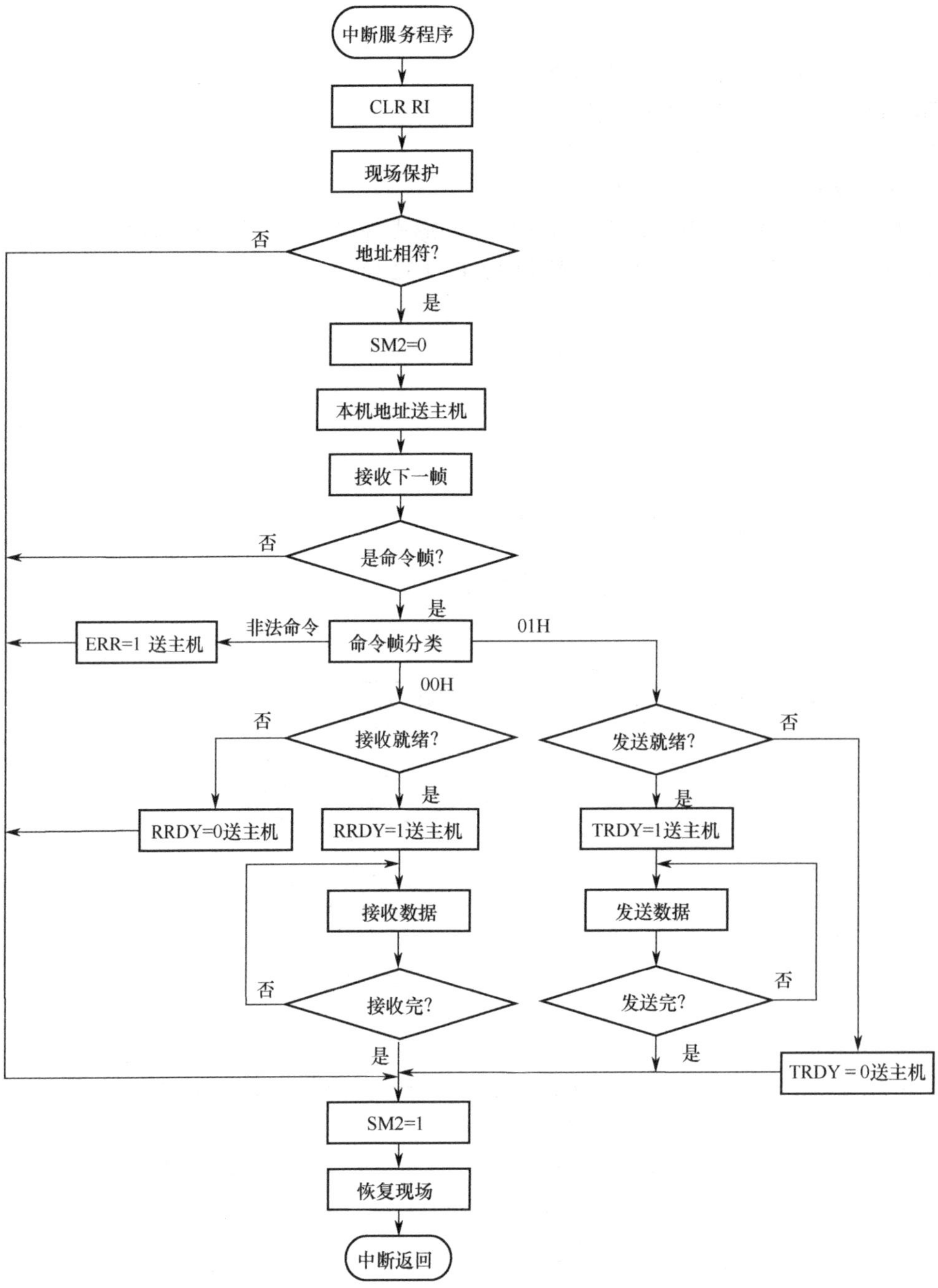

图 4.33 从机中断服务程序流程图

③ 主机的通信程序设计

设发送、接收数据块的长度为 16 字节。这里仅编写主机发 16 字节到 01 号从机的程序和主机从 02 号从机接收 16 字节的程序。

C 语言程序（参数见程序中）

```
#include <reg51.h>
#define uchar unsigned char
```

```
#define BN 16                        //数据长度
uchar master (uchar addrs,uchar commd);
uchar SLAVE1=0x01;                   //接收数据的从机 1 的地址
uchar SLAVE2=0x02;                   //发送数据的从机 2 的地址
uchar idata rdata [16]                    //接收数据缓冲区
uchar idata tdata [16]={ "abcdefghijklmnop" };  //发送数据缓冲区
void main (void)
{
    uchar  i
    for (i=0;i<10;i++);
    TMOD=0x20                               //串行接口初始化
    TL1=0xe6;TH1=0xe6;
    PCON=0x00;
    TR1=1;
    SCON=0xd8;
    master (SLAVE1, 0x00);                  //调用子程序发送数据到从机 1
    master (SLAVE2, 0x01);                  //用子程序从从机 2 接收数据
    while(1);
}
void error (void)                           //出错请求从机复位函数
{
    SBUF=0xff;
    while (TI!=1);
    TI=0;
}
uchar master (uchar addrs, uchar commd)   //主机通信函数
{
    uchar a,i;
    while(1)
    {
   SBUF=addrs;                       //发送从机地址
   while (TI!=1) ; TI=0;
    while (RI!=1); RI=0;             //等待从机应答
    if (SBUF!=addrs)                 //核对地址，若不相符，则命令从机重新接收地址信号
      error();
    else {                           //若相符，则发送命令
        TB8=0;
        SBUF=commd;                  //发送命令
        while (TI!=1);TI=0;
       while (RI!=1);RI=0;           //等待从机应答命令
       a=SBUF;
       if ((a&0x80)==0x80) {TB8=1;error();}   //从机接收命令出错，则重发地址
```

```
      else
      {
          if (commd==0x00)          //从机接收命令
{
    if ((a&0x01)==0x01)      //从机准备好接收，则主机发送数据，否则转到重发地址
                         {
                         for(i=0;i<BN;i++)      //主机发送数据
                            {
                             SBUF=tdata [i];
                             while(TI!=1);TI=0;
                            }
                         TB8=1;                 //为下一次发送从机地址做准备
                         return(0);             //发送完数据，退出子程序
                         }
                      }
                      else
                      {
                         if(commd==0x01)     //从机发送数据命令
    {
    if((a&0x02)==0x02)//从机发送就绪，主机则接收，否则转到重发地址
                           {
                           for(i=0;i<BN;i++)//主机接收从机发来的数据
                             {
                             while(RI!=1);RI=0;
                             rdata[i]=SBUF;
                             }
                           TB8=1;         //为下一次发送从机地址做准备
                           return(0);     //接收完，退出子程序
                           }
                         }
                      }
                   }
               }
           }
       }
```

④ 从机的通信程序设计

从机接收、发送数据块的长度为 16 字节，所有从机的程序相同，只是不同从机的本机号 SLAVE 不一样。

C 语言程序（参数见程序中）

```
#include <reg51.h>
#define uchar unsigned char
#define SLAVE 0x00          //定义从机地址，不同的从机，其地址不一样
#define BN 16               //接收或发送16字节
```

```
uchar idata tdata[16];              //定义发送数据缓冲区
uchar idata rdata[16];              //定义接收数据缓冲区
bit trdy, rrdy;                     //定义发送就绪标志和接收就绪标志
void main (void)
{
  TMOD=0x20;                        //串行接口初始化
  TL1=0xe6;
  TH1=0xe6;
  PCON=0x00;
  TR1=1;
  SCON=0xf0;
  ES=1;EA=1;                        //开放串口中断
  while (1) {trdy=1;rrdy=1;}        //等待中断，假定准备好发送和接收
}
void ssio(void) interrupt 4 using 1 //串行接口中断函数，选择 1 组工作寄存器
{
  void str (void);                  //声明发送函数
  void sre (void);                  //声明接收函数
  uchar  a;
  RI=0;ES=0;                        //准备接收
  if (SBUF!=SLAVE) {ES=1;goto reti;}//接收的地址不是本机地址，则返回
  SM2=0;                            //是本机地址，SM2 清零，为接收数据命令做准备
  SBUF=SLAVE;                       //发应答地址给主机
  while(Tl!=1);TI=0;
  while (RI!=1); RI=0;              //接收主机送来的命令
  if(RB8==1) {SM2=1;ES=1;goto reti;} //复位命令，从机复位返回
  a=SBUF;                           //不是复位命令，取出命令
  if(a==0x00)                       //从机接收命令，则准备接收数据
   {
   if(rrdy==1)                      //判断从机是否接收就绪
     {SBUF=0x01;                    //就绪，则发送接收就绪标志
      while (TI!=1);TI=0;
      sre();                        //接收数据
     }
   else
     {SBUF=0x00; SM2=1;ES=1;goto reti;} //未就绪，则发送未就绪信号，返回
   }
   else
   {if(a==0x01)                     //从机发送命令，则准备发送数据
     { if(trdy==1)                  //判断从机是否发送就绪
        {SBUF=0x02;                 //就绪，则发送就绪标志
        while(TI!=1);TI=0;
```

```
            str();                  //发送数据
            }
         else
            {SBUF=0x00; SM2=1;ES=1;goto reti;}  //未就绪，则发送未就绪信号，返回
         else                       //不是合法命令，则发 ERR=1 标志
            {SBUF=0x80;
            while(TI!=1);TI=0;
            SM2=1;ES=1;
            }
       }
     reti:return;
     }
 void str(void)                     //发送函数
     {uchar i;
     trdy=0;
     for(i=0;i<BN;i++)              //发送数据
         {
         SBUF=tdata[i];
         while(TI!=1);TI=0;
         }
     SM2=1;ES=1;
     }
     void sre(void)                 //接收函数
     {uchar i;
     rrdy=0;
     for(i=0;i<BN;i++)              //接收数据
         {
         while(RI!=1);RI=0;
         rdata[i]=SBUF;
         }
     SM2=1;ES=1;
     }
```

【例 4.10】某工业监控系统具有温度、压力、pH 值等多路监控功能，中断源的连接如图 4.34 所示。对于 pH 值，在小于 7 时向 CPU 申请中断，CPU 响应中断后使 P3.0 引脚输出高电平，经驱动，使电磁阀接通 1s，以调整 pH 值。

通过中断 $\overline{\text{INT0}}$ 来实现，这里涉及多个中断源的处理，处理时往往通过中断加查询的方法来实现。连接图中把多个中断源通过“线或”接于 $\overline{\text{INT0}}$（P3.2）引脚上，那么无论哪个中断源提出请求，系统都会响应 $\overline{\text{INT0}}$ 中断。响应后，进入中断服务程序，在中断服务程序中通过对 P1 口线进行逐一检测来确定哪个中断源提出了中断请求，进一步转到对应的中断服务程序入口位置执行对应的处理程序。在 pH 值超限中断请求线路后加了一个 D 触发器，pH 值超限中断请求从 D 触发器的 CLK 输入，用于对 pH 值超限中断请求撤除。这里只针对 pH 值小于 7 时的中断构造了相应的中断服务程序 int02，接通电磁阀延时 1s 的延时子程序 DELAY 已经构造好了，只需调用即可。

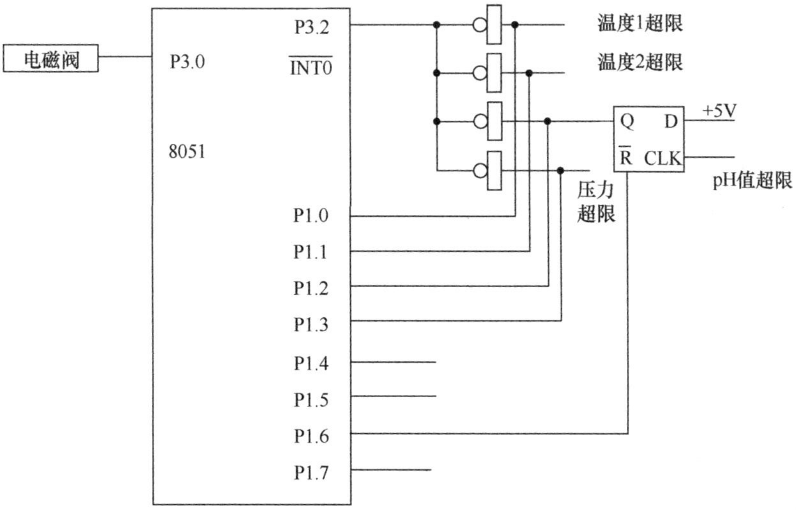

图 4.34　多个中断源的连接

C 语言程序

```
#include<reg51.h>
sbit  P10=P1^0;
sbit  P11=P1^1;
sbit  P12=P1^2;
sbit  P13=P1^3;
sbit  P16=P1^6;
sbit  P30=P3^0;
    void int00() ;
    void int01() ;
    void int02() ;
    void int03() ;
void int0() interrupt 0 using 1
{
    if (P10==1) {int00(); }    //查询调用对应的函数
    else if (P11==1)  {int01(); }
    else if (P12==2)  {int02();}
    else if (P13==1)  {int03();}
}
void int02()
{
    unsigned char i;
    P30=1;
    for (i=0;i<255;i++);
    P30=0;
    P16=0;
    P16=1;
}
```

```
void main (void)
{
     IT0=0;
     EA=1;
     EX0=1;
     while (1);
}
```

习 题 4

4.1 单项选择题

（1）外部中断 0 允许中断的 C51 语句为（　　）。

A．RI=1;　　B．TR0=1;　　C．IT0=1;　　D．EX0=1;

（2）按照中断自然优先级顺序，优先级最低的是（　　）。

A．外部中断 $\overline{INT1}$　　B．串口发送 TI　　C．定时器 T1　　D．外部中断 $\overline{INT0}$

（3）在 CPU 响应定时器 T1 中断请求后，程序计数器 PC 里自动装入的地址是（　　）。

A．0003H　　B．000BH　　C．0013H　　D．001BH

（4）在 MCS-51 单片机的中断自然优先级里，优先级倒数第二的中断源是（　　）。

A．外部中断 $\overline{INT1}$　　B．定时器 T0　　C．定时器 T1　　D．外部中断 $\overline{INT0}$

（5）为使 P3.2 引脚出现的外部中断请求信号能得到 CPU 的响应，必须满足的条件是（　　）。

A．ET0=1　　B．EX0=1　　C．EA=EX0=1　　D．EA=ET0=1

（6）用定时器 T1 工作方式 2 计数，要求每计满 100 次向 CPU 发出中断请求，TH1、TL1 的初始值应为（　　）。

A．0x9c　　B．0x20　　C．0x64　　D．0xa0

（7）MCS-51 单片机的外部中断 $\overline{INT1}$ 和外部中断 $\overline{INT0}$ 的触发方式选择位是（　　）。

A．TR1 和 TR0　　B．IE1 和 IE0　　C．IT1 和 IT0　　D．TF1 和 TF0

（8）MCS-51 单片机的定时器 T0 的溢出标志 TF0，计数满在 CPU 响应中断后（　　）。

A．由硬件清零　　B．由软件清零

C．软件、硬件清零均可　　D．随机状态

（9）CPU 响应中断后，由硬件自动执行如下操作的正确顺序是（　　）。

① 保护断点，即把程序计数器 PC 的内容压入堆栈保存

② 调用中断函数并开始运行

③ 中断优先级查询，对后来的同级或低级中断请求不予响应

④ 返回断点继续运行

⑤ 清除可清除的中断请求标志位

A．①③②⑤④　　B．③②⑤④①　　C．③①②⑤④　　D．③①⑤②④

（10）下列关于 C51 中断函数定义格式的描述中，（　　）是不正确的。

A．n 是与中断源对应的中断号，取值为 0～4

B．m 是工作寄存器组的组号，默认时由 PSW 的 RS0 和 RS1 确定

C．interrupt 是 C51 的关键词，不能作为变量名

D．using 是 C51 的关键词，不能省略

（11）使 MCS-51 单片机的定时/计数器 T0 停止计数的 C51 命令为（　　）。

A．IT0=0　　B．TF0=0　　C．IE0=0　　D．TR0=0

（12）MCS-51 单片机的定时器 T1 用作计数方式时，（　　）。

A．外部计数脉冲由 T1（P3.5 引脚）输入

B．外部计数脉冲由内部时钟频率提供

C．外部计数脉冲由 T0（P3.4 引脚）输入

D．外部计数脉冲由 P0 口的任意引脚输入

（13）MCS-51 单片机的定时器 T0 用作定时方式时，（　　）。

A．由内部时钟频率定时，一个时钟周期加 1

B．由外部计数脉冲计数，一个机器周期加 1

C．外部计数脉冲由 T0（P3.4）输入定时

D．由内部时钟频率定时，一个机器周期加 1

（14）设 MCS-51 单片机的晶振频率为 12MHz，若用定时器 T0 的工作方式 1 产生 1ms 定时，则 T0 的计数初值应为（　　）。

A．0xfc18　　B．0xf830　　C．0xf448　　D．0xf060

（15）MCS-51 单片机的定时器 T1 用作定时方式且选择模式 1 时，工作方式控制字为（　　）。

A．TCON=0x01　　B．TCON=0x0H　　C．TMOD=0x10　　D．TMOD=0x50

（16）使用 MCS-51 单片机的定时器 T0 时，若允许 TR0 启动计数器，则应使 TMOD 中的（　　）。

A．GATE 位置 1　　B．C/T 位置 1　　C．GATE 位清零　　D．C/T 位清零

（17）启动定时器 0 开始计数的指令是使 TCON 的（　　）。

A．TF0 位置 1　　B．TR0 位置 1　　C．TF0 位清 0　　D．TF1 位清 0

（18）MCS-51 单片机的 TMOD 模式控制寄存器，其中 GATE 位表示的是（　　）。

A．门控位　　B．工作方式定义位

C．定时/计数功能选择位　　D．运行控制位

（19）MCS-51 单片机采用计数器 T1 方式 1 时，要求每计满 10 次产生溢出标志，则 TH1、TL1 的初始值是（　　）。

A．0xff，0xf6　　B．0xf6，0xf6　　C．0xf0，0xf0　　D．0xff，0xf0H

（20）采用 MCS-51 单片机的 T0 定时方式 2 时，应（　　）。

A．启动 T0 前先向 TH0 置入计数初值，TL0 置 0，以后每次重新计数前都要重新置入计数初值

B．启动 T0 前先向 TH0、TL0 置入计数初值，以后每次重新计数前都要重新置入计数初值

C．启动 T0 前先向 TH0、TL0 置入不同的计数初值，以后不再置入

D．启动 T0 前先向 TH0、TL0 置入相同的计数初值，以后不再置入

（21）从串行接口接收缓冲器中将数据读入变量 temp 中的 C51 语句是（　　）。

A．temp = SCON　　B．temp = TCON　　C．temp = DPTR　　D．temp = SBUF

（22）MCS-51 串行接口发送数据的次序是下述的顺序（　　）。

①待发数据送 SBUF　　②硬件自动将 SCON 的 TI 置 1

③经 TXD（P3.1）串行发送一帧数据完毕　④用软件将 SCON 的 TI 清零

A．①②③④　　B．①③②④　　C．④③①②　　D．③④①②

（23）在用接口传送信息时，如果用一帧来表示一个字符，且每帧中有一个起始位、一个结束位和若干数据位，则该传送属于（　　）。

A．异步串行传送　B．异步并行传送　C．同步串行传送　D．同步并行传送

（24）MCS-51 单片机的串口工作方式中，只适合点对点通信的是（　　）。

A．工作方式 0　　B．工作方式 1　　C．工作方式 2　　D．工作方式 3

（25）MCS-51 单片机有关串口内部结构的描述中，（　　）是不正确的。

A．MCS-51 单片机内部有一个可编程的全双工串行通信接口

B．MCS-51 单片机的串行接口可以作为通用异步接收/发送器，也可以作为同步移位寄存器

C．串行接口中设有接收控制寄存器 SCON

D．通过设置串口通信的波特率可以改变串口通信速率

（26）MCS-51 单片机有关串口数据缓冲器的描述中（　　）是不正确的。

A．串行接口中有两个数据缓冲器 SBUF

B．两个数据缓冲器在物理上是相互独立的，具有不同的地址

C．$SBUF_{发}$只能写入数据，不能读出数据

D．$SBUF_{收}$只能读出数据，不能发送数据

（27）MCS-51 单片机的串口发送控制器的作用描述中（　　）是不正确的。

A．作用一是将待发送的并行数据转为串行数据

B．作用二是在串行数据上自动添加起始位、可编程位和停止位

C．作用三是在数据转换结束后使中断请求标志位 TI 自动置 1

D．作用四是在中断被响应后使中断请求标志位 TI 自动清零

（28）MCS-51 单片机的串口收发过程中，定时器 T1 的下列描述中（　　）是不正确的。

A．T1 的作用是产生用以串行收发节拍控制的通信时钟脉冲，也可用 T0 进行替换

B．发送数据时，该时钟脉冲的下降沿对应于数据的移位输出

C．接收数据时，该时钟脉冲的上升沿对应于数据位采样

D．通信波特率取决于 T1 的工作方式和计数初值，也取决于 PCON 的设定值

（29）下列关于多机串行异步通信的工作原理描述中（　　）是错误的。

A．多机异步通信系统中各机初始化时都应设置为相同的波特率

B．各从机都应设置为串口方式 2 或方式 3，SM2=REN=1，并禁止串口中断

C．主机先发送一条包含 TB8=1 的地址信息，所有从机都能在中断响应中对此地址进行查证，但只有目标从机将 SM2 改为 0

D．主机随后发送包含 TB8=0 的数据或命令信息，此时只有目标从机能响应中断，并接收到此条信息

（30）在一采用串口方式 1 的通信系统中，已知 f_{osc}=6MHz，波特率=2400bps，SMOD=1，则定时器 T1 在方式 2 时的计数初值应为（　　）。

A．0xe6　　B．0xf3　　C．0x1fe6　　D．0xffe6

4.2　问答思考题

（1）什么叫中断源？MCS-51 单片机有哪些中断源？各有什么特点？它们的中断向量地址分别是多少？

（2）简述 51 单片机各种中断源的中断请求原理。

（3）什么是中断响应？51 单片机的中断响应条件是什么？

（4）什么是中断优先级？在中断请求有效并已开放中断的前提下，能否保证该中断请求能被 CPU 立即响应?

（5）编写出外部中断 1 为下跳沿触发的中断初始化程序。

（6）有一外部中断源，接入 INT0 端，当其中有中断请求时，要求 CPU 把一个从内部 RAM 30H 单元开始的 50 字节的数据块传送到外部 RAM 从 1000H 开始的连续存储区。请编写对应的程序。

（7）MCS-51 系列的 8051 单片机内有几个定时/计数器？每个定时/计数器有几种工作方式？如何选择？

（8）如果采用的晶振频率为 3MHz，定时/计数器 T0 分别工作在方式 0、1 和 2 下，其最大的定时时间各为多少？

（9）设 f_{osc}=12MHz，利用定时器 T0（工作在方式 2）在 P1.1 引脚上获取输出周期为 0.4ms 的方波信号，定时器溢出时采用中断方式处理，请编写 T0 的初始化程序及中断服务程序。

（10）设 MCS-51 单片机的晶振频率为 12MHz，请编程使 P1.0 引脚输出频率为 20kHz 的方波。

（11）什么是串行异步通信？在串行异步通信中，数据帧的传输格式是什么？含义如何？

（12）MCS-51 单片机有两个数据缓冲器，分别用于发送数据和接收数据，为何只有一个公用地址却不会产生冲突？

（13）MCS-51 单片机的串行通信接口控制寄存器有几个？每个寄存器的含义是什么？

（14）在方式 1 和方式 3 的通信模式下，波特率通过哪个定时器驱动产生？采用何种定时方式？如果要求采用的晶振频率为 11.0592MHz，产生的传送波特率为 2400bps，应该怎样对定时器初始化操作？

（15）51 单片机主从式异步通信过程中，主机是如何与多个从机进行点对点通信的?

第 5 章　MCS-51 单片机系统扩展

MCS-51 单片机在一块芯片上集成了计算机的基本功能部件，功能较强。在大多数智能仪器、仪表、家用电器、小型检测与控制系统中，直接采用一片单片机就能满足需要，使用非常方便。但在一些较大的应用系统中，内部集成的功能部件往往不够用，这时就需要在片外扩展一些外围功能芯片，以满足系统的需要。

MCS-51 单片机系统扩展包括程序存储器扩展、数据存储器扩展、I/O 接口扩展、定时/计数器扩展、中断系统扩展和串行接口扩展。本章将介绍应用较多的程序存储器扩展、数据存储器扩展和 I/O 接口扩展。

5.1　MCS-51 单片机的总线系统

5.1.1　MCS-51 单片机的三总线结构

计算机系统是由众多功能部件组成的，每个功能部件分别完成系统整体功能中的一部分，所以各功能部件与 CPU 之间就存在相互连接并实现信息流通的问题。如果所需连接线的数量非常多，将使得计算机的组成结构变得复杂。为了减少连接线、简化组成结构，在微处理器中引入了总线的概念，各器件共同享用总线，任何时候都只能有一个器件发送数据（可以有多个器件同时接收数据）。计算机的总线分为控制总线、地址总线和数据总线这 3 种。数据总线用于传送数据，控制总线用于传送控制信号，地址总线则用于选择存储单元或外设。

MCS-51 单片机属于总线型结构，片内各功能部件都是按总线关系设计并集成为整体的。MCS-51 单片机与外部设备的连接既可以采用 I/O 接口方式（即非总线方式，如以前各章中采用的单片机外接指示灯、按钮、数码管等应用系统），又可以采用总线方式。MCS-51 单片机具有完善的总线接口时序，可以扩展控制对象，其直接寻址能力达到 64K（2 的 16 次方）。在总线模式下，不同的对象共享总线，独立编址，分时复用总线，CPU 通过地址选择访问的对象，完成与各对象之间的信息传送。

MCS-51 单片机三总线扩展示意图如图 5.1 所示。

1．数据总线

MCS-51 单片机的数据总线为 P0 口，P0 口为双向数据通道，CPU 从 P0 口送出和读回数据。

2．地址总线

MCS-51 单片机的地址总线是 16 位的。为了节约芯片引脚，P0 口采用复用方式，除作为数据总线外，在 ALE 信号时序匹配的情况下，通过外置的数据锁存器，在总线访问前半周期从 P0 口送出低 8 位地址（A0～A7），后半周期从 P0 口送出 8 位数据，高 8 位地址（A8～A15）则通过 P2 口送出。

3．控制总线

MCS-51 单片机的控制总线包括读控制信号 P3.7 和写控制信号 P3.6，二者分别作为总线模式下数据读和数据写的使能信号。

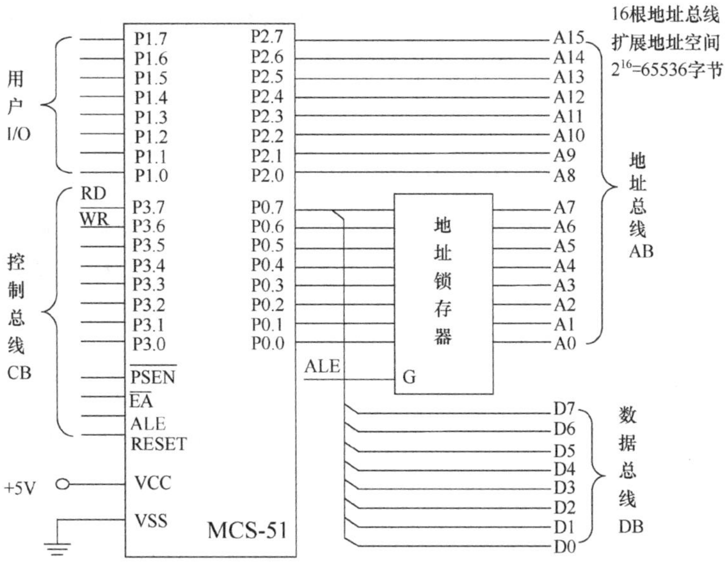

图 5.1　MCS-51 单片机三总线扩展示意图

5.1.2　MCS-51 单片机的总线驱动能力及扩展方法

1．总线的驱动能力

MCS-51 系列单片机的数据总线和低 8 位地址总线的 P0 口可驱动 8 个 TTL 电路，而 P1 口、P2 口、P3 口只能驱动 4 个 TTL 电路。当应用系统规模过大时，可能造成负载过重，致使驱动能力不够，系统不能可靠地工作。

2．总线的扩展概述

在设计计算机应用系统硬件电路时，首先要估计总线的负载情况，以确定是否需要对总线的驱动能力进行扩展。

地址总线和控制总线为单向的，可采用单向三态线驱动器（74LS244）进行驱动能力的扩展。数据总线为双向的，必须采用双向三态线驱动器（如 74LS245、74LS373）进行驱动能力的扩展。

5.2　MCS-51 单片机的最小系统

所谓最小系统，是指一个真正可用的单片机的最小配置系统。对于单片机内部资源已能够满足系统需要的情况，可直接采用最小系统。

由于 MCS-51 系列单片机片内不能集成时钟电路所需的晶体振荡器，也没有复位电路，因此在构成最小系统时必须外接这些部件。另外，根据片内有无程序存储器，MCS-51 单片机的最小系统分为两种情况。

5.2.1 8051/8751 的最小系统

8051/8751 片内有 4KB 的 ROM/EPROM，因此，只需要外接晶体振荡器和复位电路就可以构成最小系统，如图 5.2 所示。该最小系统的特点如下。

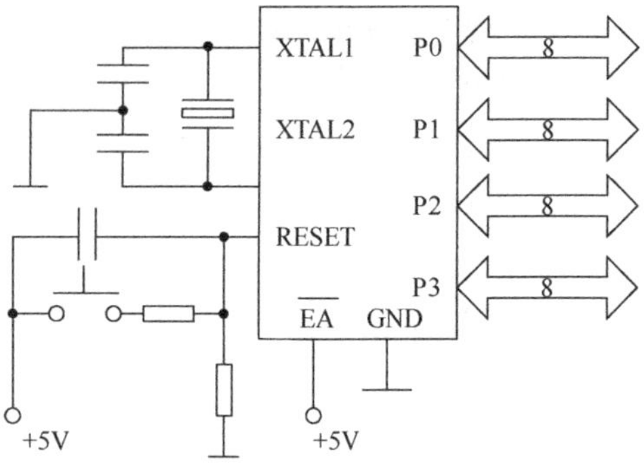

图 5.2 8051/8751 最小系统

（1）由于片外没有扩展存储器和外设，P0 口、P1 口、P2 口、P3 口都可以作为用户 I/O 接口使用。

（2）片内数据存储器有 128B，地址空间为 00H～7FH，没有片外数据存储器。

（3）内部有 4KB 的程序存储器，地址空间为 0000H～0FFFH，没有片外程序存储器，$\overline{EA}$ 应接高电平。

（4）可以使用两个定时/计数器 T0 和 T1、一个全双工的串行通信接口、5 个中断源。

5.2.2 8031 的最小系统

8031 片内无程序存储器，因此，在构成最小系统时，不仅要外接晶体振荡器和复位电路，还应在外扩展程序存储器。图 5.3 就是 8031 外接程序存储器芯片 2764 构成的最小系统，该最小系统的特点如下。

（1）由于 P0 口、P2 口在扩展程序存储器时作为地址线和数据线，不能作为 I/O 接口，因此，只有 P1 口、P3 口作为用户 I/O 接口使用。

（2）片内数据存储器同样有 128B，地址空间为 00H～7FH，没有片外数据存储器。

（3）内部无程序存储器，片外扩展了程序存储器，其地址空间随芯片容量的不同而不同。图 5.3 中使用的是 2764 芯片，容量为 8KB，地址空间为 0000H～1FFFH。由于片内没有程序存储器，因此只能使用片外程序存储器，$\overline{EA}$ 只能接低电平。

（4）同样可以使用两个定时/计数器 T0 和 T1、一个全双工的串行通信接口、5 个中断源。

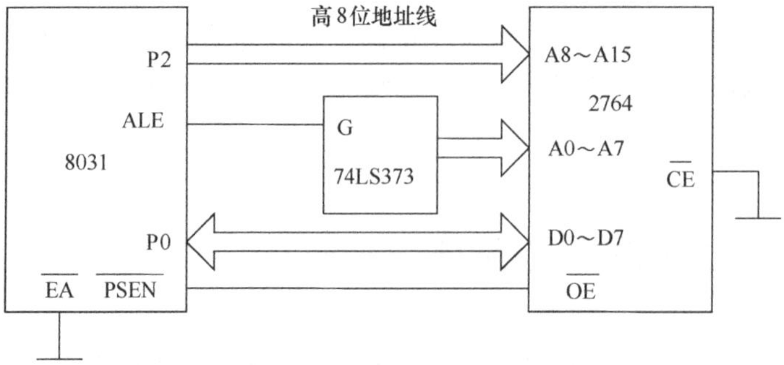

图 5.3 8031 外接程序存储器芯片 2764 构成的最小系统

5.3　存储器扩展

5.3.1　存储器扩展概述

1. MCS-51 单片机的存储器扩展能力

由于 MCS-51 单片机的地址总线宽度是16位的，片外可扩展的存储器最大容量为 64KB，地址为 0000H～FFFFH。因为程序存储器和数据存储器通过不同的控制信号和指令进行访问，允许两者的地址空间重叠，所以片外可扩展的程序存储器与数据存储器都为 64KB。

另外，在 MCS-51 单片机中扩展的外部设备与片外数据存储器统一编址，即外部设备占用片外数据存储器的地址空间。因此，片外数据存储器同外部设备总的扩展空间是 64KB。

2. 存储器扩展的一般方法

存储器除按读写特性的不同分为程序存储器和数据存储器外，每种存储器都有不同的种类。程序存储器又可分为掩膜 ROM、可编程 PROM、光可擦除 EPROM 或电可擦除 EEPROM；数据存储器又可分为静态 SRAM 和动态 DRAM。因此，存储器芯片有多种。另外，即使同一种类的存储器芯片，容量不同，其引脚情况也不相同。尽管如此，存储器芯片与单片机扩展连接具有共同的规律，即不论何种存储器芯片，其引脚都为三总线结构，与单片机连接都是三总线对接。另外，电源线接电源线，地线接地线。

存储器芯片的控制线：对于程序存储器，一般来说，具有输出允许控制线 $\overline{OE}$，它与单片机的 $\overline{PSEN}$ 信号线相连。除此之外，对于 EPROM 芯片，还有编程脉冲输入线（PRG）、编程状态线（READY/BUSY）。PRG 应与单片机在编程方式下的编程脉冲输出线相接；READY/BUSY 在单片机查询输入/输出方式下，与一根 I/O 接口线相接，在单片机中断工作方式下，与一个外部中断信号输入线相接。对于数据存储器，都有输出允许控制线 $\overline{OE}$ 和写控制线 $\overline{WE}$，它们分别与单片机的读信号线 $\overline{RD}$ 和写信号线 $\overline{WR}$ 相连，存储器芯片数据线的数目由芯片的字长决定。1 位字长的芯片数据线只有 1 根，4 位字长的芯片数据线有 4 根，8 位字长的芯片数据线有 8 根，现在单片机存储器扩展使用的芯片字长基本都是 8 位的。连接时，存储器芯片的数据线与单片机的数据总线（P0.0～P0.7）按由低位到高位的顺序依次相接。

存储器芯片的地址线：地址线的数目由芯片的容量决定。容量（Q）与地址线数目（N）满足关系式：$Q=2^N$。存储器芯片的地址线与单片机的地址总线（A0～A15）按由低位到高位的顺序依次相接。一般来说，存储器芯片的地址线数目总是少于单片机地址总线的数目的，因此连接后，单片机的高位地址线总有剩余。剩余地址线一般作为译码线，译码输出与存储器芯片的片选信号线 $\overline{CE}$ 相接。存储器芯片有一根或几根片选信号线。对存储器芯片访问时，片选信号必须有效，即选中存储器芯片。片选信号线与单片机系统的译码输出相接后，就决定了存储器芯片的地址范围。在存储器扩展中，单片机的剩余高位地址线的译码及译码输出存储器芯片的片选信号线的连接，是存储器扩展连接的关键问题。

译码有两种方法：部分译码和全译码。

1）部分译码

所谓部分译码，就是存储器芯片的地址线与单片机系统的地址线依次相接后，剩余的高位地址线仅用一部分参加译码。参加译码的地址线对于选中某一存储器芯片有一个确定的状态，而与不参加译码的地址线无关。也可以说，只要参加译码的地址线处于对某一存储器芯片的选中状态，不参加译码的地址线的任意状态都可以选中该芯片。正因为如此，部分译码使存储器芯片的地址空间有重叠，造成系统存储器空间的浪费。

图 5.4 中，存储器芯片容量为 2KB，地址线为 11 根，与地址总线的低 11 位 A0～A10 相连，用于选中芯片内的单元。地址总线中 A11、A12、A13、A14 通过译码选中芯片，设这 4 根地址总线的状态为 0100 时选中该芯片。地址总线 A15 不参加译码，当地址总线 A15 为 0、1 两种状态时，都可以选中该存储器芯片。

←地址译码线→					←与存储器芯片连接的地址线→										
A15	A14	A13	A12	A11	A10	A9	A8	A7	A6	A5	A4	A3	A2	A1	A0
•	0	0	1	0	×	×	×	×	×	×	×	×	×	×	×

图 5.4 部分地址译码图

当 A15=0 时，芯片占用的地址是 0001000000000000～0001011111111111，即 1000H～17FFH。

当 A15=1 时，芯片占用的地址是 1001000000000000～1001011111111111，即 9000H～97FFH。

可以看出，若有 N 条高位地址线不参加译码，则有 2^N 个重叠的地址范围。重叠的地址范围中的任意一个都能访问该芯片。部分译码使存储器芯片的地址空间有重叠，造成系统存储器空间的浪费，这是部分译码的缺点。它的优点是译码电路简单。

部分译码的一个特例是线译码。所谓线译码，就是直接用一根剩余的高位地址线与一块存储器芯片的片选信号 $\overline{CS}$ 相连。这样线路很简单，但它会造成系统存储器空间的大量浪费，而且各芯片地址空间不连续。如果扩展的芯片数目较少，那么可以使用这种方式。

2）全译码

所谓全译码，就是存储器芯片的地址线与单片机系统的地址线依次相接后，剩余的高位地址线全部参加译码。这种译码方法中，存储器芯片的地址空间是唯一确定的，但译码电路相对复杂。

以上两种译码方法在单片机扩展系统中都有应用。在扩展存储器（包括 I/O 接口）容量不大的情况下，选择部分译码，译码电路简单，可降低成本。

3. 扩展存储器所需芯片数目的确定

若所选存储器芯片字长与单片机字长一致，则只需扩展容量。所需芯片数目按下式确定

芯片数目=系统扩展容量/存储器芯片容量

若所选存储器芯片字长与单片机字长不一致，则不仅需要扩展容量，还需要进行字扩展。所需芯片数目按下式确定

芯片数目=（系统扩展容量/存储器芯片容量）×（单片机字长/存储器芯片字长）

5.3.2　程序存储器扩展

1．单片程序存储器的扩展

图 5.5 所示为单片程序存储器的扩展，单片机用的是 8031，片内没有程序存储器，$\overline{EA}$ 接地。程序存储器芯片用的是 2764。2764 是 8KB×8 位程序存储器，芯片的地址线有 13 根，依次和单片机的地址线 A0～A12 相接。由于是单片连接，因此没有用地址译码器，高 3 位地址线 A13、A14、A15 不接，故有 $2^3=8$ 个重叠的 8KB 地址空间。输出允许控制线 $\overline{OE}$ 直接与单片机的 $\overline{PSEN}$ 信号线相连。因只用一片 2764，故其片选信号线 $\overline{CE}$ 直接接地。

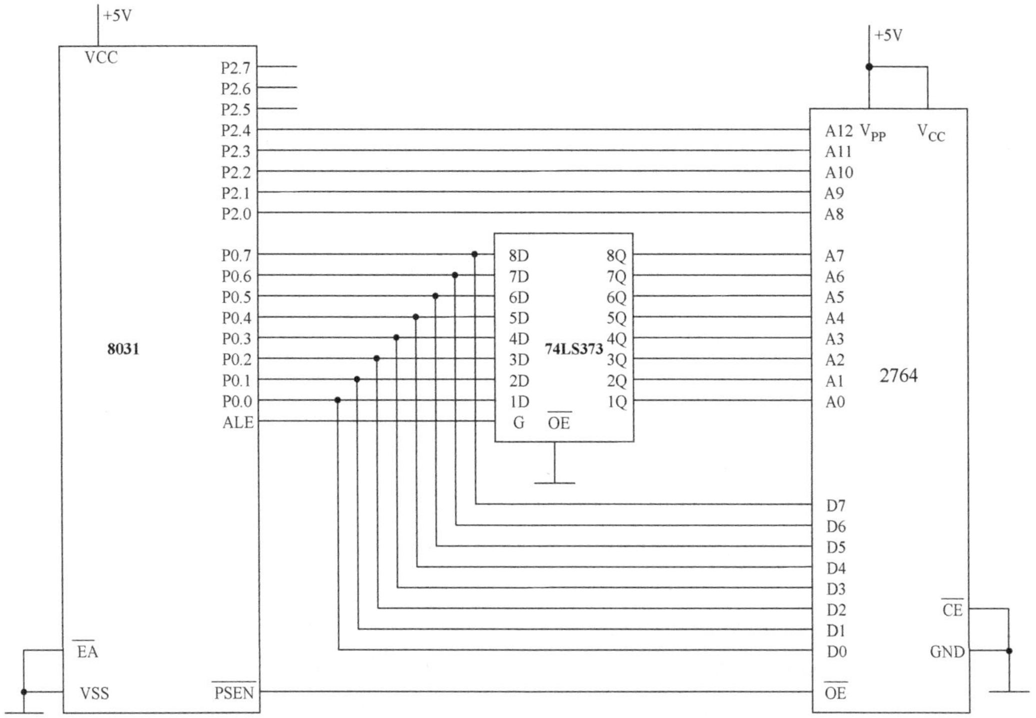

图 5.5　单片程序存储器芯片 2764 与 8031 单片机的扩展连接图

其 8 个重叠的地址范围为：

0000000000000000～0001111111111111，即 0000H～1FFFH；

0010000000000000～0011111111111111，即 2000H～3FFFH；

0100000000000000～0101111111111111，即 4000H～5FFFH；

0110000000000000～0111111111111111，即 6000H～7FFFH；

1000000000000000～1001111111111111，即 8000H～9FFFH；

1010000000000000～1011111111111111，即 A000H～BFFFH；

1100000000000000～1101111111111111，即 C000H～DFFFH；

1110000000000000～1111111111111111，即 E000H～FFFFH。

2．多片程序存储器的扩展

多片程序存储器的扩展方法比较多，芯片数目不多时可以采用部分译码和线选法，芯片数目较多时可以采用全译码。

图 5.6 所示为采用线选法实现的两片 2764 扩展成 16KB 程序存储器。两片 2764 的地址线 A0～A12 与地址总线的 A0～A12 对应相连，2764 的数据线 D0～D7 与数据总线 A0～A7 对应相连，2 片 2764 的输出允许控制线$\overline{OE}$连在一起并与 8031 的$\overline{PSEN}$信号线相连。第 1 片 2764 的片信号线$\overline{CE}$与 8031 地址总线的 P2.7 直接相连，第 2 片 2764 的片选信号线$\overline{CE}$与 8031 地址总线的 P2.7 取反后相连，故当 P2.7 为 0 时选中第 1 片，为 1 时选中第 2 片。8031 地址总线的 P2.5 和 P2.6 未用，故两个芯片各有 $2^2=4$ 个重叠的地址空间。

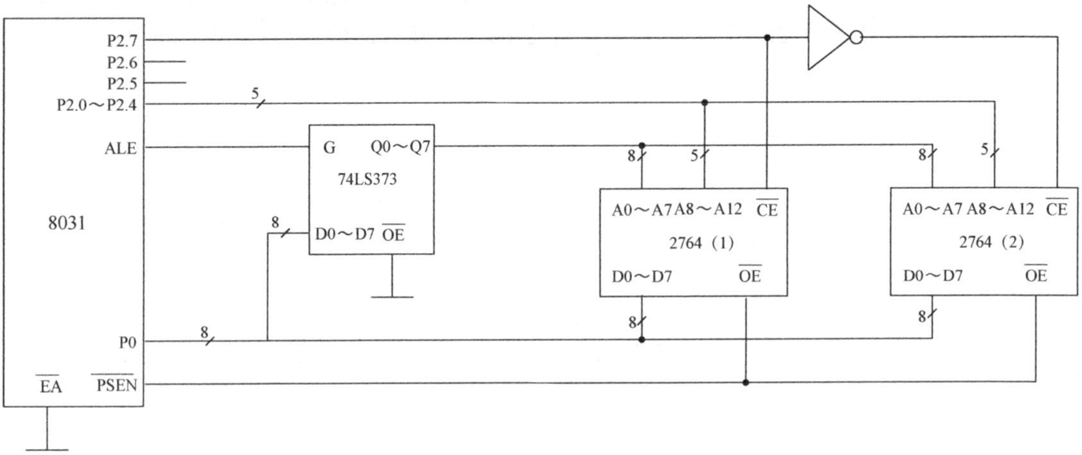

图 5.6 采用线选法实现的两片 2764 与 8031 单片机的扩展连接图

其两片的地址空间分别如下。

2764（1）：0000000000000000～0001111111111111，即 0000H～1FFFH；
0010000000000000～0011111111111111，即 2000H～3FFFH；
0100000000000000～0101111111111111，即 4000H～5FFFH；
0110000000000000～0111111111111111，即 6000H～7FFFH。

2764（2）：1000000000000000～1001111111111111，即 8000H～9FFFH；
1010000000000000～1011111111111111，即 A000H～BFFFH；
1100000000000000～1101111111111111，即 C000H～DFFFH；
1110000000000000～1111111111111111，即 E000H～FFFFH。

图 5.7 所示为采用全译码方法实现的 4 片 2764 扩展成 32KB 程序存储器。8031 剩余的高 3 位地址总线 P2.7、P2.6、P2.5 通过 74LS138 译码器形成 4 个 2764 的片选信号，其中第 1 片 2764 的片选信号线$\overline{CE}$与 74LS138 译码器的$\overline{Y0}$相连，第 2 片 2764 的片选信号线$\overline{CE}$与 74LS138 译码器的$\overline{Y1}$相连，第 3 片 2764 的片选信号线$\overline{CE}$与 74LS138 译码器的$\overline{Y2}$相连，第 4 片 2764 的片选信号线$\overline{CE}$与 74LS138 译码器的$\overline{Y3}$相连，由于采用全译码，因此每片 2764 的地址空间都是唯一的，它们分别如下。

2764（1）：0000000000000000～0001111111111111，即 0000H～1FFFH；
2764（2）：0010000000000000～0011111111111111，即 2000H～3FFFH；
2764（3）：0100000000000000～0101111111111111，即 4000H～5FFFH；
2764（4）：0110000000000000～0111111111111111，即 6000H～7FFFH。

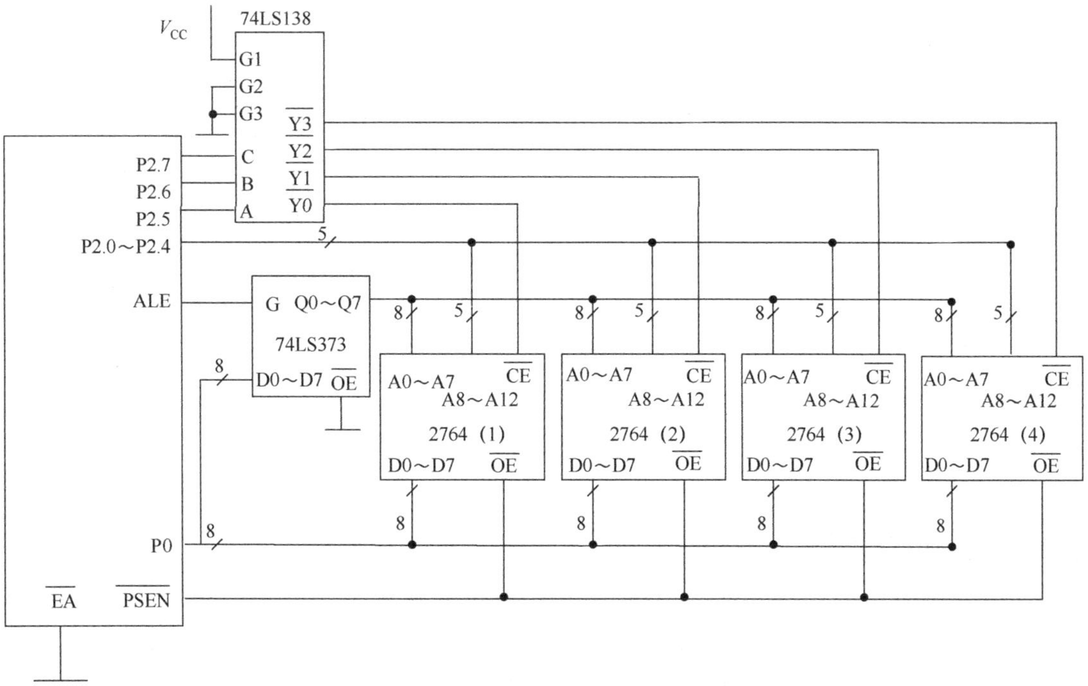

图 5.7　采用全译码方法实现的 4 片 2764 与 8031 单片机的扩展连接图

5.3.3　数据存储器扩展

数据存储器扩展与程序存储器扩展基本相同，只是数据存储器的控制信号一般有输出允许信号 $\overline{OE}$ 和写控制信号 $\overline{WE}$，分别与单片机的片外数据存储器的读控制信号 $\overline{RD}$ 和写控制信号 $\overline{WE}$ 相连，其他信号线的连接与程序存储器完全相同。

图 5.8 所示为两片数据存储器芯片 6264 与 8051 单片机的扩展连接图。6264 是 8KB×8 的静态数据存储器芯片，有 13 根地址线、8 根数据线、1 根输出允许信号线 $\overline{OE}$ 和 1 根写控制信号线 $\overline{WE}$，2 根片选信号线 $\overline{CE1}$ 和 $\overline{CE2}$ 使用时都应为低电平。扩展时 6264 的 13 根地址线与 8051 单片机的地址总线的低 13 位 A0～A12 依次相连，8 根数据线与 8051 的数据总线对应相连，输出允许信号线 $\overline{OE}$ 与 8051 单片机的读控制信号线 $\overline{RD}$ 相连，写控制信号线 $\overline{WE}$ 与 8051 单片机的写控制信号线 $\overline{WR}$ 相连，2 根片选信号线 $\overline{CE1}$ 和 $\overline{CE2}$ 连在一起，第 1 片与 8051 单片机的地址线 A13 直接相连，第 2 片与 8051 单片机的地址线 A14 直接相连，则地址总线 A13 为低电平 0 选中第一片，地址总线 A14 为 0 选中第二片，A15 未用，可为高电平，也可为低电平。

P2.7 为低电平 0，两片 6264 芯片的地址空间如下。

6264（1）：0100000000000000～0101111111111111，即 4000H～5FFFH；

6264（2）：0010000000000000～0011111111111111，即 2000H～3FFFH；

P2.7 为高电平 1，两片 6264 芯片的地址空间如下。

6264（1）：1100000000000000～1101111111111111，即 C000H～DFFFH；

6264（2）：1010000000000000～1011111111111111，即 A000H～BFFFH；

分别用地址线直接作为芯片的片选信号线使用时，要求一片的片选信号线为低电平，则另一片的片选信号线为高电平，否则会出现两片同时被选中的情况。

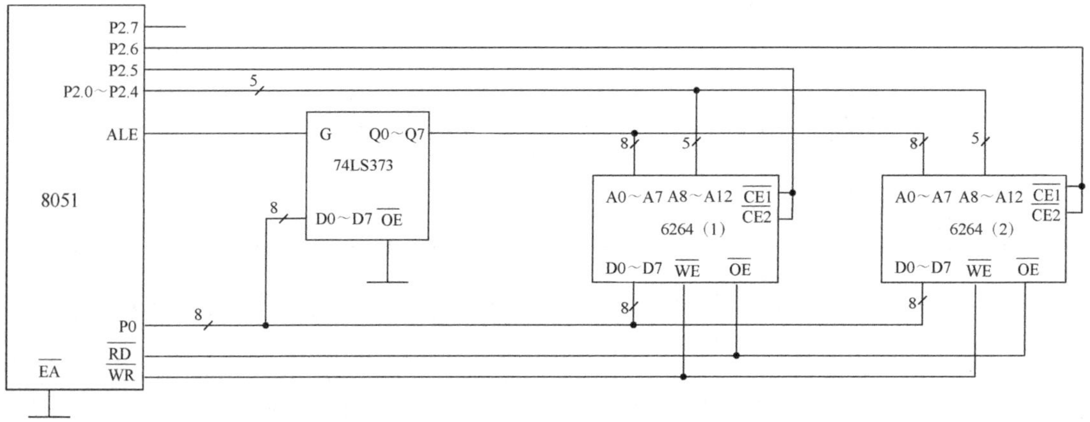

图 5.8 两片数据存储器芯片 6264 与 8051 单片机的扩展连接图

5.4 I/O 接口扩展

MCS-51 单片机有 4 个并行 I/O 接口，每个有 8 位，但这些 I/O 接口并不能完全提供给用户使用，只有对于片内有程序存储器的 8051/8751 单片机，在不扩展外部资源，不使用串行接口、外中断、定时/计数器时，才能对 4 个并行 I/O 接口使用。如果片外要扩展，则 P0 口、P2 口要被用来作为数据总线、地址总线，P3 口中的某些位也要用来作为第二功能信号线，这时留给用户的 I/O 线就很少了。因此，在大部分 MCS-51 单片机应用系统中都要进行 I/O 接口扩展。

I/O 扩展接口的种类很多，按其功能可分为简单 I/O 接口和可编程 I/O 接口。简单 I/O 接口扩展通过数据缓冲器、锁存器来实现，结构简单，价格便宜，但功能简单。可编程 I/O 接口扩展通过可编程接口芯片实现，电路复杂，价格相对较高，但功能强，使用灵活。不管是简单 I/O 接口还是可编程 I/O 接口，与其他外部设备一样都是与片外数据存储器统一编址。占用片外数据存储器的地址空间，通过片外数据存储器的访问方式访问。

另外，在前面还介绍了通过串行接口扩展并行 I/O 接口的方法。

5.4.1 简单 I/O 接口扩展

通常通过数据缓冲器、锁存器来扩展简单 I/O 接口，例如 74LS373、74LS244、74LS273、74LS245 等芯片都可以被用来进行简单 I/O 接口扩展。实际上，只要具有输入三态、输出锁存的电路，就可以用来进行 I/O 接口扩展。

图 5.9 所示为用 74LS373 和 74LS244 扩展的简单 I/O 接口，其中 74LS373 扩展并行输出口，74LS244 扩展并行输入口。74LS373 是一个带输出三态门的 8 位锁存器，具有 8 个输入端 D0～D7，8 个输出端 Q0～Q7，G 为数据锁存控制端，下降沿时把输入端的数据锁存于内部的锁存器，$\overline{OE}$ 为输出允许端，低电平时把锁存器中的内容通过输出端输出。

74LS244 是单向数据缓冲器，带两个控制端 $\overline{1G}$ 和 $\overline{2G}$，当它们为低电平时，输入端 D0～D7 的数据输出到 Q0～Q7。

图 5.9 中 74LS373 的控制端 G 由 8051 单片机的写信号 $\overline{WR}$ 和 P2.0 通过或非门后相连，

输出允许端$\overline{OE}$直接接地，所以当 74LS373 输入端有数据来时，直接通过输出端输出；当执行向片外数据存储器写的指令时，指令中片外数据存诸器的地址使 P2.0 为低电平，则控制端 G 有效，数据总线上的数据就送到 74LS373 的输出端。74LS244 的控制端$\overline{1G}$和$\overline{2G}$连在一起与 8051 单片机的读信号$\overline{RD}$和 P2.0 通过或门后相连。当执行从片外数据存储器读的指令时，指令中片外数据存储器的地址使 P2.0 为低电平，则控制端$\overline{1G}$和$\overline{2G}$有效，74LS244 的输入端的数据通过输出端送到数据总线，然后传送到 8051 单片机内部。

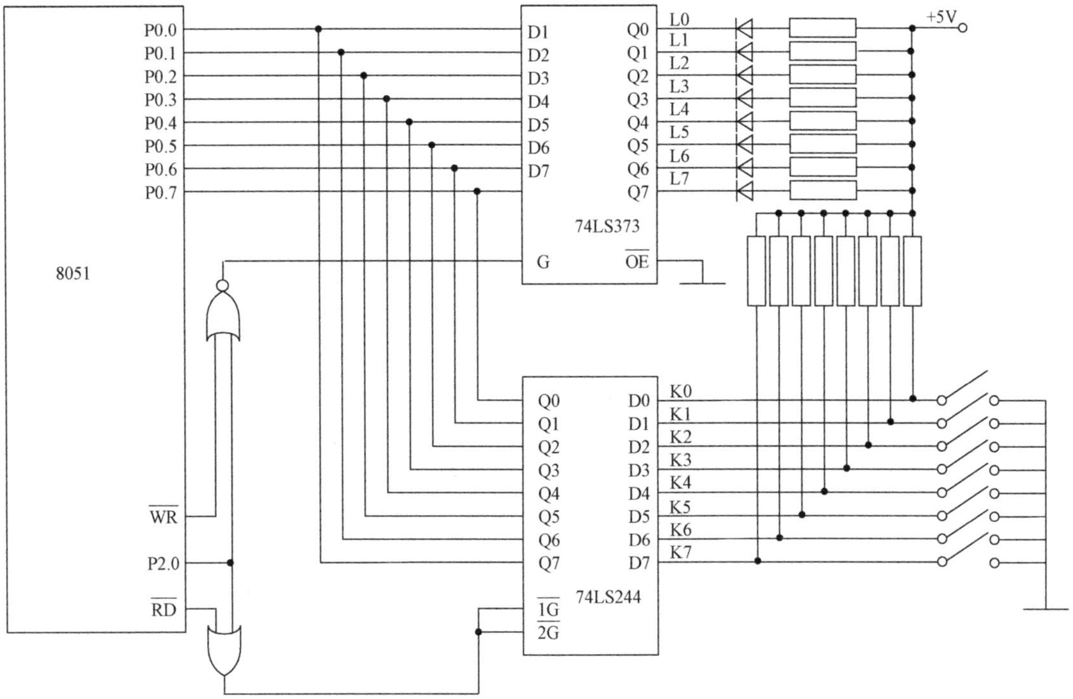

图 5.9 用 74LS373 和 74LS244 扩展的简单 I/O 接口

在图 5.9 中，扩展的输入口接了 K0～K7 这 8 个开关，扩展的输出口接了 L0～L7 这 8 个发光二极管，如果要实现将 K0～K7 开关的状态通过 L0～L7 发光二极管显示，则相应的 C 语言程序如下

```
#include <absacc.h>  //定义绝对地址访问
#define uchar unsigned char
…
uchar i;
i=XBYTE[0xfeff];
XBYTE[0xfeff]= i;
…
```

程序中对扩展的 I/O 接口的访问直接通过片外数据存储器的读/写方式来进行。

5.4.2 可编程 I/O 接口扩展（8255A）

8255A 是在单片机应用系统中广泛采用的可编程 I/O 接口扩展芯片，它有 3 个 8 位的并行 I/O 接口：PA 口、PB 口、PC 口，有 3 种基本工作方式。

1. 8255A 的结构与功能

8255A 是 Intel 公司生产的 8 位可编程并行 I/O 接口芯片，被广泛地应用于 8 位计算机和 16 位计算机中，它的内部结构如图 5.10 所示。

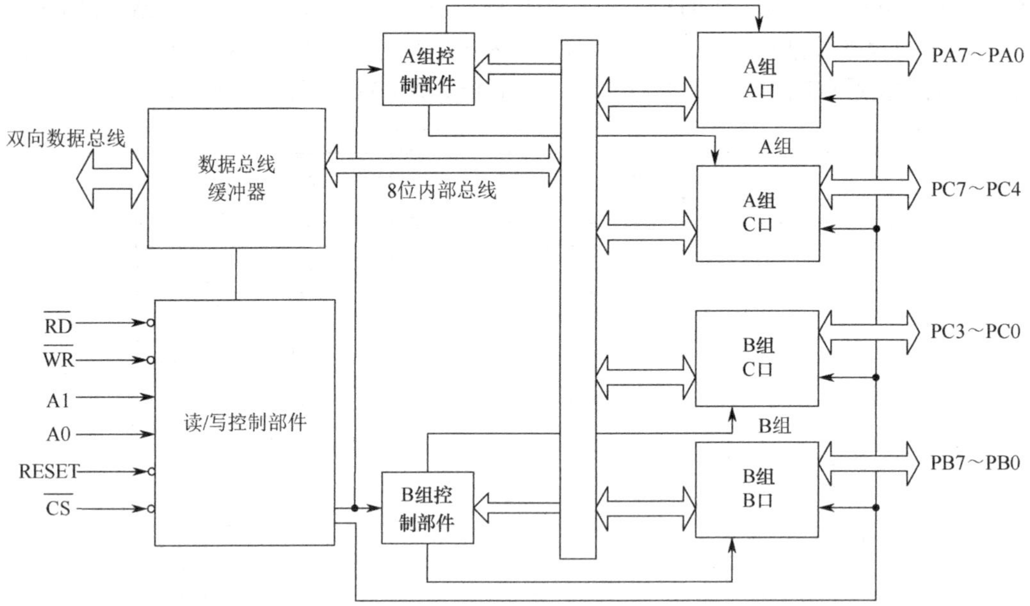

图 5.10 8255A 的内部结构

8255A 内部有 3 个可编程的并行 I/O 接口：PA 口、PB 口和 PC 口。每个接口都有 8 位，提供 24 根 I/O 信号线。每个接口都有一个数据输入寄存器和一个数据输出寄存器，输入时有缓冲功能，输出时有锁存功能。其中 C 口又可分为两个独立的 4 位接口：PC0～PC3 和 PC4～PC7。A 口和 C 口的高 4 位合在一起称为 A 组，通过图中的 A 组控制部件控制，B 口和 C 口的低 4 位合在一起称为 B 组，通过图中的 B 组控制部件控制。

A 口有 3 种工作方式：无条件输入/输出方式、选通输入/输出方式和双向选通输入/输出方式。B 口有两种工作方式：无条件输入/输出方式和选通输入/输出方式。当 A 口和 B 口工作于选通输入/输出方式或双向选通输入/输出方式时，C 口当中的一部分线用作 A 口和 B 口输入/输出的应答信号线。

数据总线缓冲器是一个 8 位双向三态缓冲器，是 8255A 与系统总线之间的接口，8255A 与 CPU 之间传送的数据信息、命令信息、状态信息都通过数据总线缓冲器实现传送。

读/写控制部件接收 CPU 送来的控制信号、地址信号，然后经译码选中内部的端口寄存器，并指挥从这些寄存器中读出信息或向这些寄存器中写入相应的信息。8255A 有 4 个端口寄存器：A 寄存器、B 寄存器、C 寄存器和控制口寄存器，使用控制信号和地址信号对这 4 个端口寄存器的操作如表 5.1 所示。

表 5.1 8255A 端口寄存器选择操作表

$\overline{CS}$	A1	A0	$\overline{RD}$	$\overline{WR}$	I/O 操作
0	0	0	0	1	读 A 口寄存器内容到数据总线
0	0	1	0	1	读 B 口寄存器内容到数据总线

（续表）

$\overline{CS}$	A1	A0	$\overline{RD}$	$\overline{WR}$	I/O 操作
0	1	0	0	1	读 C 口寄存器内容到数据总线
0	0	0	1	0	数据总线上内容写到 A 口寄存器
0	0	1	1	0	数据总线上内容写到 B 口寄存器
0	1	0	1	0	数据总线上内容写到 C 口寄存器
0	1	1	1	0	数据总线上内容写到控制口寄存器

内部的各部分是通过 8 位内部总线连接在一起的。

2. 8255A 的引脚信号

8255A 共有 40 个引脚，采用双列直插式封装，如图 5.11 所示，各引脚信号线的功能如下。

D7～D0：三态双向数据线，与单片机的数据总线相连，用来传送数据信息。

$\overline{CS}$：片选信号线，低电平有效，用于选中 8255A 芯片。

$\overline{RD}$：读信号线，低电平有效，用于控制从 8255A 端口寄存器读出信息。

$\overline{WR}$：写信号线，低电平有效，用于控制向 8255A 端口寄存器写入信息。

A1，A0：地址线，用来选择 8255A 内部端口。

PA7～PA0：A 口的 8 根输入/输出信号线，用于与外部设备连接。

PB7～PB0：B 口的 8 根输入/输出信号线，用于与外部设备连接。

PC7～PC0：C 口的 8 根输入/输出信号线，用于与外部设备连接。

RESET：复位信号线。

V_{CC}：+5V 电源线。

GND：地信号线。

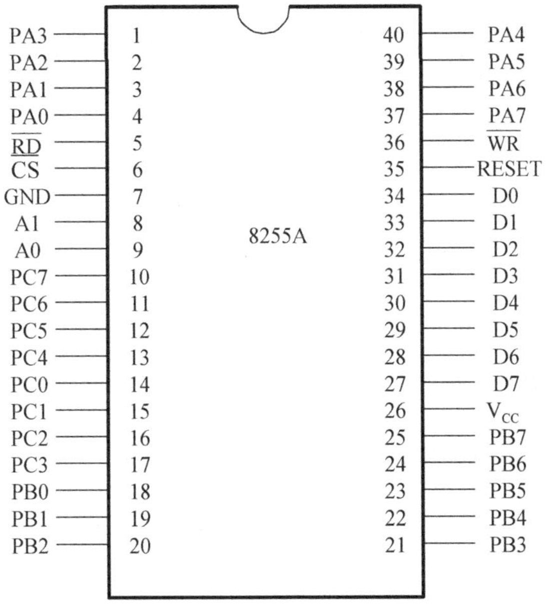

图 5.11　8255A 的引脚图

3. 8255A 的控制字

8255A 有两个控制字：工作方式控制字和 C 口按位置位/复位控制字。这两个控制字都是通过向控制口寄存器写入来实现的，通过写入内容的特征位来区分是工作方式控制字还是 C 口按位置位/复位控制字。

1）工作方式控制字

工作方式控制字用于设定 8255A 的 3 个接口的工作方式，它的格式如图 5.12 所示。

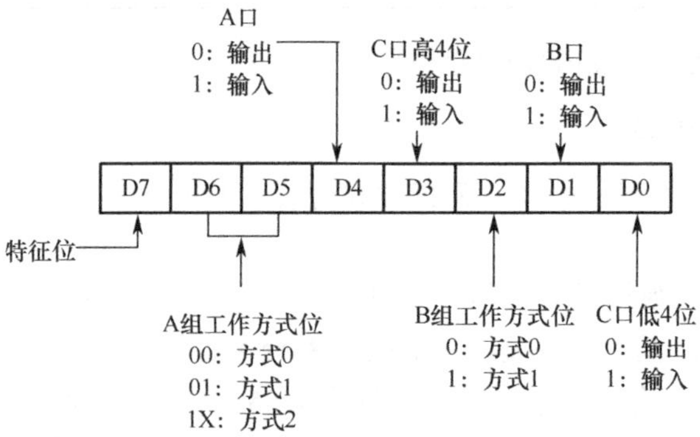

图 5.12　8255A 的工作方式控制字

D7 位为特征位。D7=1 表示为工作方式控制字。

D6、D5 用于设定 A 组的工作方式。

D4、D3 用于设定 A 口和 C 口的高 4 位是输入还是输出。

D2 用于设定 B 组的工作方式。

D1、D0 用于设定 B 口和 C 口的低 4 位是输入还是输出。

2）C 口按位置位/复位控制字

C 口按位置位/复位控制字用于对 C 口的各位置 1 或清 0，它的格式如图 5.13 所示。

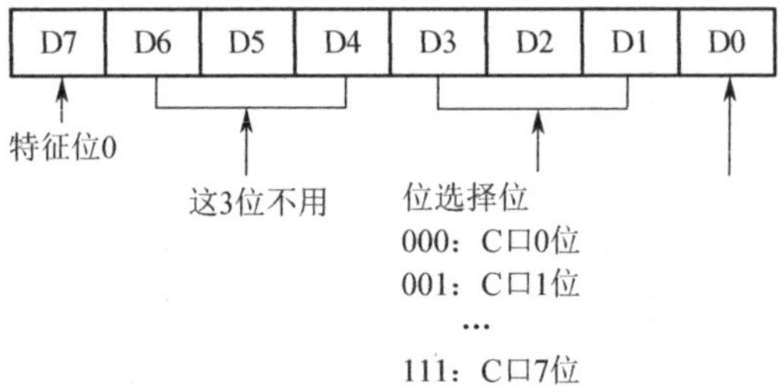

图 5.13　8255A 的 C 口按位置位/复位控制字

D7 位为特征位。D7=0 表示为 C 口按位置位/复位控制字。

D6、D5、D4 这 3 位不用。

D3、D2、D1 这 3 位用于选择 C 口中的某一位。

D0 用于置位/复位设置，D0=0 则复位，D0=1 则置位。

4. 8255A 的工作方式

1）方式 0

方式 0 是一种基本的输入/输出方式。在这种方式下，3 个端口都可以由程序设置为输入或输出，没有固定的应答信号。方式 0 的特点如下：

（1）具有两个 8 位接口（A、B）和两个 4 位接口（C 口的高 4 位和 C 口的低 4 位）；

（2）任何一个端口都可以设定为输入或者输出；

（3）每个端口在输出时都是锁存的，输入时都是不锁存的。

方式 0 输入/输出时没有专门的应答信号，通常用于无条件传送。例如，图 5.14 就是 8255A 工作于方式 0 的例子，其中 A 口输入，B 口输出。A 口接开关 K0～K7，B 口接发光二极管 L0～L7，开关 K0～K7 是一组无条件输入设备，发光二极管 L0～L7 是一组无条件输出设备，应接收开关的状态直接读 A 口即可，要把信息通过二极管显示只需把信息直接送到 B 口即可。

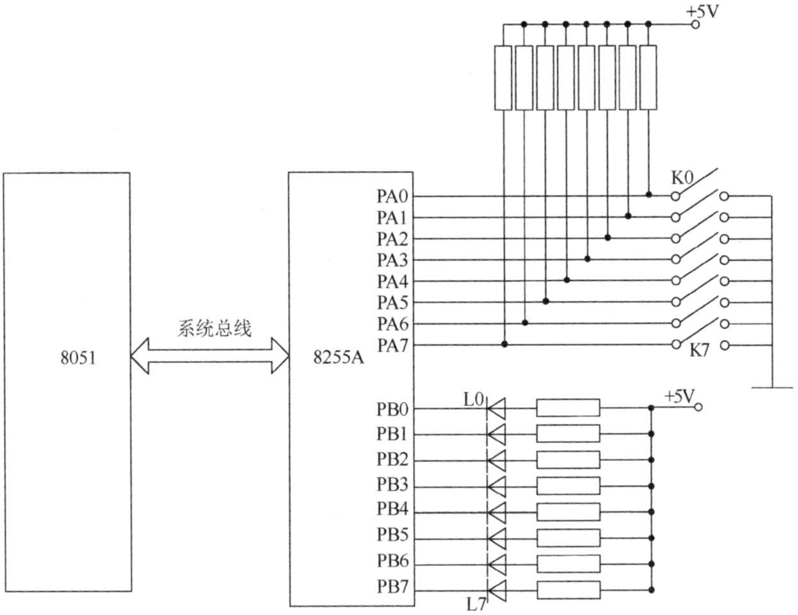

图 5.14　方式 0 无条件传送

2）方式 1

方式 1 是一种选通输入/输出方式。在这种工作方式下，A 口和 B 口作为数据输入/输出口，C 口用作输入/输出的应答信号。A 口和 B 口既可以作为输入，又可以作为输出，输入和输出都具有锁存能力。

（1）方式 1 输入。

无论是 A 口输入还是 B 口输入，都用 C 口的 3 位作为应答信号，1 位作为中断允许控制位，输入结构如图 5.15 所示。

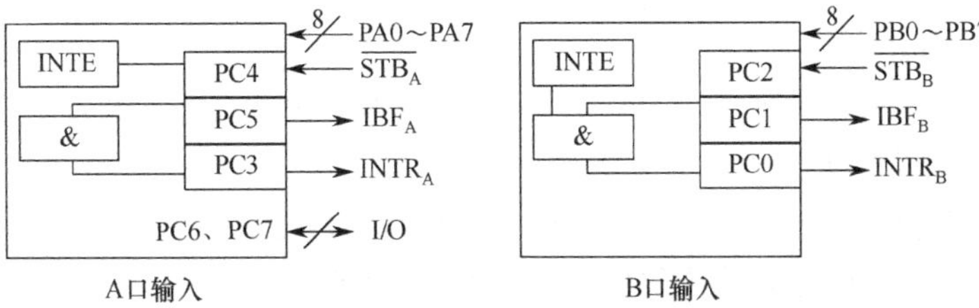

图 5.15　方式 1 输入结构

各应答信号含义如下。

$\overline{\text{STB}}$：外设送给 8255A 的“输入选通”信号，低电平有效。当外设准备好数据时，外设向 8255A 发送$\overline{\text{STB}}$信号，把外设送来的数据锁存到输入数据寄存器中。

IBF：8255A 送给外设的“输入缓冲器满”信号，高电平有效。此信号是对 STB 信号的响应信号。当 IBF=1 时，8255A 告诉外设送来的数据已锁存于 8255A 的输入锁存器中，但 CPU 还未取走，通知外设不能送新的数据，只有当 IBF=0 即输入缓冲器变空时，外设才能给 8255A 发送新的数据。

INTR：8255A 发送给 CPU 的“中断请求”信号，高电平有效。当 INTR=1 时，向 CPU 发送中断请求，请求 CPU 从 8255A 中读取数据。

INTE：8255A 内部为控制中断而设置的“中断允许”信号。当 INTE=1 时，允许 8255A 向 CPU 发送中断请求，当 INTE=0 时，禁止 8255A 向 CPU 发送中断请求。INTE 由软件通过对 PC4（A 口）和 PC2（B 口）的置位/复位来允许或禁止发送中断请求。

（2）方式 1 输出。

无论是 A 口输出还是 B 口输出，也都用 C 口的 3 位作应答信号，1 位作中断允许控制位，输出结构如图 5.16 所示。

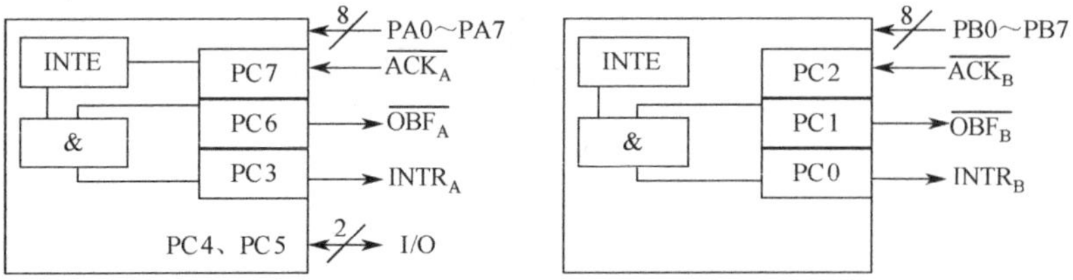

A 口输出　　B 口输出

图 5.16　方式 1 输出结构

应答信号含义如下。

$\overline{\text{OBF}}$：8255A 送给外设的“输出缓冲器满”信号，低电平有效。当 OBF 有效时，表示 CPU 已将一个数据写入 8255A 的输出端口，8255A 通知外设可以将其取走。

$\overline{\text{ACK}}$：外设送给 8255A 的“应答”信号，低电平有效。当 ACK 有效时，表示外设已接收到从 8255A 端口送来的数据。

INTR：8255A 送给 CPU 的“中断请求”信号，高电平有效。当 INTR=1 时，向 CPU 发送中断请求，请求 CPU 再向 8255A 写入数据。

INTE：8255A 内部为控制中断而设置的“中断允许”信号，含义与输入相同，只是对应 C 口的位数与输入不同，它是通过对 PC4（A 口）和 PC2（B 口）的置位/复位来允许或禁止中断的。

3）方式 2

方式 2 是一种双向选通输入/输出方式，只适合于接口 A。这种方式能实现外设与 8255A 的 A 口的双向数据传送，并且输入和输出都是锁存的。它使用 C 口的 5 位作为应答信号，两位作为中断允许控制位，结构如图 5.17 所示。

方式 2 的各应答信号的含义与方式 1 相同，只是 INTR 具有双重含义，既可作为输入时向 CPU 的中断请求，又可作为输出时向 CPU 的中断请求。

5. 8255A 与 MCS-51 单片机的接口

1）硬件接口

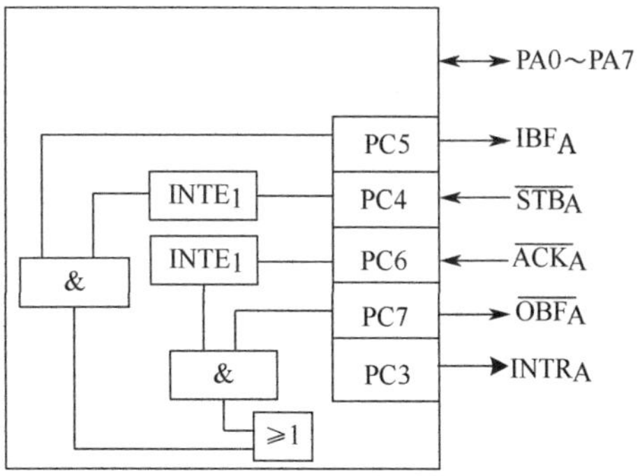

图 5.17　方式 2 结构

8255A 与 MCS-51 单片机的连接包含数据线、地址线、控制线的连接，其中，数据线直接与 MCS-51 单片机的数据总线相连；8255A 的地址线 A0 和 A1 一般与 MCS-51 单片机地址总线的低位相连，用于对 8255A 的 4 个端口进行选择；8255A 控制线中的读信号线、写信号线与 MCS-51 单片机的片外数据存储器的读/写信号线直接相连，片选信号线 CS 的连接方法与存储器芯片的片选信号线的连接方法相同，用于决定 8255A 内部端口地址的地址范围。图 5.18 所示为 8255A 与单片机的连接图。

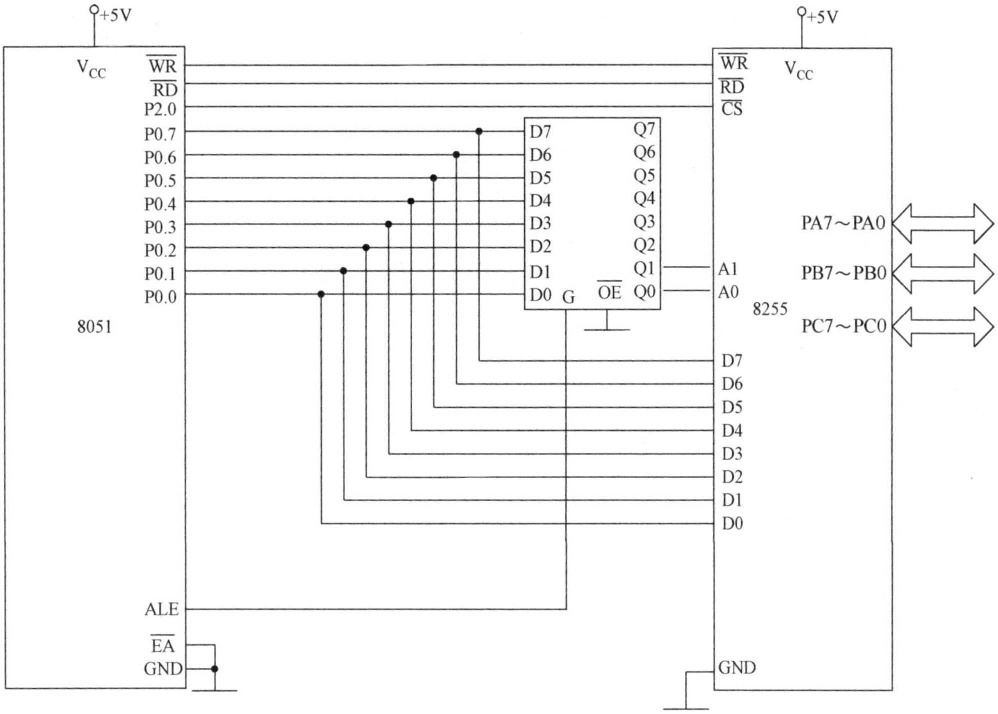

图 5.18　8255A 与单片机的连接图

图中，8255A 的数据线与 MCS-51 单片机的数据总线相连，读/写信号线对应相连，地址线 A0、A1 与 MCS-51 单片机的地址总线的 A0 和 A1 相连，片选信号线 CS 与 MCS-51 单片机的 P2.0 相连。8255A 的 A 口、B 口、C 口和控制口的地址分别是 FEFCH、FEFDH、FEFEH 和 FEFFH。

2）软件编程

如果设定 8255A 的 A 口为方式 0 输入，B 口为方式 0 输出，则初始化程序为如下。

C 语言程序段：

```
#include <reg51.h>
include <absacc.h>  //定义绝对地址访问
```

```
...
XBYTE [0xfeff]=0x90;
...
```

习 题 5

5.1 问答思考题

（1）什么是 MCS-51 单片机的最小系统？

（2）简述 MCS-51 单片机的三总线结构。

（3）简述 MCS-51 单片机的总线驱动能力。

（4）简述存储器扩展的一般方法。

（5）什么是部分译码？什么是全译码？它们各有什么特点？用于形成什么信号？

（6）采用部分译码为什么会出现地址重叠情况？它对存储器容量有何影响？

（7）存储器芯片的地址引脚与容量有什么关系？

（8）MCS-51 单片机的外部设备是通过什么方式访问的？

（9）使用 2764（8KB×8）芯片通过全译码法扩展 24KB 程序存储器，画出硬件连接图，指明各芯片的地址空间范围。

（10）使用 6264（8KB×8）芯片通过全译码法扩展 24KB 数据存储器，画出硬件连接图，指明各芯片的地址空间范围。

（11）试用一片 74LS373 扩展一个并行输入口，画出硬件连线图，指出相应的控制命令。

（12）用 8255A 扩展并行 I/O 接口，实现把 8 个开关的状态通过 8 个二极管显示出来，画出硬件连接图，用 C 语言分别编写相应的程序。

第 6 章　MCS-51 单片机的常用接口及应用

单片机扩展了各种外围功能芯片，通过扩展这些芯片，可以构成比较完善的单片机系统，但要构造一个实际的单片机系统，还必须配备一些外部设备。外部设备需要通过适当的接口控制电路与单片机连接，才能协调地工作，这就涉及接口问题。外设的种类很多，而且外设不同，用法不同，接口的方法、电路、涉及的应用程序等也随之而异。限于篇幅，本章只介绍几种常用外设的接口技术。

6.1　键盘接口

键盘是单片机应用系统中较常用的输入设备，在单片机应用系统中，操作人员一般通过键盘向单片机系统输入指令、地址和数据，实现简单的人机通信。

6.1.1　键盘的工作原理

键盘实际上是一组按键开关的集合，平时按键开关处于断开状态，当按下时它才闭合。键盘的结构及产生的波形如图 6.1 所示。

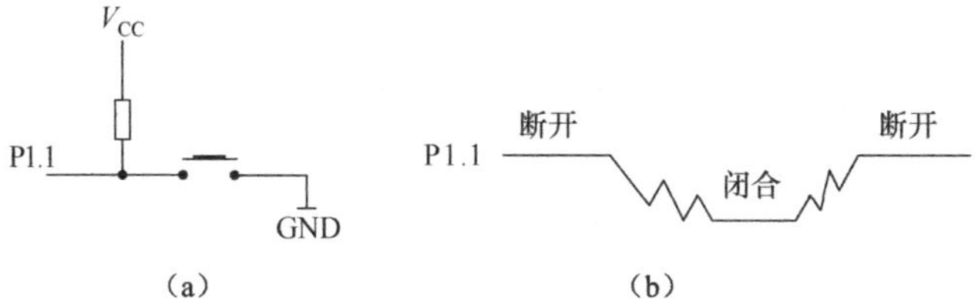

图 6.1　键盘的结构及产生的波形

在图 6.1（a）中，当按键开关未被按下时，开关处于断开状态，P1.1 输出高电平；当按键开关被按下时，开关处于闭合状态，P1.1 输出低电平。通常按键开关为机械式开关，由于机械触点有弹性作用，一个按键开关在闭合时不会马上稳定地接通，断开时也不会马上断开，因此闭合和断开的瞬间都会伴随着一串抖动，如图 6.1（b）所示。抖动时间的长短由按键开关的机械特性决定，一般为 5～10ms，这种抖动对于人类来说是感觉不到的，但对于单片机来说，则是完全可以感觉到的。键盘的处理主要涉及 3 个方面的内容。

1. 按键的识别

键位未被按下，输出为高电平，键位被按下，输出为低电平，因此可以通过检测输出线上电平的高/低来判断键位是否被按下。如果检测到高电平，说明没有被按下；如果检测到低电平，则说明该线路上对应的键位已被按下。

2. 抖动的消除

按键时，无论按下键位还是放开键位都会产生抖动，按下键位时产生的抖动称为前沿抖动，松开键位时产生的抖动称为后沿抖动。如果对抖动不做处理，必然会出现按一次键输入多次，为确保按一次键只输入一次，必须消除按键抖动。消除按键抖动通常有两种方法：硬件消抖和软件消抖。

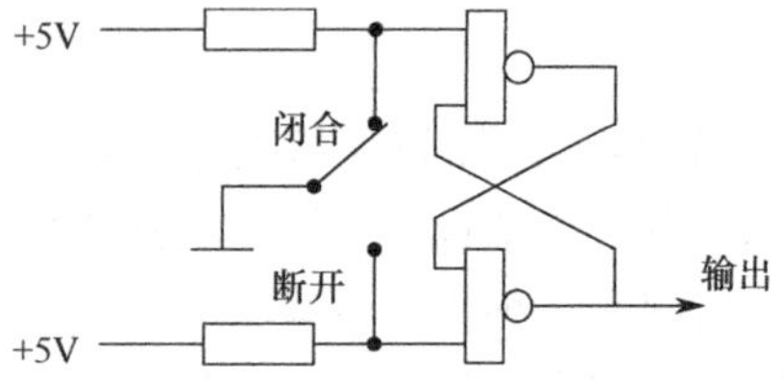

图 6.2 硬件消抖电路

硬件消抖是通过在按键输出电路上加一定的硬件线路来消除抖动的，一般采用 R-S 触发器或单稳态电路。如图 6.2 所示，经过图中的 R-S 触发器消抖后，输出端的信号就为标准的矩形波。

软件消抖利用延时来跳过抖动过程，当判断有键被按下时，先执行一段大于 10ms 的延时程序再去判断被按下的键位是哪一个，从而消除前沿抖动的影响。对于后沿抖动，只需在接收一个键位后，经过一定时间再检测有无按键，这样就自然跳过后沿抖动时间而消除后沿抖动了，键盘处理过程往往采用这样的方式。

3. 键位的编码

通常在一个单片机应用系统中用到的键盘都包含多个键位，这些键都通过 I/O 接口线来进行连接，按下一个键后，通过键盘接口电路就得到该键位的编码，一个键盘的键位怎样编码，是键盘工作过程中的一个很重要的问题。通常有两种方法进行编码。

（1）用连接键盘的 I/O 接口线的二进制组合进行编码。如图 6.3（a）所示，用 4 行、4 列线构成的 16 个键的键盘，可使用一个 8 位 I/O 接口线的二进制的组合表示 16 个键的编码，各键的编码值分别是：11H、12H、14H、18H、21H、22H、24H、28H、41H、42H、44H、48H、81H、82H、84H、88H。这种编码简单，但不连续，处理起来不方便。

（2）顺序排列编码。如图 6.3（b）所示，获得编码值时根据行线和列线进行了相应的处理。处理方法如下：编码值=行首编码值 X+列号 Y。如果一行有 K 个键，则行首编码值为 nK，n 为行号，从 0 开始取，列号 Y 从 0 开始取。

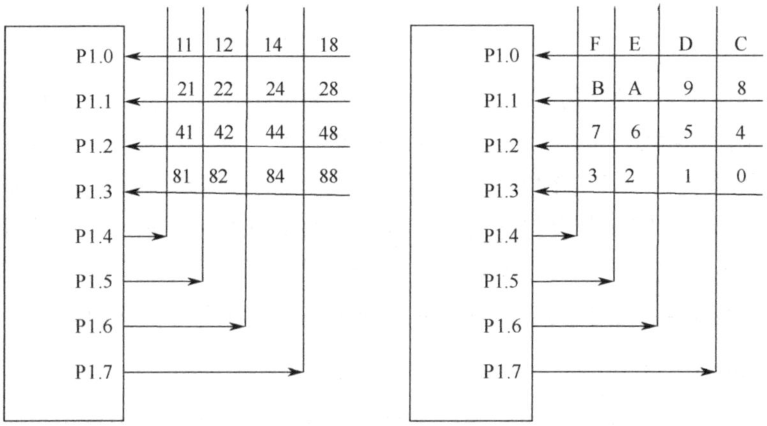

（a）二进制组合编码 （b）顺序排列编码

图 6.3 键位的编码

6.1.2 独立式键盘与 MCS-51 单片机的接口

键盘的结构形式一般有两种：独立式键盘与矩阵式键盘，其中，本小节介绍独立式键盘。

独立式键盘就是各按键相互独立，每个按键各接一根 I/O 接口线，每根 I/O 接口线上的按键都不会影响其他 I/O 接口线。因此，通过检测 I/O 接口线的电平状态就可以很容易地判断出哪个按键被按下了。

独立式键盘的电路配置灵活，软件简单。但每个按键都占用一根 I/O 接口线，在按键数量较多时，I/O 接口线浪费很严重，故在按键数量不多时，常采用这种形式。

图 6.4（a）为中断方式工作的独立式键盘的结构形式，图 6.4（b）为查询方式工作的独立式键盘的结构形式。当没有按下键时，对应的 I/O 接口线输入为高电平，当按下键时，对应的 I/O 接口线输入为低电平。查询方式在工作时通过执行相应的查询程序来判断有无键被按下、是哪个键被按下。中断方式处理时，当有任意键被按下时请求中断，在中断服务程序中通过执行判键程序，判断是哪个键被按下。

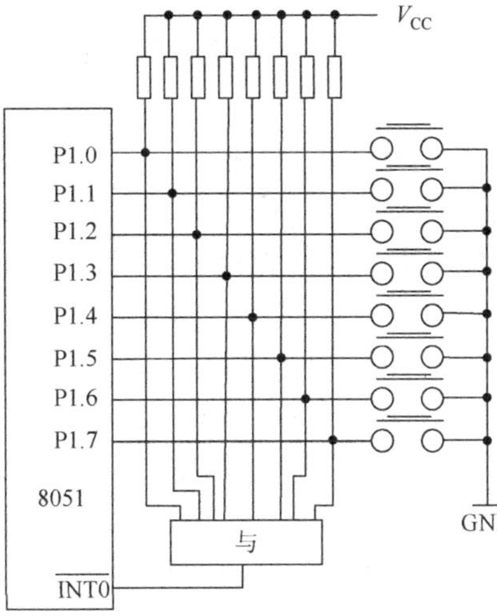

（a）中断方式工作的独立式键盘

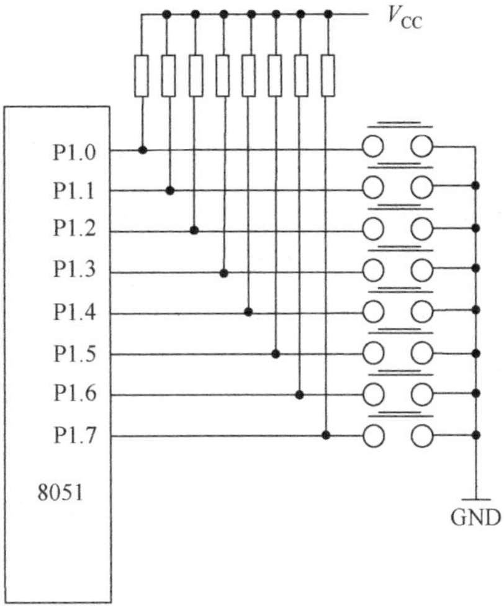

（b）查询方式工作的独立式键盘

图 6.4　独立式键盘的结构形式

6.1.3 矩阵式键盘与 MCS-51 单片机的接口

矩阵式键盘又叫行列式键盘，用 I/O 接口线组成行、列结构，键位设置在行、列线的交点上。例如，4×4 的行、列结构可组成 16 个键的键盘，比一个键位用一根 I/O 接口线的独立式键盘少了一半的 I/O 接口线。而且键位越多，情况越明显。因此，在按键数量较多时，往往采用矩阵式键盘。

矩阵式键盘的连接方法有多种，可直接连接于单片机的 I/O 接口线，可利用扩展的并行 I/O 接口连接，也可利用可编程的键盘、显示接口芯片（如 8279）进行连接等。其中，利用扩展的并行 I/O 接口连接方便灵活，在单片机应用系统中比较常用。图 6.5 就是通过 8255A 芯片扩展的并行 I/O 接口连接 4×8 的矩阵式键盘。

按键设置在行、列线的交点上，行、列线分别连接到按键开关的两端。行线通过上拉电阻接+5V，平时没有键位被按下时，被钳位在高电平状态。

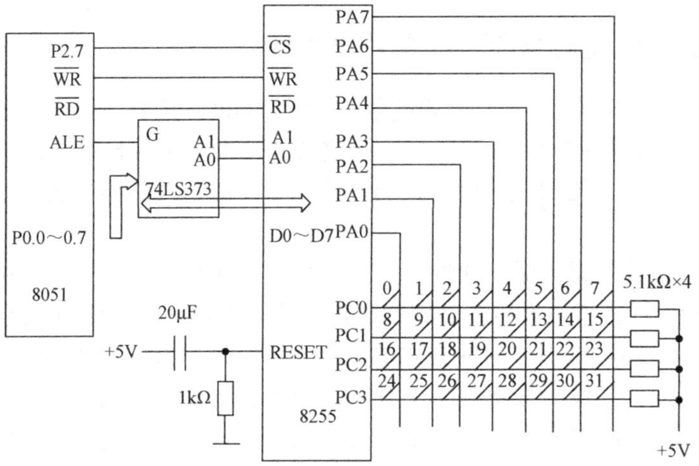

图 6.5 8255A 芯片扩展的并行 I/O 接口连接 4×8 的矩阵式键盘

1. 矩阵式键盘的工作过程

矩阵式键盘的工作过程可分为两步：第一步是 CPU 检测键盘上是否有键被按下；第二步是识别哪个键被按下。

（1）检测键盘上是否有键被按下的处理方法是：将列线送入全扫描字，读入行线的状态来判别。其具体过程如下：PA 口输出 00H，即所有列线置成低电平，然后将行线电平状态读入累加器 A 中。如果有键被按下，总会有一根行线电平被拉至低电平，从而使行输入状态不全为“1”。

（2）识别键盘中哪个键被按下的处理方法是：将列线逐列置成低电平，检查行输入状态，称为逐列扫描。其具体过程如下：从 PA0 开始，依次输出“0”，置对应的列线为低电平，然后从 PC 口读入行线状态，如果全为“1”，则被按下的键不在此列；如果不全为“1”，则被按下的键必在此列，而且是该列与“0”电平行线相交的交点上的那个键。为求取编码，在逐列扫描时，可用计数器记录下当前扫描列的列号，检测到第几行有键被按下，就用该行的首键码加列号得到当前按键的编码。

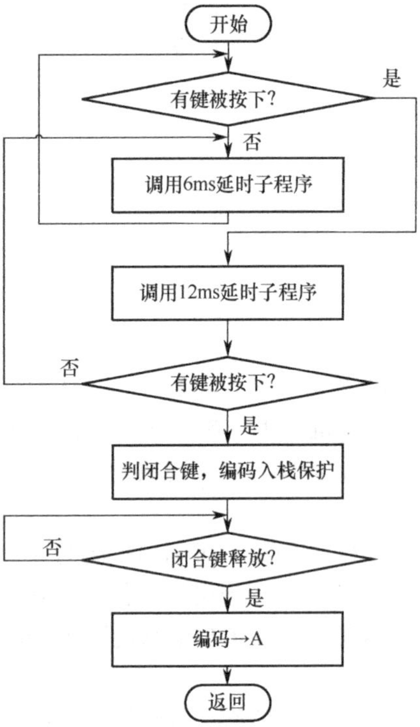

图 6.6 键盘扫描子程序流程图

2. 矩阵式键盘的工作方式

在单片机中，对于检测键盘上有无键被按下通常采用 3 种方式：查询工作方式、定时扫描工作方式和中断工作方式。

1）查询工作方式

这种方式是直接在主程序中插入键盘检测子程序，主程序每执行一次，则键盘检测子程序被执行一次，对键盘进行一次检测。如果没有键被按下，则跳过键识别，直接执行主程序；如果有键被按下，则通过键盘扫描子程序识别按键，得到按键的编码值，然后根据编码值进行相应的处理，处理完毕再回到主程序执行。键盘扫描子程序流程图如图 6.6 所示。

【例 6.1】硬件线路如图 6.5 所示，8255A 的 A 口、B 口、C 口和控制口地址分别为 7F00H、7F01H、7F02H、7F03H，设 8255A 已在主程序中初始化。已设定为 A 口方式 0 输出，C 口的低 4 位方式 0 输入。

C 语言键盘扫描子程序如下。

```
#include <reg51.h>
#include <absacc.h>                 //定义绝对地址访问
#define uchar unsigned char
#define uint unsigned int
void delay (uint);
uchar scankey (void) ;
uchar keyscan (void) ;
void main (void)
{
   uchar key;
   while(1)
     {key=keyscan();
      delay (2000) ;
     }
}
 //*********延时函数*******
void delay (uint i)                 //延时函数
{uint j;
   for  (j=0; j<i; j++) {}.
}
//**检测有无按下函数*******
uchar checkkey()                    //检测有无键被按下函数，有则返回 0xff，无则返回 0
{  uchar i;
   XBYTE [0x7f00]=0x00;
   i=XBYTE [0x7f02];
   i=i&0x0f ;
   if (i= =0x0f) return(0) ;
   else return(0xff);
}
//*********键盘扫描函数***********
uchar keyscan()                     //键盘扫描函数，如果有键被按下，则返回该键的编码，
如果无键被按下，则返回 0xff
{  uchar scan code;                 //定义列扫描码变量
   uchar code value;                //定义返回的编码变量
   uchar m;                         //定义行首编码变量
   uchar k;                         //定义行检测码
   uchar i, j ;
   if (checkkey()= =0)  return(0xff) ;  //检测有无键被按下，无则返回 0xff
   else
```

```
{delay(200);                    //延时
if (checkkey()= =0) return(0xff) ;      //检测有无键被按下，无则返回 0xff
else
    {scan code=0xfe ;m=0x00 ;            //列扫描码，行首码赋初值
     for (i=0; 1<8; i++)
         {k=0x01;
          XBYTE [0x7f00]=scancode;      //送列扫描码
          for (j=0; j<4; j++)
          {if { {XBYTE[0x7f02]&k}= =0}   //检测当前行是否有键被按下
               { codevalue=m+j;          //按下，求编码
                 while (checkkey() ! =0);  //等待键位释放
                 return (codevalue);      //返回编码
               }
             else k=k<<1;                //行检测码左移一位
           }
          m=m+8;                      //计算下一行的行首编码
          scancode=scancode<<1;       //列扫描码左移一位，扫描下一列
          }
      }
   }
}
```

2）定时扫描工作方式

定时扫描工作方式是利用单片机内部定时器产生定时中断（如 10ms），当定时时间到时，CPU 执行定时器中断服务程序，对键盘进行扫描，如果有键位被按下，则识别该键位，并执行相应的键处理功能程序。定时扫描工作方式的键盘硬件电路与查询工作方式的电路相同。流程图如图 6.7 所示。

定时扫描工作方式实际上是通过定时器中断来实现处理的，为处理方便，在单片机中设置了 2 个标志位，第 1 个为消除抖动标志 F1，第 2 个为键处理标志 F2。

当无键被按下时，F1、F2 都置 0，由于定时开始一般不会有键被按下，因此 F1、F2 初始化为 0；当键盘上有键被按下时，先检查消除抖动标志 F1，如果 F1=0，表示还未消除抖动，这时把 F1 置 1，直接中断返回，因为中断返回后 10ms 才能再次中断，相当于实现了 10ms 的延时，从而实现了消除抖动：当再次定时中断时，如果 F1=1，则说明抖动已消除，再检查 F2，如果 F2=0，则扫描识别键位，求出按键的编码，并将 F2 置 1 返回；当再一次定时中断时，检查到 F2=1，说明当前按键已经处理了，则直接返回。

程序处理上，定时器中断服务程序前面是对两个标志位的检查程序，后面的键盘扫描子程序与查询工作方式相同，请读者自己编写。

3）中断工作方式

在计算机应用系统中，大多数情况下并没有键输入，但无论是查询工作方式还是定时扫描工作方式，CPU 都在不断地对键盘进行检测，这样会大幅占用 CPU 执行时间。为了提高效率，可采用中断工作方式，通过增加一根中断请求信号线［可参考图 6.4（a）］，当没有按键时无中断请求，当有按键时向 CPU 提出中断请求，CPU 响应后执行中断服务程序，在中断服务程序中对键盘进行扫描。这样在没有键被按下时，CPU 就不会执行扫描程序，提高了

CPU 工作的效率。在用中断工作方式处理时需编写中断服务程序，在中断服务程序中对键盘进行扫描，具体处理与查询工作方式的处理相同，可参考相关程序。

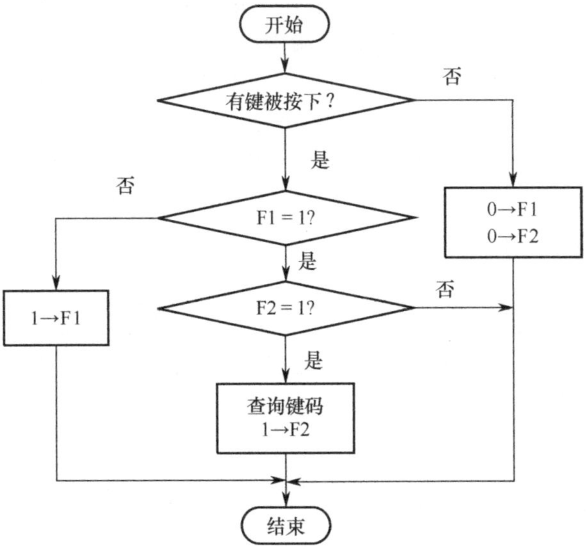

图 6.7　定时扫描工作方式的定时器中断服务程序流程图

6.2　LED 显示器接口

在单片机应用系统中会经常用到 LED 数码管作为显示输出设备。LED 显示器虽然显示的信息简单，但它具有显示清晰、亮度高、使用电压低、寿命长、与单片机接口方便等优点，基本能满足单片机应用系统的需要，所以在单片机应用系统中经常用到。

6.2.1　LED 显示器的结构与原理

LED 显示器是由发光二极管按一定的结构组合起来的显示器件。在单片机应用系统中通常使用的是 8 段式 LED 显示器，它有共阴极和共阳极两种，如图 6.8 所示。

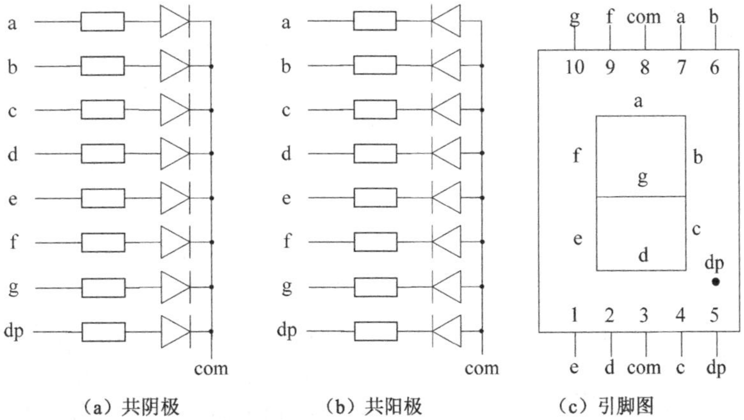

图 6.8　8 段式 LED 显示器结构图

其中，图 6.8（a）为共阴极结构，8 段发光二极管的阴极端连接在一起，阳极端分开控制，使用时公共端接地，要使哪根发光二极管亮，则对应的阳极端接高电平。图 6.8（b）为共阳极结构，8 段发光二极管的阳极端连接在一起，阴极端分开控制，使用时公共端接电源，要使哪根发光二极管亮，则对应的阴极端接地。其中 7 段发光二极管构成 7 笔的字形“8”，1 根发光二极管构成小数点。图 6.8（c）为引脚图，从 a～g 引脚输入不同的 8 位二进制编码，可显示不同的数字或字符。通常把控制发光二极管的 7（或 8）位二进制编码称为字段码。对于不同的数字或字符，其字段码不一样，对于同一个数字或字符，共阴极连接和共阳极连接的字段码也不一样，共阴极和共阳极的字段码互为反码，常见数字和字符的共阴极和共阳极的字段码如表 6.1 所示。

表 6.1 常见数字和字符的共阴极和共阳极的字段码

显 示 字 符	共阴极字段码	共阳极字段码	显 示 字 符	共阴极字段码	共阳极字段码
0	3FH	C0H	C	39H	C6H
1	06H	F9H	D	5EH	A1H
2	5BH	A4H	E	79H	86H
3	4FH	B0H	F	71H	8EH
4	66H	99H	P	73H	8CH
5	6DH	92H	U	3EH	C1H
6	7DH	82H	T	31H	CEH
7	07H	F8H	Y	6EH	91H
8	7FH	80H	L	38H	C7H
9	6FH	90H	8.	FFH	00H
A	77H	88H	“灭”	00	FFH
B	7CH	83H	…	…	…

6.2.2 LED 显示器的译码方式

所谓译码方式，是指由显示字符转换得到对应的字段码的方式。对于 LED 显示器，通常的译码方式有两种：硬件译码方式和软件译码方式。

1. 硬件译码方式

硬件译码方式是指利用专门的硬件电路来实现显示字符到字段码的转换，这样的硬件电路有很多，比如 Motorola 公司生产的 MC14495 芯片就是其中的一种，MC14495 是共阴极 1 位十六进制数–字段码转换芯片，能够输出用 4 位二进制数形式表示的 1 位十六进制数的 7 位字段码，不带小数点。它的内部结构如图 6.9 所示。

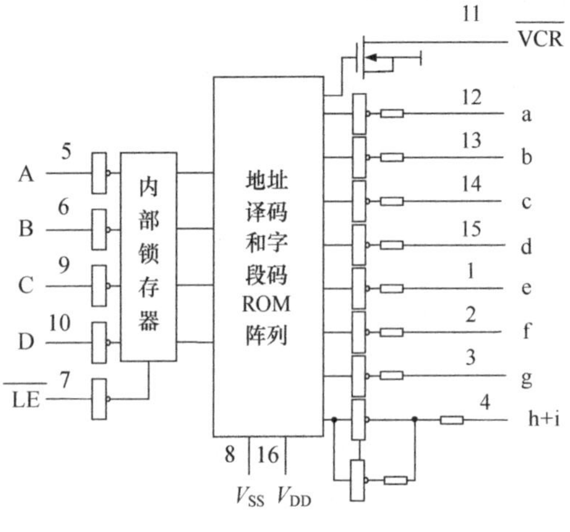

图 6.9 MC14495 的内部结构

MC14495 内部由两部分组成：内部锁存器和译码驱动电路。译码驱动电路部分还包含一个字段码 ROM 阵列，内部锁存器用于锁存输入的 4 位二进制数，以便提供给译码电路进行译码。译码驱动电路对锁存器的 4 位二进制数进行译码，产生送往 LED 数码管的 7 位字段码。引脚信号 $\overline{LE}$ 是数据锁存控制端，当 $\overline{LE}$=0 时输入数据，当 $\overline{LE}$=1 时数据锁存于锁存器中；A、B、C、D 为 4 位二进制数输入端，a～g 为 7 位字段码输出端；h+i 引脚为大于或等于 I/O 的指示端，当输入数据大于或等于 I/O 时，h+i 引脚为高电平；$\overline{VCR}$ 为输入为 15 的指示端，当输入数据为 15 时，$\overline{VCR}$ 为低电平。

硬件译码时，要显示一个数字，只需送出这个数字的 4 位二进制编码即可，软件开销较小，但硬件线路复杂，需要增加硬件译码芯片，硬件造价相对较高。

2．软件译码方式

软件译码方式就是编写软件译码程序，通过译码程序来得到要显示的字符的字段码。译码程序通常为查表程序，软件开销较大，但硬件线路简单，在实际系统中经常用到。

6.2.3 LED 数码管的显示方式

LED 数码管在显示时，通常有两种显示方式：LED 静态显示方式和 LED 动态显示方式。

1．LED 静态显示方式

LED 静态显示时，其公共端直接接地（共阴极）或接电源（共阳极），各段选线分别与 I/O 接口线相连。要显示字符，直接在 I/O 接口线发送相应的字段码，如图 6.10 所示。

两个数码管的共阴极端直接接地，如果要在第一个数码管上显示数字 1，只要在 I/O（1）接口线上发送 1 的共阴极字段码；如果要在第二个数码管上显示 2，只要在 I/O（2）接口线上发送 2 的字段码。

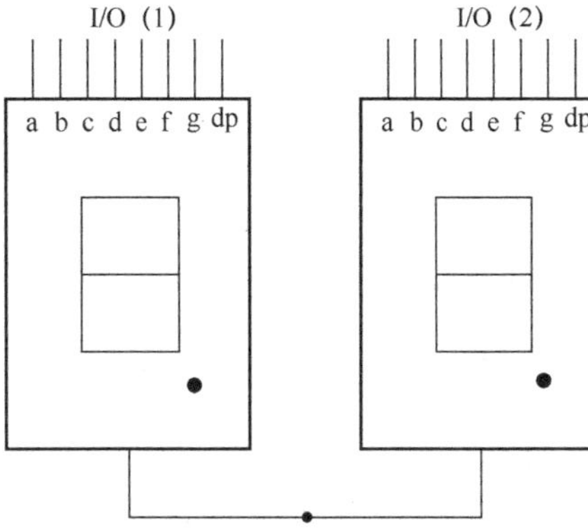

图 6.10 两位数码管静态显示图

静态显示结构简单，显示方便，要显示某个字符，直接在 I/O 接口线上发送相应的字段码，但一个数码管需要 8 根 I/O 接口线，如果数码管少，用起来较方便，但如果数码管较多，会占用很多 I/O 接口线，所以当数码管较多时，往往采用 LED 动态显示方式。

2．LED 动态显示方式

LED 动态显示是将所有的数码管的段选线并接在一起，用一个 I/O 接口控制，公共端不是直接接地（共阴极）或电源（共阳极），而是通过相应的 I/O 接口线控制的。

图 6.11 所示为 4 位 LED 数码管动态显示图，4 个数码管的段选线并接在一起通过 I/O（1）接口线控制，它们的公共端不直接接地（共阴极）或电源（共阳极），每个数码管的公共端与一根 I/O 接口线相连，通过 I/O（2）接口线控制。设数码管为共阳极，它的工作过程为：第一步使右边第一个数码管的公共端 D0 为 1，其余数码管的公共端为 0，同时在 I/O（1）接口线上发送右边第一个数码管的字段码，这时，只有右边第一个数码管显示，其余不显示；第二步使右边第二个数码管的公共端 D1 为 1，其余数码管的公共端为 0，同时在 I/O（1）接口线上发送右边第二个数码管的字段码，这时，只有右边第二个数码管显

示，其余不显示，以此类推，直到最后一个。这样 4 个数码管轮流显示相应的信息，一次循环完毕后，下一次循环又这样轮流显示，从计算机的角度看是一个一个地显示，但由于人的视觉具有暂留效应，只要循环的周期足够快，看起来所有的数码管就都是一起显示的了，这就是动态显示的原理。而这个循环周期对于计算机来说很容易实现，所以在单片机中经常用到动态显示。

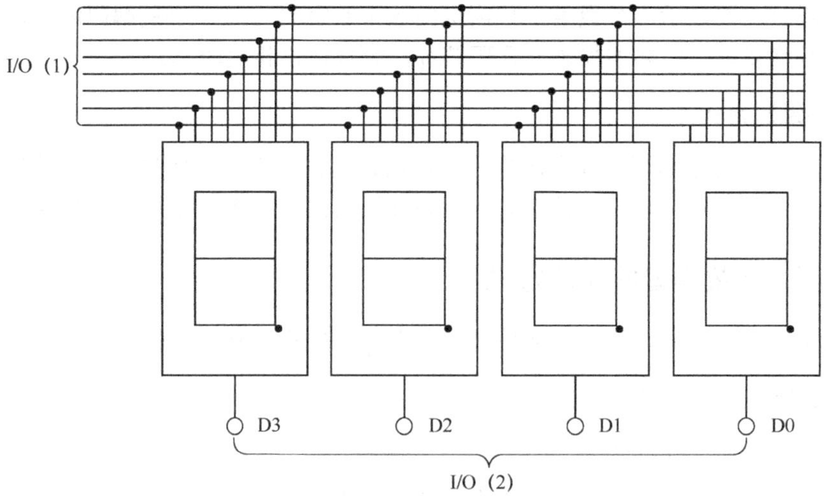

图 6.11　4 位 LED 数码管动态显示图

动态显示所用的 I/O 接口线少，线路简单，但软件开销大，需要 CPU 周期性地对它刷新，因此会占用 CPU 大量的时间。

6.2.4　LED 显示器与单片机的接口

LED 显示器的译码方式有硬件译码方式和软件译码方式，显示方式包括静态显示方式和动态显示方式，在使用时可以把它们组合起来。在实际应用时，如果数码管较少，通常用硬件译码静态显示，在数码管较多时，则通常用软件译码动态显示。

1. 硬件译码静态显示

图 6.12 所示为一个 2 位数码管硬件译码静态显示的接口电路图。用两片 MC14495 硬件译码芯片，它们的输入端并接在一起与 P1 中的低 4 位相连，它们的控制端 $\overline{LE}$ 分别接 P1.4 和 P1.5，MC14495 的输出端接数码管的段选线，数码管的公共端直接接地。操作时，如果使 P1.4 为低电平，通过 P1 口的低 4 位输出一个数字，则在第一个数码管上会显示相应的数字。如果使 P1.5 为低电平，通过 P1 口的低 4 位输出一个数字，则在第二个数码管上会显示相应的数字，操作非常简单。

2. 软件译码动态显示

【例 6.2】 图 6.13 所示为一个 8 位数码管软件译码动态显示的接口电路图，图中用 8255A 扩展并行 I/O 接口接数码管，数码管采用动态显示方式，8 位数码管的段选线并联，与 8255A 的 A 口通过 74LS373 相连，8 位数码管的公共端通过 74LS373 分别与 8255A 的 B 口相连，也即 8255A 的 B 口输出位选码选择要显示的数码管，8255A 的 A 口输出字段码使数码管显示相应的字符，8255A 的 A 口和 B 口都工作于方式 0，A 口、B 口、C 口和控制口的地址分别为 7F00H、7F01H、7F02H 和 7F03H。

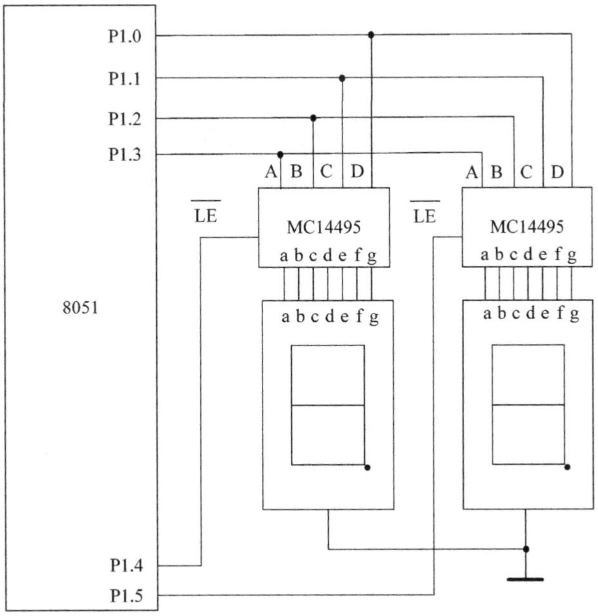

图 6.12　2 位数码管硬件译码静态显示的接口电路图

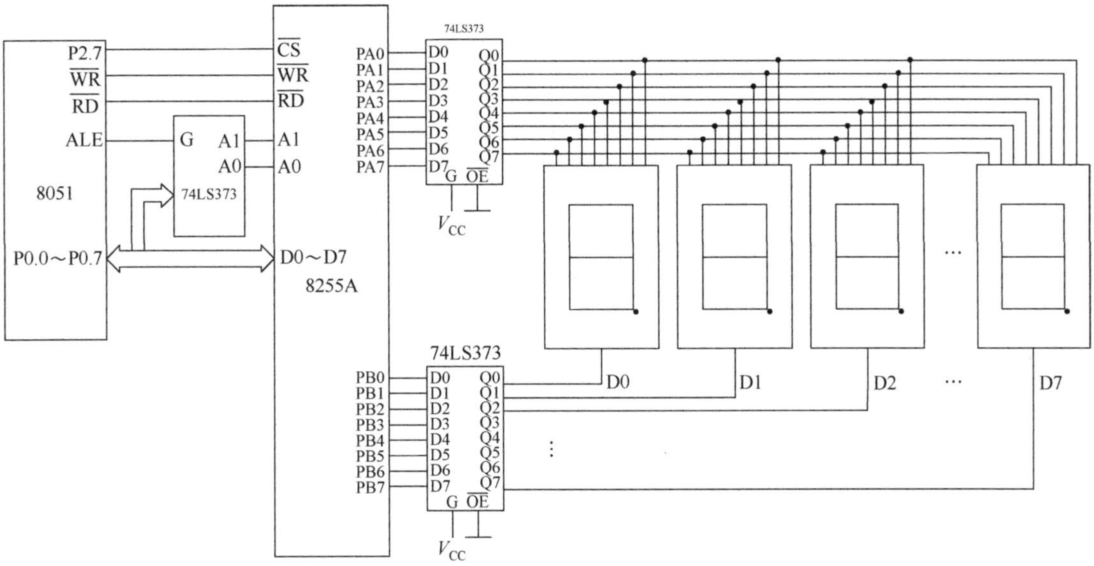

图 6.13　8 位数码管软件译码动态显示的接口电路图

软件译码动态显示 C 语言程序如下。

```
#include <reg51.h>
#include <absacc.h>                  //定义绝对地址访问
#define uchar unsigned char
#define uint unsigned int
void delay (uint);                   //声明延时函数
```

```
    void display (void) ;                        //声明显示函数
    uchar disbuffer[8]={0, 1, 2, 3, 4, 5, 6, 7};  //定义显示缓冲区
    void main{void}
    {
        XBYTE [0x7f03]=0x80;             //8255A 初始化
        while(1)
        {display();                      //设显示函数
        }
    }
    //************延时函数*********
    void delay(uint i)                   //延时函数
    {uint j;
        for (j=0; j<i; j++){}
    }
    //*********显示函数***********
    void display (void)                  //定义显示函数
    {   uchar codevalue [16]={0x3f, 0x06, 0x5b, 0x4f, 0x66, 0x6d, 0x7d, 0x07,
0x7f, 0x6f, 0x77, 0x7c, 0x39, 0x5e, 0x79, 0x71};     //0～F 的字段码表
        uchar chocode [8]={0xfe, 0xfd, 0xfb, 0xf7, 0xef, 0xdf, 0xbf, 0x7f};
//位选码表
        uchar i,p, temp;
        for (i=0; i<8; i++)
        {
            p=disbuffer[i];             //取当前显示的字符
            temp=codevalue [p];         //查得显示字符的字段码
            XBYTE [0x7f00]=temp;        //送出字段码
            temp=chocode[i];            //取当前的位选码
            XBYTE [0x7f01]=temp;        //送出位选码
            delay (20);                 //延时 1ms
        }
    }
```

6.3 A/D 转换器接口

6.3.1 A/D 转换器概述

1. A/D 转换器的类型及原理

A/D 转换器（ADC）的作用是把模拟量转换成数字量，以便计算机进行处理。

随着超大规模集成电路技术的飞速发展，现在有很多类型的 A/D 转换器芯片，不同芯片的内部结构不一样，转换原理也不同。各种 A/D 转换芯片根据转换原理，可分为计数型 A/D 转换器、逐次逼近型 A/D 转换器、双重积分型 A/D 转换器等；按转换方法，可分为直接 A/D 转换器和间接 A/D 转换器；按其分解率，可分为 4～16 位的 A/D 转换器。

1）计数型 A/D 转换器

计数型 A/D 转换器由 D/A 转换器、计数器和比较器组成。工作时，计数器由零开始计数，每计一次数后，计数值送往 D/A 转换器进行转换，并将生成的模拟信号与输入的模拟信号在比较器内进行比较，若前者小于后者，则计数值加 1，重复 D/A 转换及比较过程。以此类推，直到当 D/A 转换后的模拟信号与输入的模拟信号相同时，停止计数，这时，计数器中的当前值就为输入模拟量对应的数字量。这种 A/D 转换器结构简单、原理清楚，但它的转换速度与精度之间存在矛盾，当提高精度时，转换的速度就减慢；当提高速度时，转换的精度就降低，所以在实际中很少使用。

2）逐次逼近型 A/D 转换器

逐次逼近型 A/D 转换器是由一个比较器、D/A 转换器、寄存器及控制电路组成的。与计数型 A/D 转换器相同，逐次逼近型 A/D 转换器也要进行比较以得到转换的数字量，但是是用一个寄存器从高位到低位依次开始逐位试探比较的。转换过程如下：开始时寄存器的各位清 0，转换时，先将最高位置 1，送 D/A 转换器转换，转换结果与输入的模拟量比较，如果转换的模拟量比输入的模拟量小，则 1 保留；如果转换的模拟量比输入的模拟量大，则 1 不保留。然后从第二位依次重复上述过程直至最低位，最后寄存器中的内容就是输入模拟量对应的数字量。一个 n 位的逐次逼近型 A/D 转换器的转换只需要比较 n 次，转换时间只取决于位数和时钟周期。逐次逼近型 A/D 转换器的转换速度快，在实际中广泛使用。

3）双重积分型 A/D 转换器

双重积分型 A/D 转换器将输入电压先转换成与其平均值成正比的时间间隔，然后把此时间间隔转换成数字量，它属于间接型转换器，它的转换过程分为采样和比较两个过程。采样即用积分器对输入模拟电压进行固定时间的积分，输入模拟电压值越大，采样值越大；比较就是用基准电压对积分器进行反向积分，直至积分器的值为 0。由于基准电压值固定，因此采样值越大，反向积分时的积分时间就越长。积分时间与输入电压值成正比，最后把积分时间转换成数字量，则该数字量就为输入模拟量对应的数字量。由于在转换过程中进行了两次积分，因此称为双重积分型。双重积分型 A/D 转换器的转换精度高，稳定性好。由于测量的是输入电压在一段时间内的平均值，而不是输入电压的瞬间值，因此它的抗干扰能力强，但是转换速度慢，双重积分型 A/D 转换器在工业上应用得也比较广泛。

2. A/D 转换器的主要性能指标

1）分辨率

分辨率是指 A/D 转换器能分辨的最小输入模拟量，通常用转换的数字量的位数来表示，如 8 位、10 位、12 位、16 位等。位数越高，分辨率越高。

2）转换时间

转换时间是指完成一次 A/D 转换所需要的时间，指从启动 A/D 转换器开始到转换结束并得到稳定的数字输出量为止的时间。一般来说，转换时间越短，转换速度越快。

3）量程

量程是指所能转换的输入电压的范畴。

4）转换精度

转换精度分为绝对精度和相对精度。绝对精度是指实际需要的模拟量与理论上要求的模拟量之差。相对精度是指当满刻度值校准时，任意数字量对应的实际模拟量（中间值）与理论值（中间值）之差。

6.3.2 ADC0809 与 MCS-51 单片机的接口

1. ADC0809 芯片

ADC0809 是 CMOS 单片型逐次逼近型 A/D 特换器，具有 8 路模拟量输入通道，有转换启停控制，模拟输入电压的范畴为 0～+5V，转换时间为 100μs，它的内部结构如图 6.14 所示。

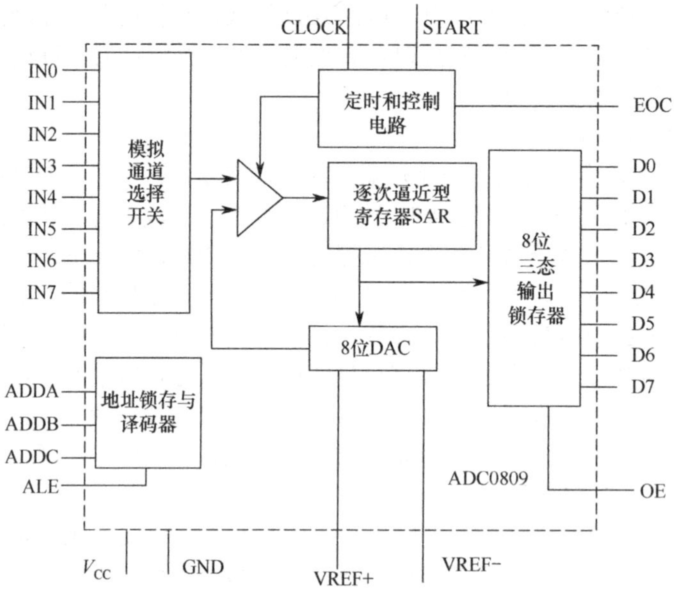

图 6.14 ADC0809 的内部结构

ADC0809 由 8 路模拟通道选择开关、地址锁存与译码器、比较器、8 位开关树形 D/A 转换器、逐次逼近型寄存器、定时和控制电路、三态输出锁存器等组成。其中，8 路模拟通道选择开关实现从 8 路输入模拟量中选择一路并送给后面的比较器进行比较。地址锁存与译码器用于当 ALE 信号有效时锁存从 ADDA、ADDB、ADDC 这 3 根地址线上送来的 3 位地址，译码后产生通道选择信号，从 8 路模拟通道中选择当前模拟通道。比较器、8 位开关树形 D/A 转换器、逐次逼近型寄存器、定时和控制电路组成 8 位 A/D 转换器，当 START 信号有效时，就开始对输入的当前通道的模拟量进行转换，转换完毕后，把转换得到的数字量送到 8 位三态输出锁存器，同时通过 EOC 引脚送出转换结束信号。三态输出锁存器保存当前模拟通道转换得到的数字量，当 OE 信号有效时，把转换的结果通过 D0～D7 送出。

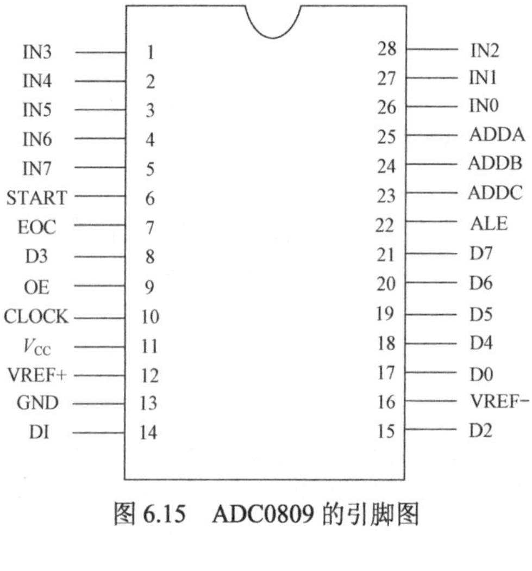

图 6.15 ADC0809 的引脚图

2. ADC0809 的引脚

ADC0809 芯片有 28 个引脚，采用双列直插式封装，如图 6.15 所示。

IN0～IN7：8 路模拟量输入端。

D0～D7：8 位数字量输出端。

ADDA、ADDB、ADDC：3 位地址输入线，用于选择 8 路模拟通道中的一路，如表 6.2 所示。

表 6.2　ADC0809 通道地址选择表

ADDC	ADDB	ADDA	选择通道
0	0	0	IN0
0	0	1	IN1
0	1	0	IN2
0	1	1	IN3
1	0	0	IN4
1	0	1	IN5
1	1	0	IN6
1	1	1	IN7

ALE：地址锁存允许信号，输入，高电平有效。

START：A/D 转换启动信号，输入，上升沿锁存地址。

EOC：A/D 转换结束信号，输出。当启动转换时，该引脚为低电平，当 A/D 转换结束时，该引脚输出高电平。

OE：数据输出允许信号，输入，高电平有效。当转换结束时，如果从该引脚输入高电平，则打开输出三态门，输出锁存器的数据从 D0～D7 送出。

CLK：时钟脉冲输入端，要求时钟频率不高于 640kHz。

VREF+、VREF−：基准电压输入端。

V_{CC}：电源，接+5V 电源。

GND：地。

3. ADC0809 的工作流程

ADC0809 的工作流程如图 6.16 所示。

（1）输入 3 位地址，当 ALE 上升沿到来时，将地址存入地址锁存器中，经地址译码器译码从 8 路模拟通道中选通一路模拟量并送到比较器。

（2）送 START 一高脉冲，START 的上升沿使逐次逼近型寄存器复位，下降沿启动 A/D 转换，并使 EOC 信号为低电平。

（3）当转换结束时，将转换的结果送入三态输出锁存器中，并使 EOC 信号回到高电平，通知 CPU 已转换结束。

（4）当 CPU 执行一读数据指令时，使 OE 为高电平，从输出端 D0～D7 读出数据。

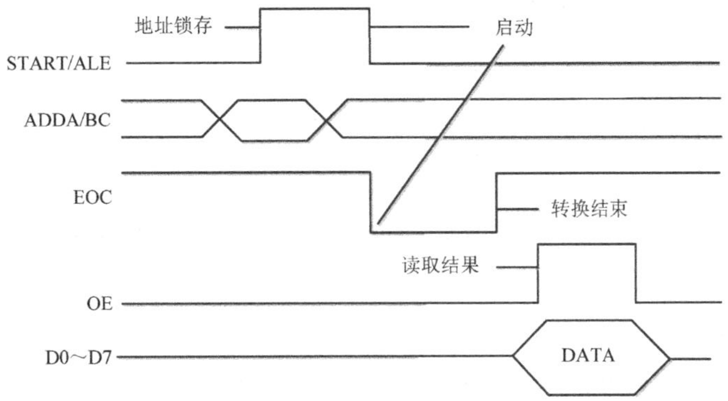

图 6.16　ADC0809 的工作流程

4. ADC0809 与 MCS-51 单片机的接口

1）硬件连接

图 6.17 所示为 ADC0809 与 8051 单片机的一个接口电路图。

图中，ADC0809 的转换时钟由 8051 单片机的 ALE 信号提供。因为 ADC0809 的最高时钟频率为 640kHz，ALE 信号的频率是晶振频率的 1/6，如果晶振频率为 12MHz，则 ALE 的频率为 2MHz，所以 ALE 信号要分频后再送给 ADC0809。8051 单片机通过地址线 P2.7 和读、写信号线来控制 ADC0809 的锁存信号 ALE、启动信号 START、输出允许信号 OE，锁存信号 ALE 和启动信号 START 连接在一起，在锁存的同时启动。当 P2.7 和写信号同为低电平时，锁存信号 ALE 和启动信号 START 有效，通道地址送地址锁存器锁存，同时启动 ADC0809 开始转换。通道地址由 P0.0、P0.1 和 P0.2 提供，由于 ADC0809 的地址锁存器具有锁存功能，因此 P0.0、P0.1 和 P0.2 可以不需要锁存器直接连接 ADDA、ADDB、ADDC。根据图中的连接方法，8 个模拟输入通道的地址分别为 0000H～0007H；当要读取转换结果时，只要 P2.7 和读信号同为低电平，输出允许信号 OE 就有效，转换的数字量通过 D0～D7 输出。转换结束信号 EOC 与 8051 单片机的外中断 INT0 相连，由于逻辑关系相反，因此通过反相器连接，那么转换结束则向 8051 单片机送中断请求，CPU 响应中断后，在中断服务程序中通过读操作来取得转换的结果。

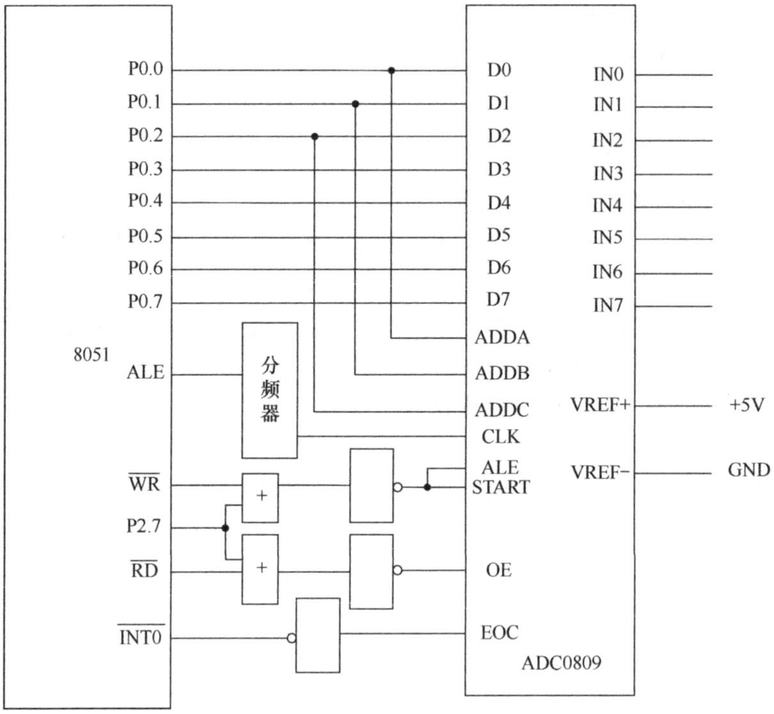

图 6.17 ADC0809 与 8051 单片机的一个接口电路图

2）软件编程

【例 6.3】设图 6.17 所示的接口电路用于一个 8 路模拟量输入的巡回检测系统，使用中断方式采样数据，把采样转换所得的数字量按序存放于片内 RAM 中。采样完一遍后停止采集。

C 语言编程如下。

```
#include <reg51.h>
#include <absacc.h>                    //定义绝对地址访问
#define uchar unsigned char
#define IN0 XBYTE [0x0000]             //定义 IN0 为通道 0 的地址
static uchar data x[8];                //定义 8 个单元的数组，存放结果
```

```
uchar xdata *ad_ adr;                         //定义指向通道的指针
uchar i=0;
void main (void)
{
   IT0=1;                                     //初始化
   EX0=1;
   EA=1;
   i=0;
   ad_ adr=& IN0;                             //指针指向通道 0
   *ad_ adr=i;                                //启动通道 0 转换
   for (; ;) {;}                              //等待中断
}
void int_ adc(void) interrupt 0               //中断函数
{
   x[i]=*ad_ adr;                             //接收当前通道转换结果
   i++;
   ad_ adr++;                                 //指向下一个通道
   if (i<8)
   {
   *ad_ adr=i;                                //8 个通道未转换完，启动下一个通道返回
   }
   else
   {
      EA=0; EX0=0;                            //8 个通道转换完，关中断返回
   }
}
```

6.4　D/A 转换器接口

6.4.1　D/A 转换器概述

D/A 转换器可以把数字量转换成模拟量，在单片机应用系统设计中经常用到它。单片机处理的是数字量，而单片机应用系统中的很多控制对象都是通过模拟量控制的，单片机输出的数字信号必须经 D/A 转换器转换成模拟信号后，才能送给控制对象进行控制。本节将介绍 D/A 转换器与单片机的接口问题。

1. D/A 转换器的主要性能指标

在设计 D/A 转换器与单片机接口之前，一般要根据 D/A 转换器的技术指标选择 D/A 转换器芯片，因此，这里先介绍 D/A 转换器的主要性能指标。

1）分辨率

分辨率是指 D/A 转换器所能产生的最小模拟量的增量，是数字量最低有效位（LSB，Least Significant Bit）所对应的模拟值，这个参数反映 D/A 转换器对模拟量的分辨能力。分辨率的表

示方法有多种，一般用最小模拟值变化量与满量程信号值之比来表示。例如，8 位 D/A 转换器的分辨率为满量程信号值的 1/256，12 位 D/A 转换器的分辨率为满量程信号值的 1/4096。

2）精度

精度用于衡量 D/A 转换器在将数字量转换成模拟量时，所得模拟量的精确程度，它表明了模拟输出实际值与理论值之间的偏差。精度可分为绝对精度和相对精度。绝对精度指在输入端加入给定数字量时，在输出端实测的模拟量与理论值之间的偏差。相对精度指在满量程信号值校准后，任何输入数字量的模拟输出值与理论值的误差，实际上是 D/A 转换器的线性度。

3）线性度

线性度指 D/A 转换器的实际的转换特性与理想的转换特性之间的误差。一般来说，D/A 转换器的线性度应小于±1/2LSB。

4）温度灵敏度

这个参数表明 D/A 转换器具有受温度变化影响的特性。

5）建立时间

建立时间指从数字量输入端发生变化开始，到模拟输出稳定在额定值的$\pm\frac{1}{2}$LSB 时所需要的时间，它是描述 D/A 转换器的转换速率的一个参数。

2. D/A 转换器的分类

D/A 转换器品种繁多、性能各异。按输入数字量的位数，可以分为 8 位、10 位、12 位和 16 位等；按输入的数码，可以分为二进制方式和 BCD 码方式；按传送数字量的方式，可以分为并行方式和串行方式；按输出形式，可以分为电流输出型和电压输出型，电压输出型又有单极性和双极性之分；按与单片机的接口，可以分为带输入锁存的和不带输入锁存的。下面介绍几种常用的 D/A 转换芯片。

1）DAC0830 系列

DAC0830 系列是美国 National Semiconductor 公司生产的具有两个数据寄存器的 8 位 D/A 转换芯片。该系列产品包括 DAC0830、DAC0831、DAC0832，引脚完全兼容，均为 20 脚，采用双列直插式封装。

2）DAC82 系列

DAC82 系列是 B-B 公司生产的 8 位能完全与微处理器兼容的 D/A 转换器芯片，片内带有基准电压和调节电阻，无须外接器件及微调即可与单片机 8 位数据线相连。芯片的工作电压为±15V，可以直接输出单极性或双极性的电压（0～+10V，±10V）和电流（0～1.6mA，±0.8mA）。

3）DAC1020/AD7520 系列

DAC1020/AD7520 为 10 位分辨率的 D/A 转换集成系列芯片。DAC1020 系列是美国 National Semiconductor 公司的产品，包括 DAC1020、DAC1021、DAC1022 产品，与美国 Analog Devices 公司的 AD7520 及其后继产品 AD7530、AD7533 完全兼容。单电源工作，电源电压为+5～+15V，电流建立时间为 500ms，采用 16 线双列直插式封装。

4）DAC1220/AD7521 系列

DAC1220/AD7521 系列为 12 位分辨率的 D/A 转换集成芯片。该系列包括 DAC1220、DAC1221、DAC1222 产品，与 AD7521 及其后继产品 AD7531 的引脚完全兼容，采用 18 线双列直插式封装。

5）DAC1208 和 DAC1230 系列

DAC1208 和 DAC1230 系列均为美国 National Semiconductor 公司的 12 位分辨率产品。两者的不同之处是 DAC1230 的数据输入引脚线只有 8 根，而 DAC1208 有 12 根。DAC1208 系列采用 24 线双列直插式封装，而 DAC1230 系列采用 20 线双列直插式封装。DAC1208 系列包括 DAC1208、DAC1209、DAC1210 等产品，DAC1230 系列包括 DAC1230、DAC1231、DAC1232 等产品。

6）DAC708/709 系列

DAC708/709 是 B-B 公司生产的 16 位微机完全兼容的 D/A 转换器芯片，具有双缓冲输入寄存器，片内具有基准电源及电压输出放大器。数字量可以并行或串行输入，模拟量可以以电压或电流的形式输出。

3. D/A 转换器与单片机的连接

对于不同的 D/A 转换器，与单片机的连接具有一定的差异，但它们的基本连接方法都主要涉及数据线、地址线和控制线的连接。

1）数据线的连接

D/A 转换器与单片机的数据线的连接主要考虑两个问题：一是位数，当高于 8 位的 D/A 转换器与 8 位数据总线的 MCS-51 单片机连接时，MCS-51 单片机的数据必须分时输出，这时必须考虑数据分时传送的格式和输出电压的“毛刺”问题：二是 D/A 转换器有无输入锁存器的问题，当 D/A 转换器内部没有输入锁存器时，必须在单片机与 D/A 转换器之间增设锁存器或 I/O 接口。最常用也是最简单的连接是 8 位带锁存器的 D/A 转换器和 8 位单片机的接口，这时只要将单片机的数据总线直接和 D/A 转换器的 8 位数据输入端一一对应连接即可。

2）地址线的连接

一般的 D/A 转换器只有片选信号，而没有地址线。这时单片机的地址线采用全译码或部分译码，经译码器输出来控制 D/A 转换器的片选信号，也可以由某一位 I/O 接口线来控制 D/A 转换器的片选信号。也有少数 D/A 转换器有少量的地址线，用于选中片内独立的寄存器或选择输出通道（对于多通道 D/A 转换器），这时单片机的地址线与 D/A 转换器的地址线对应连接。

3）控制线的连接

D/A 转换器主要有片选信号、写信号及启动转换信号等，一般由单片机的有关引脚或译码器提供。一般来说，写信号多由单片机的 $\overline{\text{WR}}$ 信号控制，启动信号常为片选信号和写信号的合成。

6.4.2　DAC0832 与 MCS-51 单片机的接口

1. DAC0832 芯片

DAC0832 是一个 8 位的数模转换芯片，是 DAC0830 系列中的一种。DAC0832 与单片机连接方便，容易控制转换，价格便宜，在实际工作中使用广泛。DAC0832 是一种电流型 D/A 转换器，数字输入端具有双重缓冲功能，可以双缓冲、单缓冲或以直通方式输入，它的内部结构如图 6.18 所示。

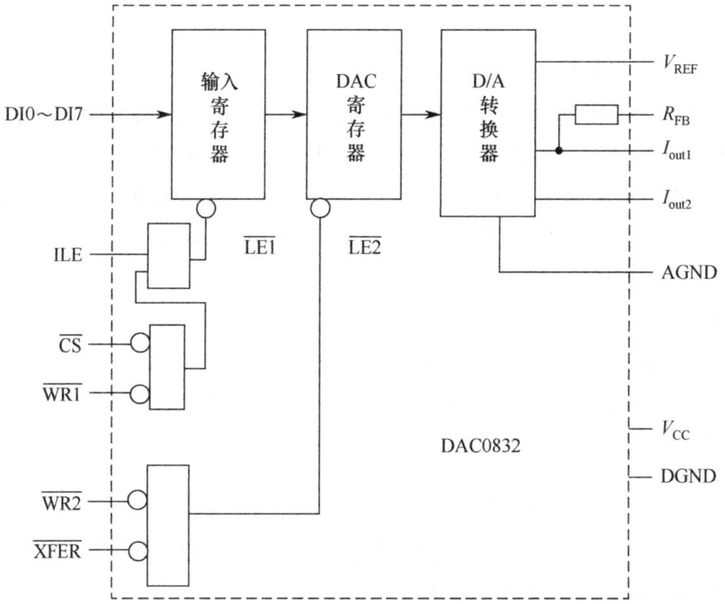

图 6.18 DAC0832 的内部结构

DAC0832 主要由 8 位输入寄存器、8 位 DAC 寄存器、8 位 D/A 转换器和控制逻辑电路组成。8 位输入寄存器接收从外部发送来的 8 位数字量，锁存于输入寄存器中；8 位 DAC 寄存器从 8 位输入寄存器中接收数据，并能把接收的数据锁存于内部的锁存器；8 位 D/A 转换器对 8 位 DAC 寄存器发送来的数据进行转换，转换的结果通过 I_{out1} 和 I_{out2} 输出。8 位输入寄存器和 8 位 DAC 寄存器分别有自己的控制端 $\overline{LE1}$ 和 $\overline{LE2}$，$\overline{LE1}$ 和 $\overline{LE2}$ 通过相应的控制逻辑电路控制，通过它们 DAC0832 可以很方便地实现双缓冲、单缓冲或以直通方式处理。

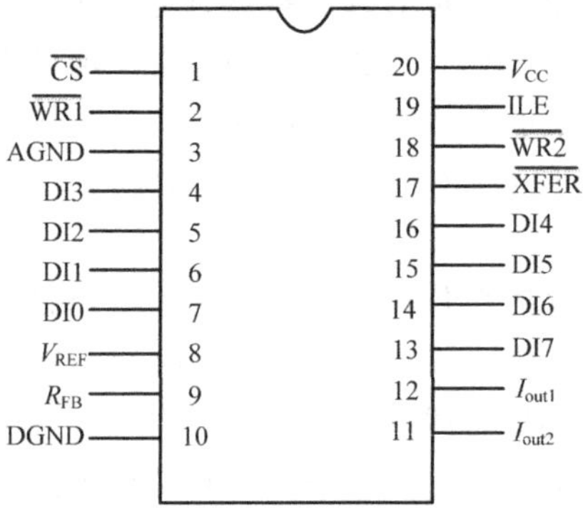

图 6.19 DAC0832 引脚图

2. DAC0832 的引脚

DAC0832 有 20 只引脚，采用双列直插式封装，如图 6.19 所示。

DI0～DI7（DI0 为最低位）：8 位数字量输入端。

ILE：数据允许控制输入线，高电平有效。

$\overline{CS}$：片选信号。

$\overline{WR1}$：写信号线 1。

$\overline{WR2}$：写信号线 2。

$\overline{XFER}$：数据传送控制信号输入线，低电平有效。

I_{out1}：模拟电流输出线 1，它是数字量输入为“1”的模拟电流输出端。

I_{out2}：模拟电流输出线 2，它是数字量输入为“0”的模拟电流输出端，采用单极性输出时，I_{out2} 常常接地。

R_{FB}：片内反馈电阻引出线，反馈电阻制作在芯片内部，用作外接的运算放大器的反馈电阻。

V_{REF}：基准电压输入线。电压范围为−10～+10V。

V_{CC}：工作电源输入端，可接+5～+15V 电源。

AGND：模拟地。

DGND：数字地。

3. DAC0832 的工作方式

通过改变控制引脚 ILE、$\overline{WR1}$、$\overline{WR2}$、$\overline{CS}$和$\overline{XFER}$的连接方法，DAC0832 可具有单缓冲方式、双缓冲方式和直通方式这 3 种工作方式。

1）直通方式

当引脚$\overline{WR1}$、$\overline{WR2}$、$\overline{CS}$和$\overline{XFER}$直接接地，ILE 接电源时，DAC0832 工作于直通方式，此时，8 位输入寄存器和 8 位 DAC 寄存器都处于导通状态，8 位数字量一到达 DI0～DI7，就立即进行 D/A 转换，从输出端得到转换的模拟量。这种方式处理简单，但 DI0～DI7 不能直接和 MCS-51 单片机的数据线相连，只能通过独立的 I/O 接口来连接。

2）单缓冲方式

通过连接 ILE、$\overline{WR1}$、$\overline{WR2}$、$\overline{CS}$和$\overline{XFER}$引脚，可使得两个锁存器中的一个处于直通状态，另一个处于受控制状态，或者两个同时被控制，DAC0832 就工作于单缓冲方式，例如图 6.20 就是一种单缓冲方式的连接，$\overline{WR2}$和$\overline{XFER}$直接接地。ILE 接电源，$\overline{WR1}$接 8051 的$\overline{WR}$，$\overline{CS}$接 8051 单片机的 P2.7。

对于图 6.20 的单缓冲连接，只要数据写入 8 位输入锁存器，就立即开始转换，转换结果通过输出端输出。

3）双缓冲方式

当 8 位输入锁存器和 8 位 DAC 寄存器分开控制导通时，DAC0832 工作于双缓冲方式，此时单片机对 DAC8832 的操作分为两步：第一步，使 8 位输入锁存器导通，将 8 位数字量写入 8 位输入锁存器中；第二步，使 8 位 DAC 寄存器导通，8 位数字量从 8 位输入锁存器送入 8 位 DAC 寄存器。第二步只使 DAC 寄存器导通，在数据输入端写入数据无意义。图 6.21 就是一种双缓冲方式的连接。

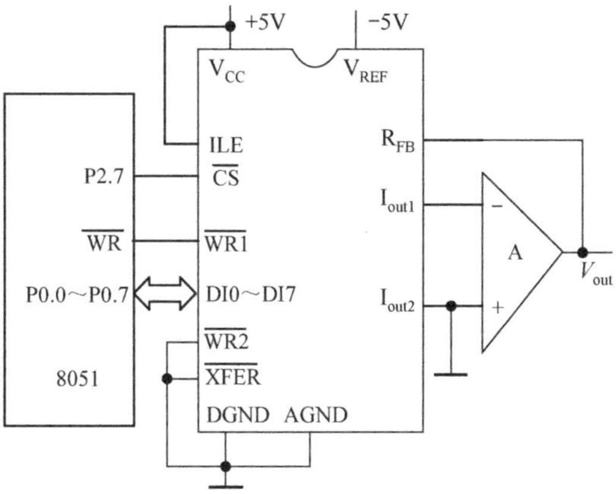

图 6.20　单缓冲方式的接线图

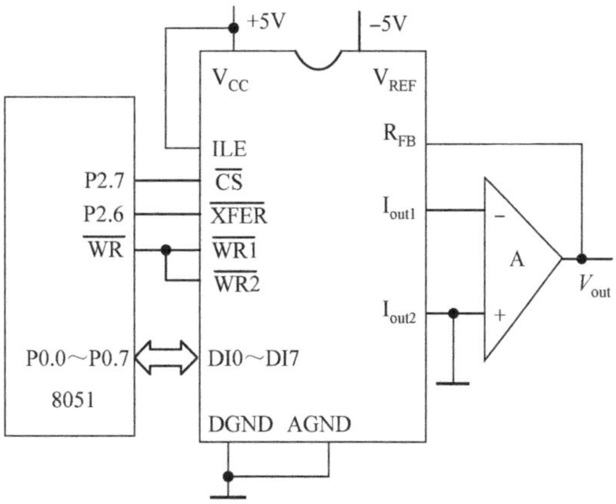

图 6.21　双缓冲方式的接线图

4. DAC0832 的应用

D/A 转换器在实际中经常被作为波形发生器使用，通过它可以产生各种各样的波形。它的基本原理如下：利用 D/A 转换器输出模拟量与输入数字量成正比这一特点，通过程序控制 CPU 向 D/A 转换器送出随时间按一定规律变化的数字，则 D/A 转换器的输出端就可以输出随时间按一定规律变化的波形。

【例 6.4】 根据图 6.20 编程，在 DAC0832 的输出端分别产生锯齿波、三角波和方波。根据图 6.20 所示的连接，DAC0832 的端口地址为 7FFFH（未用的地址线设为 1）。

C 语言编程如下。

锯齿波：

```
#include <absacc.h>                    //定义绝对地址访问
#define  uchar  unsigned  char
#define   DAC0832  XBYTE [0x7fff]
void   main()
{
   uchar i;
   while(1)
   {
   for(i=0;i<0xff;i++)
   {DAC0832=i;}
   }
}
```

三角波：

```
#include <absacc.h>                   //定义绝对地址访问
#define  uchar  unsigned  char
#define  DAC0832  XBYTE [0x7fff]
void  main()
{
   uchar  i;
   while(1)
   {
   for(i=0;i<0xff;i++)
   {DAC0832=i;}
   for(i=0xff;i>0;i--)
   {DAC0832=i;}
   }
}
```

方波：

```
#include <absacc.h>                   //定义绝对地址访问
#define  uchar  unsigned  char
#define  DAC0832  XBYTE [0x7fff]
void   delay(void);
void   main()
{
   uchar  i;
```

```
    while(1)
    {
    DAC0832=0;
    delay( );
    DAC0832=0xff;
    delay();
    }
}
void delay( )
{
    uchar  i;
    for(i=0;i<0xff;i++) {;}
}
```

6.5　行程开关、晶闸管、继电器和蜂鸣器接口

行程开关、晶闸管、继电器是单片机工控系统中使用较多的器件。行程开关和继电器的触点常用于单片机的输入端，继电器线圈和晶闸管常用于单片机的输出端。这些器件一般都连接在高电压、大电流的大功率的工控系统中。为了屏蔽干扰，它们常通过光电耦合器件与单片机相连。采用光电耦合器件后，单片机用的是一组电源，外围器件用的是另一组电源，两者之间完全隔断了电气联系，而通过光的联系来传递信息。

6.5.1　行程开关、继电器常开触点与 MCS-51 单片机的接口

行程开关、继电器常开触点与单片机的接口如图 6.22 所示。当触点闭合时，光电耦合器件的发光二极管因有电流而发光，使右端的光敏三极管导通，向单片机 I/O 的引脚发送高电平（即数字“1”）。而当触点未闭合时，光电耦合器件不导通，发送到单片机 I/O 引脚的是低电平。图中用按钮开关代替行程开关或继电器常开触点，其原理是相同的。

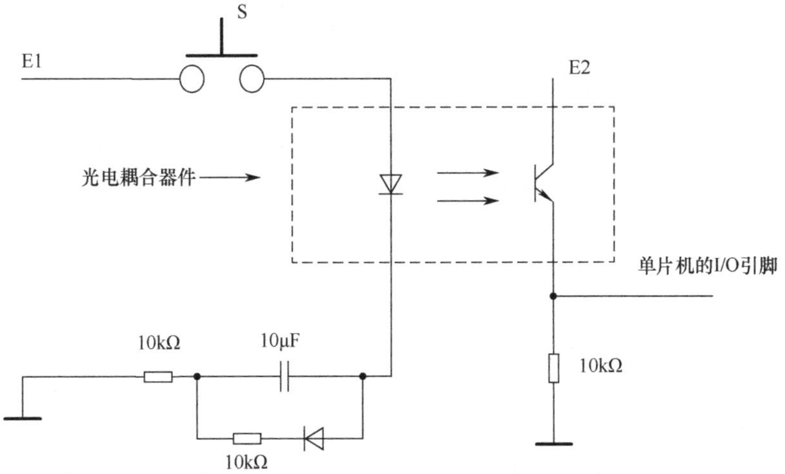

图 6.22　行程开关、继电器常开触点与单片机的接口

6.5.2 晶闸管与 MCS-51 单片机的接口

光电耦合晶闸管的输出端是光敏晶闸管或光敏双向晶闸管。当光电耦合晶闸管的输入端有一定的电流流入时，光敏晶闸管或光敏双向晶闸管导通。有的光电耦合晶闸管的输出端还带有过零检测电路，用于控制晶闸管的过零触发，以减少电器在接通电源时对电网的影响。

光电耦合晶闸管与单片机的接口如图 6.23 所示。其中 4N40 是常用的单向型光电耦合晶闸管。当输入端电流为 15～30mA 时，输出端的光敏晶闸管导通。输出端的额定电压为 400V，额定电流的有效值为 300mA，输入/输出端隔离电压为 1500～7500V。4N40 的 6 脚是输出晶闸管的控制端，不使用时可通过一个电阻接阴极。图中 R_s 和 C_s 组成无功负载补偿电路。

MOC3041 是常用的双向光电耦合晶闸管，带有过零检测电路，输入/输出端的控制电流为 15mA，输出端的额定电压为 400V，最大重复浪涌电流为 1A，输入/输出隔离电压为 7500V。MOC3041 的 5 脚是器件的衬底引出端，使用时不需要接线。

4N40 常用于小电流电器的接口，如指示灯等，也可以用于触发大功率的晶闸管。MOC3041 一般不直接用于控制负载，而用于中间控制电路或用于触发大功率的晶闸管。

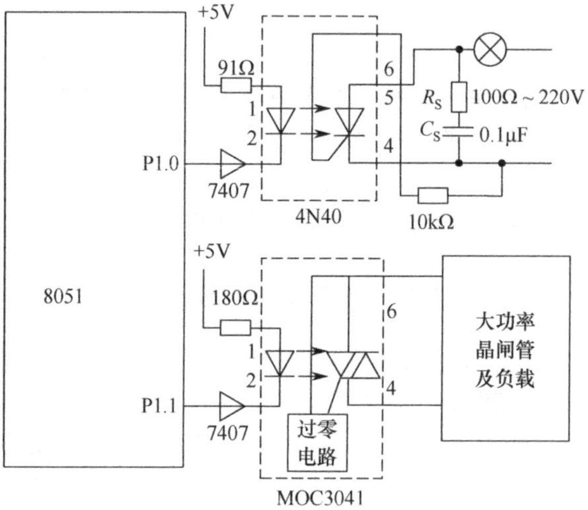

图 6.23 光电耦合晶闸管与单片机的接口

6.5.3 继电器与 MCS-51 单片机的接口

继电器与单片机的接口如图 6.24 所示，图 6.24（a）是驱动微型继电器的接口，当 P1.1 输出低电平时，VT1 导通，继电器吸合；当 P1.1 输出高电平时，VT1 截止，继电器断开。在继电器从吸合到断开的瞬间，线圈中的电流不能突变，将在线圈产生下正上负的感应电压，使晶体管的集电极承受很高的电压，有可能损坏驱动管 VT1，为此在继电器的线圈两端并接一个续流二极管 VD2，使线圈两端的感应电压被钳位在 0.7V 左右。正常工作时，线圈上的电压上正下负，二极管 VD2 截止，对电路没有影响。当继电器驱动电压 V_{CC} 大于 5V 时，V_{CC} 电压可能通过三极管 VT1 串入低压回路，为此在 7406 和 VT1 之间加二极管 VD1。图 6.24（b）为驱动较大功率继电器，当继电器吸合时电流比较大，所以在单片机与继电器之间增加了光电耦合器件作为隔离电路。图中 R_1 是光电耦合输出管限流电阻，R_2 是驱动管 VT1 基极泄放电阻。

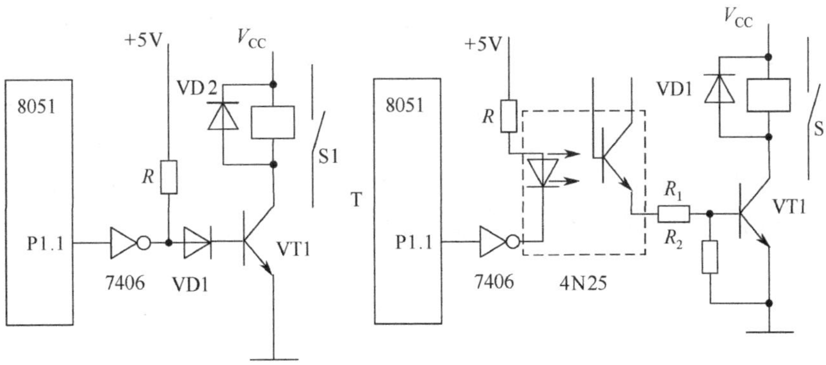

（a）驱动微型继电器　　（b）驱动较大功率继电器

图 6.24　继电器与单片机的接口

6.5.4　蜂鸣器与 MCS-51 单片机的接口

应用中通常使用压电式蜂鸣器，它与单片机的接口如图 6.25 所示。图 6.25（a）是使用 7406 驱动管的蜂鸣器接口，当 P1.0 输出高电平“1”时，7406 输出低电平，蜂鸣器鸣叫，当 P1.0 输出低电平“0”时，7406 输出为高电平，蜂鸣器停止。图 6.25（b）是使用三极管驱动的蜂鸣器接口，处理过程与图 6.25（a）相同。

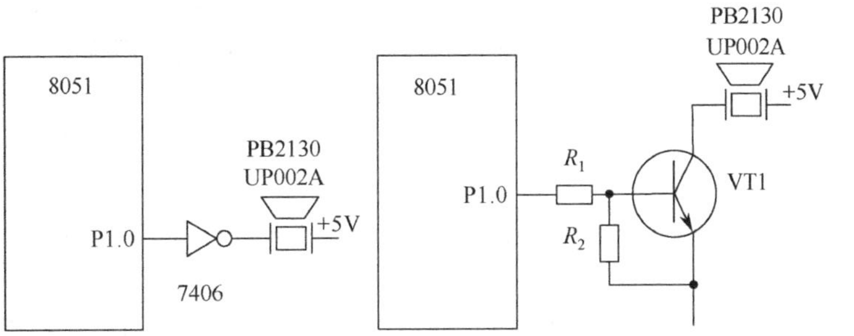

（a）使用 7406 驱动管的蜂鸣器接口　　（b）使用三极管驱动的蜂鸣器接口

图 6.25　蜂鸣器与单片机的接口

6.6　日历时钟芯片接口

6.6.1　并行日历时钟芯片 DS12887 与 MCS-51 单片机的接口

DS12887 是美国 Dallas 公司推出的并行接口实时时钟芯片，采用 CMOS 技术制成，具有内部晶振和时钟芯片备份锂电池，同时它与计算机常用的时钟芯片 MC146818B 和 DS1287 引脚兼容，可直接替换。采用 DS12887 芯片设计的时钟电路无须任何外围电路和器件，具有良好的微机接口。DS12887 芯片具有微功耗、外围接口简单、精度高、工作稳定可靠等优点，广泛用于各种需要较高精度的实时时钟系统中。

1. DS12887 主要功能

（1）内含一个锂电池，断电后可运行 10 年以上且不丢失数据。

（2）计秒、分、时、天、星期、日、月、年，并有闰年补偿功能。

（3）用二进制数或 BCD 码表示时间，日历和定闹（定时闹钟）。

（4）12 小时制或 24 小时制，12 小时时钟模式带有 PM 和 AM 指示，有夏令时功能。

（5）Motorola 和 Intel 总线时序选择。

（6）有 128 字节 RAM 单元与软件接口，其中，14 字节作为时钟寄存器和控制寄存器，114 字节作为通用 RAM，所有 RAM 单元数据都具有掉电保护功能。

（7）可编程方波信号输出。

（8）中断信号输出（IRQ）和总线兼容，定闹中断、周期中断、时钟更新周期结束中断可分别由软件屏蔽，也可分别进行测试。

2. DS12887 基本原理及引脚说明

DS12887 由振荡电路、分频电路、周期中断/方波选择电路、14 字节时钟寄存器和控制寄存器、114 字节用户非易失 RAM、十进制/二进制累加器、总线接口电路、电源开关写保护单元和内部锂电池等部分组成。DS12887 引脚图如图 6.26 所示。

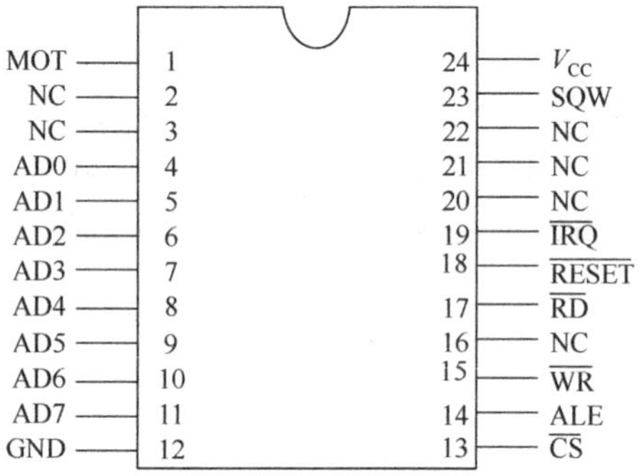

图 6.26 DS12887 引脚图

V_{CC}：直流电源+5V 电压。当 V_{CC} 电压在正常范围内时，数据可读/写；当 V_{CC} 低于 4.25V 时，读/写被禁止，计时功能仍继续；当 V_{CC} 下降到 3V 以下时，RAM 和计时器供电被切换到内部锂电池。

MOT（模式选择）：当 MOT 引脚接到 V_{CC} 时，选择 Motorola 时序；当接到 GND 时，选择 Intel 时序。

SQW（方波输出信号）：SQW 引脚能从实时时钟内部 15 级分频器的 13 个抽头中选择一个作为输出信号，其输出频率可通过对寄存器 A 编程来改变。

AD0～AD7（双向地址/数据复用线）：总线接口，可与 Motorola 微机系列和 Intel 微机系列连接。

ALE（地址锁存信号）：在 ALE 的下降沿，AD0～AD7 输入的地址锁存到 DS12887。

$\overline{RD}$（数据读信号）：低电平有效。

$\overline{WR}$（数据写信号）：低电平有效。

$\overline{CS}$（片选信号）：在访问 DS12887 的总线周期内，片选信号必须保持低电平。

$\overline{IRQ}$（中断请求信号）：低电平有效，可作为微处理的中断输入。没有中断的条件满足时，$\overline{IRQ}$ 处于高阻态。$\overline{IRQ}$ 是漏极开路输入，要求外接上拉电阻。

$\overline{RESET}$（复位信号）：该引脚保持低电平的时间应大于 200ms，保证 DS12887 有效复位。

3. 内部寄存器

DS12887 的内部有 128 个存储单元，包括 10 字节的存放实时时钟时间、日历和定闹的 RAM，4 字节的控制和状态特殊寄存器，114 字节的带掉电保护的用户 RAM。几乎所有的 128 字节都可直接读/写。

1）时间、日历和定闹单元

时间、日历和定闹通过写相应的存储单元字节来设置或初始化，当前时间和日历信息通过读相应的存储单元字节来获取，其字节内容可以是二进制数或 BCD 码格式。时间可选择 12 小时制或 24 小时制，当选择 12 小时制时，小时字节的高位逻辑“1”代表 PM，逻辑“0”代表 AM。时间、日历和定闹字节是双缓冲的，总是可访问的。每秒钟检查一次定时闹钟条件，在更新时，读时间和日历可能引起错误。

3 字节的定时闹钟字节有两种使用方法。第一种，当定时闹钟时间写入相应时、分、秒定闹单元后，在定时闹钟允许位置“1”的条件下，定时闹钟中断每天准时启动一次。第二种，在 3 个定时闹钟字节中填入特殊码。特殊码是从 C0 到 FF 的任意十六进制数。当小时闹钟字节填入特殊码时，定时闹钟为每小时中断一次；当小时和分钟闹钟字节填入特殊码时，定时闹钟为每分钟中断一次；当 3 个定时闹钟字节都填入特殊码时，每秒中断一次。时间、日历和定闹单元的数据格式如表 6.3 所示。

表 6.3 时间、日历和定闹单元的数据格式

地址	功能	数范围	二进制数格式	BCD 码格式
0	秒	0～59	00～3BH	00～59H
1	秒闹钟	0～59	00～3BH	00～59H
2	分	0～59	00～3BH	00～59H
3	分闹钟	0～59	00～3BH	00～59H
4	小时（12 小时制）	1～12	01～0CH AM 81～8CH PM	01～0CH AM 81～8CH PM
	小时（24 小时制）	0～23	00～17H	00～23H
5	时闹钟（12 小时制）	1～12	01～0CH AM 81～8CH PM	01～0CH AM 81～8CH PM
	时闹钟（24 小时制）	0～23	00～17H	00～23H
6	星期（星期日=1）	1～7	00～07H	00～07H
7	日	1～31	01～1FH	01～31H
8	月	1～12	01～0CH	01～12H
9	年	0～99	00～63H	00～99H

注：定时闹钟字节还可填入特殊码 C0～FF。

2）寄存器 A

寄存器 A 的存储单元地址是 0AH，格式如图 6.27 所示。

D7	D6	D5	D4	D3	D2	D1	D0
UIP	DV2	DV1	DV0	RS3	RS2	RS1	RS0

图 6.27 寄存器 A 的格式

UIP：更新（UIP）位用来标志芯片是否即将进行更新。当 UIP 位为 1 时，更新即将开始，这时不能对时钟、日历和闹钟信息寄存器进行读/写操作；当它为 0 时，表示在至少 44μs 内芯片不会更新，此时，时钟、日历和闹钟信息可以通过读/写相应的字节来获得和设置。UIP 位为只读位，并且不受复位信号（RESET）的影响。通过把寄存器 B 中的 SET 位设置为 1，可以禁止更新并将 UIP 位清 0。

DV0、DV1、DV2：这 3 位是用来开关晶体振荡器和复位分频器的。

当[DV0 DV1 DV2] = [010]时，晶体振荡器开启并且保持时钟运行；

当[DV0 DV1 DV2] = [11X]时，晶体振荡器开启，但分频器保持复位状态。

RS3、RS2、RS1、RS0：中断周期和 SQW 输出频率选择位。4 位编码与中断周期和 SQW 输出频率的对应关系如表 6.4 所示。

表 6.4 4 位编码与中断周期和 SQW 输出频率的对应关系

RS3	RS2	RS1	RS0	中 断 周 期	SQW 输出频率/Hz
0	0	0	0		
0	0	0	1	3.90625ms	256
0	0	1	0	6.8125ms	128
0	0	1	1	122.070μs	8192
0	1	0	0	244.141μs	4069
0	1	0	1	488.28μs	2048
0	1	1	0	976.562μs	1024
0	1	1	1	1.953125ms	512
1	0	0	0	3.90625ms	256
1	0	0	1	6.8125ms	128
1	0	1	0	15.625ms	64
1	0	1	1	31.25ms	32
1	1	0	0	62.5ms	16
1	1	0	1	125ms	8
1	1	1	0	250ms	4
1	1	1	1	500ms	2

3）寄存器 B

寄存器 B 的存储单元地址是 0BH，格式如图 6.28 所示。

D7	D6	D5	D4	D3	D2	D1	D0
SET	PIE	AIE	UIE	SQWE	DM	24/12	DSE

图 6.28 寄存器 B 的格式

SET：当 SET=0 时，芯片更新正常进行；当 SET=1 时，芯片更新被禁止。SET 位可读/写，并不会受复位信号的影响。

PIE：当 PIE=0 时，禁止周期中断输出到$\overline{IRQ}$；当 PIE=1 时，允许周期中断输出到$\overline{IRQ}$。

AIE：当 AIE=0 时，禁止闹钟中断输出到$\overline{IRQ}$；当 AIE=1 时，允许闹钟中断输出到$\overline{IRQ}$。

UIE：当 UIE=0 时，禁止更新结束中断输出到$\overline{IRQ}$；当 UIE=1 时，允许更新结束中断输出到$\overline{IRQ}$。此位在复位或设置 SET 为高时清 0。

SQWE：当 SQWE=0 时，SQW 为低；当 SQWE= 1 时，SQW 输出设定频率的方波。

DM：DM=0，BCD 码格式；DM=1，二进制格式，此位不受复位信号的影响。

24/12：此位为 1，24 小时制；此位为 0，12 小时制。

DSE：夏令时允许标志。在四月的第一个星期日的 1:59:59AM，时钟调到 3:00:00AM；在十月的最后一个星期日的 1:59:59AM，时钟调到 1:00:00AM。

4）寄存器 C

寄存器 C 的存储单元地址是 0CH，格式如图 6.29 所示。

D7	D6	D5	D4	D3	D2	D1	D0
IRQF	PF	AF	UF	0	0	0	0

图 6.29 寄存器 C 的格式

IRQF：当有以下情况中的一种或几种时，中断请求标志位（IRQF）置 1；PF=PIE=1 或 AF=AIE=1 或 UF=UIE=1，即 IRQF=PF·IE+AF·AIE+UF·UIE，IRQF 一旦置 1，$\overline{\text{IRQ}}$ 引脚就输出低电平，送出中断请求。所有标志位在读寄存器 C 或复位后清 0。

PF：周期中断标志。

AF：闹钟中断标志。

UF：更新结束中断标志。

第 0～3 位无用，不能写入，只能读出，且读出的值恒为 0。

5）寄存器 D

寄存器 D 的存储单元地址是 0DH，格式如图 6.30 所示。

D7	D6	D5	D4	D3	D2	D1	D0
VRT	0	0	0	0	0	0	0

图 6.30　寄存器 D 的格式

VRT：当 VRT=0 时，表示内置电池能量耗尽，此时 RAM 中数据的正确性就不能保证了。

第 0～6 位无用，只能读出，且读出的值恒为 0。

6）用户 RAM

在 DS12887 中有 114 字节的带掉电保护的 RAM，它们没有特殊功能，可以在任何时候读/写，可被处理器程序用作非易失内存，在更新周期内也可访问，它的地址范围为 0DH～7FH。如果片选地址 $\overline{\text{CS}}$=0F000H，则 DS12887 内部 128 个存储单元的地址为 0F000H～0F07FH。

4．DS12887 与单片机的接口

【例 6.5】 图 6.31 所示为 DS12887 与 8051 单片机的接口电路，DS12887 的片选信号接 P2.7，DS12887 的片内 128 个存储单元的地址为 7F00H～7F7FH。下面只给出 DS12887 的驱动程序。

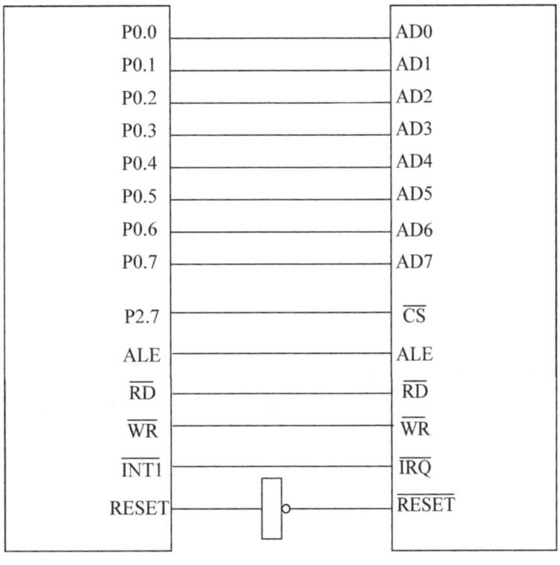

图 6.31　DS12887 与 8051 单片机的接口电路

DS12887 的处理过程如下。

（1）寄存器 B 的 SET 位置 1，芯片停止工作。

（2）时间、日历和定闹单元置初值。

（3）读寄存器 C，以消除已有的中断标志。

（4）读寄存器 D，使片内寄存器和 RAM 数据有效。

（5）寄存器 B 的 SET 位清 0，启动 DS12887 开始工作。

DS12887 的驱动程序如下。

日历时钟 DS12887 的 C51 源程序：

```
#define  uchar  unsigned  char
#defineuint unsigned int
#include<reg51.h>
#include<stdio.h>
#include<absacc.h>
#include <math.h>
#include<string.h>
#include <ctype.h>
#include <stdlib.h>
#define  P128870  XBYTE [0x7F700]
#define  P128871  XBYTE [0x7FO1]
#define  P128872  XBYTE [0x7F02]
#define  P128873  XBYTE [0x7F03]
#define  P128874  XBYTE [0x7F04]
#define  P128875  XBYTE [0x7FO5]
#define  P128876  XBYTE [0x7F06]
#define  P128877  XBYTE [0x7F07]
#define  P128878  XBYTE [0x7FO8]
#define  P128879  XBYTE [0x7FO9]
#define  P12887a  XBYTE [0x7FOa]
#define  P12887b  XBYTE [0Ox7F0b]
#define  P12887c  XBYTE [0x7F0c]
#define  P12887d  XBYTE [0x7F0d]
#define  P12887e  XBYTE [0x7F0e]
#define  P12887f  XBYTE [0x7FOf]
void  setup12887 (uchar *p);
void  read12887 (uchar *p);
void  start12887 (void);
void  setup12887 (uchar *p)       //设置系统时间
                                  //uchar  *p 设置系统时间数组指针
{
   uchar i;
   i=P12887d;
   P12887a=0x70;  P12887b=0xa2;  P128870=*p++;
   P128871=0xff;  P128872=*p++;  P128873=0xff;
   P128874=*p++;  P128875=0xff;  P128876=*p++;
```

```
    P128877=*p++;  P128878=*p++;  P128879=*p++;
    P12887b=0x22;  P12887a=0x20;  i=P12887c;
}
void  read12887 (uchar *p)          //读取系统时间
                                    //uchar  *p 存放系统时间数组指针
{
    uchar a;
    do{ a=P12887a; } while( (a&0x8Q} ==0x80} ;
    *p++=P128870;  *p++=P128872;  *p++=P128874;  *p++=P128876;
    *p++=P128877;  *p++=P128878;  *p++=P128879;
}
void  start12887 (void)             //启动时钟
{
    uchar I;
    i=P12887d;
    P12887a=0x70;  P12887b=0xa2;  P128871=0xff;
    P128873=0xff;  P128875=0xff;  P12887b=0x22;
    P12887a=0x20;
    i=P12887c;
}
```

6.6.2　串行日历时钟芯片 DS1302 与 MCS-51 单片机的接口

DS1302 是 Dallas 公司推出的涓流充电时钟芯片，内含一个实时时钟/日历和 31 字节静态 RAM，可通过简单的串行接口与单片机进行通信，实时时钟/日历电路提供秒、分、小时、日、星期、月、年的信息，每月的天数和闰年的天数可自动调整，时钟操作可通过 AM/PM 指示决定采用 24 小时制或 12 小时制，DS1302 与单片机之间能简单地采用同步串行的方式进行通信，仅需用到 3 个接口线：RES 复位、I/O 数据线、SCLK 串行时钟。对时钟、RAM 的读/写，可以采用单字节方式或多达 31 字节的字符组方式。DS1302 工作时的功耗很低，保持数据和时钟信息时功率小于 1mW。DS1302 被广泛地应用于电话传真、便携式仪器及电池供电的仪器仪表等产品领域中。

1. DS1302 的主要性能指标

（1）DS1302 实时时钟具有能计算 2100 年之前的秒、分、小时、日、星期、月、年的能力，还有闰年调整的能力。

（2）内部含有 31 字节静态 RAM，可提供用户访问。

（3）采用串行数据传送方式，使得引脚的数量最少，简单 3 线接口。

（4）工作电压范围宽：2.0～5.5V。

（5）工作电流：工作电压为 2.0V 时，工作电流小于 300nA。

（6）时钟或 RAM 数据的读/写有两种传送方式：单字节传送方式和多字节传送方式。

（7）采用 8 脚 DIP 封装或 SOIC 封装。

（8）与 TTL 兼容，V_{CC}=5V。

（9）可选工业级温度范围：−40～+85℃。

（10）具有滑流充电能力。

（11）采用主电源和备份电源双电源供应。

（12）备份电源可由电池或大容量电容实现。

2. 引脚功能

DS1302 的引脚图如图 6.32 所示。

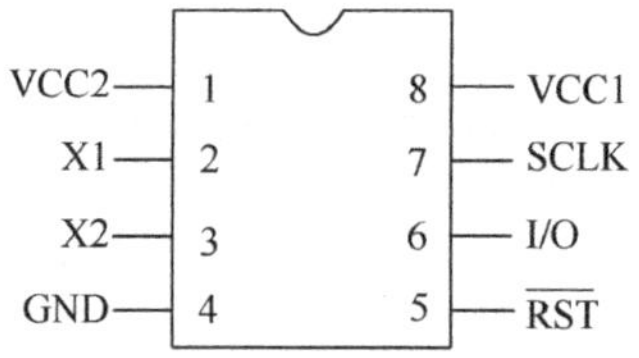

图 6.32 DS1302 的引脚图

X1、X2：32.768kHz 晶振接入引脚。

GND：地。

$\overline{RST}$：复位引脚，低电平有效。

I/O：数据输入/输出引脚，具有三态功能。

SCLK：串行时钟输入引脚。

VCC1：工作电源引脚。

VCC2：备用电源引脚。

3. DS1302 的寄存器及片内 RAM

DS1302 有 1 个控制寄存器，12 个日历、时钟寄存器，以及 31 个片内 RAM。

1）控制寄存器

控制寄存器用于存放 DS1302 的控制命令字，DS1302 的 $\overline{RST}$ 引脚回到高电平后写入的第一个字就为控制命令。它用于对 DS1302 的读/写过程进行控制，它的格式如图 6.33 所示。

D7	D6	D5	D4	D3	D2	D1	D0
1	RAM/$\overline{CK}$	A4	A3	A2	A1	A0	RD/$\overline{W}$

图 6.33 DS1302 控制命令字的格式

D7：固定为 1。

D6：RAM/$\overline{CK}$ 位，片内 RAM 或日历、时钟寄存器选择位。当 RAM/$\overline{CK}$ =1 时，对片内 RAM 进行读/写；当 RAM/$\overline{CK}$ =0 时，对日历、时钟寄存器进行读/写。

D5～D1：地址位，用于选择进行读/写的日历、时钟寄存器或片内 RAM。对日历、时钟寄存器或片内 RAM 的选择如表 6.5 所示。

表 6.5 对日历、时钟寄存器或片内 RAM 的选择

寄存器名称	D7	D6	D5	D4	D3	D2	D1	D0
	1	RAM/$\overline{CK}$	A4	A3	A2	A1	A0	RD/$\overline{W}$
秒寄存器	1	0	0	0	0	0	0	0 或 1
分寄存器	1	0	0	0	0	0	1	0 或 1
小时寄存器	1	0	0	0	0	1	0	0 或 1
日寄存器	1	0	0	0	0	1	1	0 或 1

（续表）

寄存器名称	D7	D6	D5	D4	D3	D2	D1	D0
	1	RAM/$\overline{CK}$	A4	A3	A2	A1	A0	RD/$\overline{W}$
月寄存器	1	0	0	0	1	0	0	0 或 1
星期寄存器	1	0	0	0	1	0	1	0 或 1
年寄存器	1	0	0	0	1	1	0	0 或 1
写保护寄存器	1	0	0	0	1	1	1	0 或 1
慢充电寄存器	1	0	0	1	0	0	0	0 或 1
时钟突发模式	1	0	1	1	1	1	1	0 或 1
RAM0	1	1	0	0	0	0	0	0 或 1
⋮	1	1	⋮	⋮	⋮	⋮	⋮	0 或 1
RAM30	1	1	1	1	1	1	0	0 或 1
RAM 突发模式	1	1	1	1	1	1	1	0 或 1

D0：读写位。当 RD/$\overline{W}$=1 时，对日历、时钟寄存器或片内 RAM 进行读操作；当 RD/$\overline{W}$=0 时，对日历、时钟寄存器或片内 RAM 进行写操作。

2）日历、时钟寄存器

DS1302 有 12 个寄存器，其中 7 个与日历、时钟相关，存放的数据为 BCD 码格式。日历、时钟寄存器的格式如表 6.6 所示。

表 6.6　日历、时钟寄存器的格式

寄存器名称	取 值 范 围	D7	D6	D5	D4	D3	D2	D1	D0
秒寄存器	00～59	CH	秒的十位			秒的个位			
分寄存器	00～59	0	分的十位			分的个位			
小时寄存器	01～12 或 00～23	12/24	0	A/P	HR	小时的个位			
日寄存器	01～31	0	0	日的十位		日的个位			
月寄存器	01～12	0	0	0	1 或 0	月的个位			
星期寄存器	01～07	0	0	0	0	星期几			
年寄存器	01～99	年的十位				年的个位			
写保护寄存器		WP	0	0	0	0	0	0	0
慢充电寄存器		TCS	TCS	TCS	TCS	DS	DS	RS	RS
时钟突发模式									

说明：

（1）数据都以 BCD 码格式表示。

（2）小时寄存器的 D7 位为 12 小时制/24 小时制的选择位，当为 1 时选 12 小时制，当为 0 时选 24 小时制。当选择 12 小时制时，D5 位为 1 是上午，D5 位为 0 是下午，D4 为小时的十位。当选择 24 小时制时，D5 位、D4 位为小时的十位。

（3）秒寄存器中的 CH 位为时钟暂停位，当为 1 时，时钟暂停，当为 0 时，时钟开始启动。

（4）写保护寄存器中的 WP 为写保护位，当 WP=1 时，写保护，当 WP=0 时，未写保护。当对日历、时钟寄存器或片内 RAM 进行写时，WP 应清零；当对日历、时钟寄存器或片内 RAM 进行读时，WP 一般置 1。

（5）慢充电寄存器的 TCS 位为控制慢充电的选择，当它为 1010 时，才能使慢充电工作。DS 为二极管选择位，DS 为 01 选择一个二极管，DS 为 10 选择两个二极管，DS 为 11 或 00 充电器被禁止，与 TCS 无关。RS 用于选择连接在 VCC2 与 VCC1 之间的电阻，RS 为 00，充电器被禁止，与 TCS 无关，电阻选择情况如表 6.7 所示。

表 6.7 RS 对电阻的选择情况

RS	电阻器	阻值
00	无	无
01	R1	2kΩ
10	R2	4kΩ
11	R3	8kΩ

3）片内 RAM

DS1302 有 31 个片内 RAM 单元，对片内 RAM 的操作有两种方式：单字节方式和多字节方式。当控制命令字为 COH～FDH 时，为单字节读/写方式，命令字中的 D5～D1 用于选择对应的 RAM 单元，其中奇数为读操作，偶数为写操作。当控制命令字为 FEH、FFH 时，为多字节方式（表 6.5 中的 RAM 突发模式），多字节方式可一次对所有的 RAM 单元内容进行读/写。FEH 为写操作，FFH 为读操作。

4）DS1302 的输入/输出过程

DS1302 通过 $\overline{\text{RST}}$ 引脚驱动输入/输出过程，当 $\overline{\text{RST}}$ 置高电平时，启动输入/输出过程，在 SCLK 时钟的控制下，首先把控制命令字写入 DS1302 的控制寄存器，其次根据写入的控制命令字，依次读/写内部寄存器或片内 RAM 单元的数据。对于日历、时钟寄存器，根据控制命令字，一次可以读/写一个日历、时钟寄存器，也可以一次读写 8 字节，对所有的日历、时钟寄存器（表 6.5 中的时钟突发模式），写的控制命令字为 0BEH，读的控制命令字为 0BFH；对于片内 RAM 单元，根据控制命令字，一次可读/写 1 字节，也可读/写 31 字节。在数据读/写完毕后，$\overline{\text{RST}}$ 变为低电平，结束输入/输出过程。无论是命令字还是数据，1 字节传送时都是低位在前、高位在后的，每一位的读/写都发生在时钟的上升沿。

4．DS1302 与单片机的接口

DS1302 与单片机的连接仅需要 3 条线：时钟线 SCLK、数据线 I/O 和复位线 $\overline{\text{RST}}$。连接图如图 6.34 所示。时钟线 SCLK 与 P1.0 相连，数据线 I/O 与 P1.1 相连，复位线 $\overline{\text{RST}}$ 与 P1.2 相连。

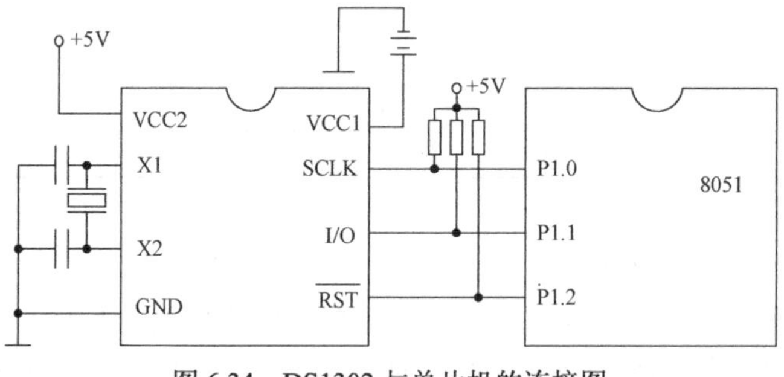

图 6.34 DS1302 与单片机的连接图

图中，在单电源与电池供电的系统中，VCC1 提供低电源并提供低功率的备用电源。在双电源系统中，VCC2 提供主电源，VCC1 提供备用电源，以便在没有主电源时能保存时间信息及数据，DS1302 由 VCC1 和 VCC2 两者中较大的一方来供电。

【例 6.6】图 6.34 中 DS1302 的驱动程序如下。

C 语言编程：

```
#include <reg51.h>
#define uchar unsigned char
sbit  T_CIK = P1^0;                /*DS1302 时钟线引脚*/
sbit  T_IO = P1^1;                 /*DS1302 数据线引脚*/
sbit  T_RST = P1^2;                /*DS1302 复位线引脚*/
sbit  ACC7 =ACC^7;
/**************************************************************************
 *名称：WriteB
 *功能：往 DS1302 写入 1B 数据
 *输入：ucDa 写入的数据
 *返回值：无
void WriteB (uchar  ucDa)
{
    uchar i;
    ACC = ucDa;
    for (i=8; i>0; i--)
    {
         T_IO =ACC^0;             /*相当于汇编中的 RRC */
         T_CLK=1;
         T_CLK=0;
         ACC=ACC>>1;
    }
}
/**************************************************************************
*名称：ReadB
*功能：从 DS1302 中读取 1B 数据
*返回值：ACC
**************************************************************************
uchar ReadB (void)
{
   uchar i;
   for(i=8; i>0; i--)
   {
      ACC = ACC >>1;             /*相当于汇编中的 RRC */
      ACC7= T_IO;
      T_CLK=1;
      T_CLK=0;
   }
   return (ACC);
}
/*********************************************************************
*名称：v_W1302
*功能：单字节写，向 DS1302 的某地址写入命令/数据，先写地址，后写命令/数据
*调用：WriteB ()
```

```
*输入：ucAddr—DS1302 地址，ucDa—要写的数据
*返回值：无
*******************************************************************/
void v_W1302 (uchar ucAddr, uchar acDa)
{
    T_RST=0;
    T_CLK=0;
    T_RST=1;
    WriteB (ucAddr);                    /*地址，命令*/
    WriteB (ucDa);                      /*写 1B 数据*/
    T_CLK=1;
    T_RST=0;
}
/*******************************************************************
*名称：uc_R1302
*功能：单字节读，读取 DS1302 的某地址的命令/数据，先写地址，后读命令/数据
*调用：WriteB()，ReadB ()
*输入：ucAddr DS1302 地址
*返回值：ucDa—读取的命令/数据
*******************************************************************
uchar uc_R1302 (uchar ucAddr)
{
    uchar ucDa;
    T_RST=0;
    T_CLK= 0;
    T_RST= 1;
    WriteB (ucAddr);                    /*写地址*/
    ucDa=ReadB();                       /*读 1B 命令/数据*/
    T_CLK=1;
    T RST =0;
    return (ucDa);
}
/*******************************************************************
*名称：v BurstW1302T
*说明：日历、时钟多字节写，先写地址，后写数据(时钟多字节方式)
*功能：往 DS1302 写入时钟数据(时钟多字节方式)
*调用：WriteB ()
*输入：pSecDa—指向时钟数据地址，格式为：秒、分、时、日、月、星期、年、控制
*返回值：无
*******************************************************************
voidv_BurstW1302T (uchar *pSecDa)
{
    uchar i;
    v_W1302 (0x8e, 0x00);               /*控制命令，写操作*/
```

```
    T_RST=0;
    T_CLK=0;
    T_RST= 1;
    WriteB (0xbe);                    /*0xbe：时钟多字节写命令*/
    for (1=8; 1>0; 1--)               /*8B=7B 时钟数据+1B 控制*/
    {
      WriteB (*pSecDa);               /*写 1B 数据*/
      pSecDa++;
    }
    T_CLK=1;
    T_RST =0;
}
/************************************************************************
*名称：v BurstR1302T
*功能：读取 DS1302 时钟数据，先写地址，后读命令/数据(时钟多字节方式)
*调用：WriteB()，ReadB 0
*输入：pSecDa—时钟数据地址，格式为：秒、分、时、日、月、星期、年
*返回值：ucDa—读取的数据
*********************************************************************
void v_BurstR1302T (uchar * PSecDa)
{
    uchar i;
    T RST= 0;
    TCLK=0;
    T_RST=1;
    WriteB (0xbf);                  /*0xbf：时钟多字节读命令*/
    for (i=8; i>0; i--)
    {
       *pSecDa = ReadB();           /*读 1B 数据*/
        pSecDa++;
}
    T_CLK=1;
    T_RST =0;
}
/**************************************************************
*名称：v_ Burstw1302R
*说明：先写地址，后写数据(RAM 多字节方式)
*功能：往 DS1302 的 RAM 写入数据(RAM 多字节方式)
*调用：WriteB()
*输入：pReDa—指向要写入的数据
*返回值：无
***************************************************************
void v_ BurstW1 302R (uchar *pReDa)
{
```

```
    uchar i;
    v_W1302 (0x8e, 0x00);              /*控制命令，写操作*/
    T_RST= 0;
    T_CLK=0;
    T_RST=1;
    WriteB(0xfe);                      /*0xbe：时钟多字节写命令*/
    for (i=31; i>0; i--)               /*31B 寄存器数据*/
    {
        WriteB (*pReDa);               /*写 1B 数据*/
        pReDa++;
    }
    T_CLK=1;
    T_RST=0;
}
/**********************************************************************
*名称：uc_ BurstR1302R
*说明：先写地址，后读数据(RAM 多字节方式)
*功能：读取 DS1302 的 RAM 数据
*调用：WriteB()，ReadB()
*输入：pReDa—指向存放读出 RAM 数据的地址
*返回值：无
**********************************************************************/
void v_BurstR1302R (uchar *pReDa)
{
    uchar i;
    T_RST=0;
    T_CLK=0;
    T_RST=1;
    WriteB (0xff);                    /*0xbf：时钟多字节读命令*/
    for (i=31; i>0; i--)              /*31B 寄存器数据*/
    {
       *pReDa = ReadB();              /*读 1B 数据*/
        pReDat++;
    }
    T_CLK=1;
    T_RST =0;
}
/**********************************************************************
*名称：v_set1302
*功能：设置初始时间
*调用：v_W1302 0
*输入：pSecDa—初始时间地址，初始时间的格式为：秒、分、时、日、月、星期、年
*返回值：无
**********************************************************************
```

```
void v_set1302 (uchar *pSecDa)
{
   uchar i;
   uchar ucAddr =0x80;
   v_W1302 (0x8e, 0x00);            /*控制命令，写操作*/
   for(i =7; i>0; i--)
   {
v_W1302 (ucAddr, *pSecDa);          /*秒、分、时、日、月、星期、年*/
      pSecDa++;
      ucAddr +=2;
    }
    v_W1302 (0x8e, 0x80);           /*控制命令，WP=1，写保护*/
}
/************************************************************************
*名称：v_Get1302
*功能：获取 DS1302 的当前时间
*调用：uc_ R1302 ()
*输入：ucCurtime—保存当前时间地址，格式为：秒、分、时、日、月、星期、年
*返回值：无
***********************************************************************
void v_Get1302 (uchar ucCurtime[])
{
   uchar i;
   uchar ucAddr=0x81;
for  (i=0; i<7; i++)
{
     ucCurt me[i]=uc_R1302 (ucAddr);  /*格式为：秒、分、时、日、月、星期、年*/
     ucAddr += 2;
    }
}
```

习　题　6

6.1　问答思考题

（1）何为键抖动？键抖动对键位识别有什么影响？怎样消除键抖动？

（2）矩阵键盘有几种编码方式？怎样编码？

（3）简述对矩阵键盘的扫描过程。

（4）用 C 语言编写出定时扫描方式下矩阵键盘的处理程序。

（5）共阴极数码管与共阳极数码管有何区别？

（6）简述 LED 数码管显示的编码方式。

（7）简述 LED 动态显示过程。

（8）根据图 6.13，用 C 语言编制在 8 个数码管上轮流显示 1～8 的程序。

（9）简述逐次逼近型 A/D 转换器的工作过程。

（10）简述 ADC0809 的工作过程。

（11）设计 8 路模拟量输入的巡回检测系统，使用查询的方法采样数据，采样的数据存放在片内 RAM 的 8 个单元中，用 C 语言编程实现。

（12）DAC0832 有几种工作方式？这几种方式是如何实现的？

（13）利用 DAC0832 芯片，采用双缓冲方式，产生梯形波，用 C 语言编程实现。

（14）利用本书中的子程序，编写对 DS12887 设置时间、日期并启动的程序。

（15）利用 TR-1602C 和 DS1302 及其他电路，设计一个电子时钟。

第 7 章　ARM 嵌入式微处理器及应用

7.1　ARM 微处理器

7.1.1　ARM 简介

ARM 是 Advanced RISC Machine 的缩写，即进阶精简指令集机器，ARM 更早被称为 Acorn RISC Machine，是一个 32 位精简指令集（RISC）处理器架构。基于 ARM 设计的派生产品主要包括 Marvell 的 XScale 架构和德州仪器的 OMAP 系列。ARM 家族中的 32 位嵌入式微处理器占比达 75%，由于 ARM 具有低功耗特性，因此被广泛应用于移动通信领域、便携式设备等领域。因此，既可以认为 ARM 是一个公司的名字，也可以认为是对一类微处理器的通称，还可以认为是一种技术的名字。

1983 年 Acorn 计算机公司（Acorn Computers Ltd）开始开发一颗主要用于路由器的 Conexant ARM 微处理器，由 Roger Wilson 和 Steve Furber 带领团队，着手开发一种新架构，类似于进阶的 MOS Technology 6502 处理器。该团队在 1985 年开发出 ARM1 Sample 版，并于次年量产了 ARM2，ARM2 具有 32 位数据总线、26 位寻址空间，并提供 64MB 的寻址范围与 16 个 32bit 的暂存器。

在 20 世纪 80 年代末期，苹果公司（Apple Inc.）开始与 Acorn 合作开发新版的 ARM 核心。1990 年将设计团队另组成一家名为安谋国际科技 ARM（Advanced RISC Machines Ltd）的新公司，位于英国剑桥，公司主要业务为将 ARM 处理器架构授权给有兴趣的厂家。1991 年首版 ARM6 出样，然后苹果公司使用 ARM6 架构的 ARM 610 当作 Apple Newton PDA 的基础。在 1994 年，Acorn 使用 ARM 610 作为 RISC PC 计算机的 CPU。

ARM 是一家微处理器行业的知名企业，该企业设计了大量高性能、廉价、耗能低的 RISC 处理器，它只设计芯片而不生产，靠转让设计许可由合作公司生产各具特色的芯片。世界各大半导体生产商从 ARM 公司购买其设计的 ARM 微处理器核，根据各自不同的应用领域，加入适当的外围电路，从而形成自己的 ARM 微处理器芯片并进入市场。ARM 的经营模式在于出售其知识产权核（IP core），将技术授权给世界上许多著名的半导体、软件和 OEM 厂商，并提供技术服务。目前，采用 ARM 技术知识产权核的微处理器，即通常所说的 ARM 微处理器，已遍及工业控制、消费类电子产品、通信系统、网络系统、无线系统等各类产品市场，基于 ARM 技术的微处理器应用约占据 32 位 RISC 微处理器 75%以上的市场份额，ARM 技术正在逐步渗入我们生活的各方面。

ARM 的版本分为两类，一类是内核版本，另一类是处理器版本。内核版本也就是 ARM 架构，如 ARMv1、ARMv2、ARMv3、ARMv4、ARMv5、ARMv6、ARMv7、ARMv8 等。处理器版本也就是 ARM 微处理器，如 ARM7、ARM9、ARM11、ARM Cortex-A、ARM Cortex-M、ARM Cortex-R，即通常意义上的 ARM 版本。

7.1.2 ARM 微处理器系列

ARM 微处理器及其他厂商基于 ARM 体系结构的处理器，除具有 ARM 体系结构的共同特点外，每个系列的 ARM 微处理器都有各自的特点和应用领域。目前，ARM 微处理器有 Classic 系列、Cortex-M 系列、Cortex-R 系列、Cortex-A 系列和 Cortex-A50 系列这 5 个大类。

1. Classic 系列

该系列处理器由 3 个子系列组成。

（1）ARM7 系列：基于 ARMv3 或 ARMv4 架构，主要针对某些简单的 32 位设备，作为目前较旧的一个系列，已经不建议继续在新品中使用 ARM7 处理器。

（2）ARM9 系列：基于 ARMv5 架构，主要针对嵌入式实时应用。

（3）ARM11 系列：基于 ARMv6 架构，主要应用在高可靠性和实时嵌入式应用领域。

2. Cortex-M 系列

Cortex-M 代表微处理器（Microcontrollers）的意义，目标是实现节能的嵌入式设备。该系列处理器包括 Cortex-M0、Cortex-M0+、Cortex-M1、Cortex-M3、Cortex-M4 共 5 个子系列，主要针对成本和功耗敏感的应用，如智能测量、人机接口设备、汽车和工业控制系统、家用电器、消费性产品和医疗器械等。

3. Cortex-R 系列

Cortex-R 代表实时（Real-Time）的意义，目标是实现实时任务处理。该系列处理器包括 Cortex-R4、Cortex-R5、Cortex-R7 共 3 个子系列，面向汽车制动系统、动力传动解决方案、大容量存储控制器等深层嵌入式实时应用。

4. Cortex-A 系列

Cortex-A 代表先进（Advanced）的意义，目标是以最佳功耗实现最高性能。该系列处理器包括 Cortex-A5、Cortex-A7、Cortex-A8、Cortex-A9、Cortex-A12 和 Cortex-A15 共 6 个子系列，用于具有高计算要求、运行丰富操作系统及提供交互媒体和图形体验的应用领域，如智能手机、平板电脑、汽车娱乐系统、数字电视等。

5. Cortex-A50 系列

此系列基于 ARMv8 架构，支持 64 位处理。该系列处理器包括 Cortex-A53 与 Cortex-A57 处理器及最新节能 64 位处理技术与现有 32 位处理技术的扩展升级，允许在 32 位和 64 位之间进行完全的交互操作。该系列处理器的可扩展性使 ARM 的合作伙伴能够针对智能手机、高性能服务器等各类不同的市场需求开发系统级芯片（SoC，System on Chip）。

7.1.3 ARM 微处理器的应用领域及特点

1. ARM 微处理器的应用领域

到目前为止，ARM 微处理器及技术的应用已经深入到各领域。

（1）工业控制领域：作为 32 位的 RISC 架构，基于 ARM 核的微控制器芯片不但占据了高端微控制器市场的大部分市场份额，而且逐渐向低端微控制器应用领域扩展，ARM 微控制器的低功耗、高性价比向传统的 8 位/16 位微控制器提出了挑战。

（2）无线通信领域：目前已有超过 85%的无线通信设备采用了 ARM 技术，ARM 以其高性能和低成本，日益巩固在该领域的地位。

（3）网络应用：随着宽带技术的推广，采用 ARM 技术的 ADSL 芯片正逐步获得竞争优势。此外，ARM 在语音及视频处理上进行了优化，并获得广泛支持，也对 DSP 的应用领域提出了挑战。

（4）消费类电子产品：ARM 技术在目前流行的数字音频播放器、数字机顶盒和游戏机中得到广泛采用。

（5）成像和安全产品：现在流行的数码相机和打印机绝大部分采用了 ARM 技术，手机中的 32 位 SIM 智能卡也采用了 ARM 技术，除此以外，ARM 微处理器及技术还应用到许多不同的领域，并会在将来取得更加广泛的应用。

2. ARM 微处理器的特点

采用 RISC 架构的 ARM 微处理器一般具有如下特点。

（1）体积小、低功耗、低成本、高性能；

（2）支持 Thumb（16 位）/ARM（32 位）双指令集，能很好地兼容 8 位/16 位器件；

（3）大量使用寄存器，指令执行速度更快；

（4）大多数数据操作都在寄存器中完成；

（5）寻址方式灵活简单，执行效率高；

（6）指令长度固定。

7.1.4 ARM 微处理器的应用选型

鉴于 ARM 微处理器具有众多优点，随着国内外嵌入式应用领域的逐步发展，ARM 微处理器必然会获得广泛的重视和应用。但是，由于 ARM 微处理器有多达十几种的内核结构，几十个芯片生产厂家及千变万化的内部功能配置组合，给开发人员在选择方案时带来一定的困难。以下从应用的角度出发，对在选择 ARM 微处理器时所应考虑的主要问题做简要的探讨。

1. ARM 微处理器内核的选择

从前面所介绍的内容可知，ARM 微处理器包含一系列的内核结构，以适应不同的应用领域。用户如果希望使用 WinCE 或标准 Linux 等操作系统以缩短软件开发时间，就需要选择 ARM720T 以上的带有 MMU（Memory Management Unit，内存管理单元）功能的 ARM 芯片，ARM720T、ARM920T、ARM922T、ARM946T、Strong-ARM 都带有 MMU 功能。而 ARM7TDMI 则没有 MMU，不支持 Windows CE 和标准 Linux，但目前有 μClinux 等不需要 MMU 功能支持的操作系统可运行于 ARM7TDMI 硬件平台之上。事实上，μClinux 已经成功被移植到多种不带 MMU 功能的微处理器平台上，并在稳定性和其他方面都有上佳表现。

2. 系统的工作频率

系统的工作频率在很大程度上决定了 ARM 微处理器的处理能力。ARM7 系列微处理器的典型处理速度为 0.9MIPS/MHz，常见的 ARM7 芯片的系统主时钟频率为 20～133MHz，

ARM9 系列微处理器的典型处理速度为 1.1MIPS/MHz，常见的 ARM9 的系统主时钟频率为 100～233MHz，ARM10 最高可以达到 700MHz。不同芯片对时钟的处理不同，有的芯片只需要一个主时钟频率，有的芯片内部的时钟控制器可以分别为 USB、UART、DSP、音频等功能部件和 ARM 核提供不同频率的时钟。

3. 芯片内存储器的容量

大多数 ARM 微处理器的片内存储器的容量都不太大，需要用户在设计系统时外扩存储器，但也有部分芯片具有相对较大的片内存储空间，如 Atmel 的 AT91F40162 就具有高达 2MB 的片内程序存储空间，用户在设计时可考虑选用这种类型，以简化系统的设计。

4. 片内外围电路的选择

除 ARM 微处理器核外，几乎所有 ARM 芯片均根据各自不同的应用领域扩展了相关功能模块，并集成在芯片之中，称之为片内外围电路，如 USB 接口、IIS 接口、LCD 控制器、键盘接口、RTC、ADC 和 DAC、DSP 协处理器等，设计者应分析系统的需求，尽可能采用片内外围电路完成所需的功能，这样既可简化系统的设计，又可提高系统的可靠性。

通常来说，作为工业控制处理器，可以选择 Cortex-M 系列处理器，其中 M0 比较简单、便宜，适用于替代 51 单片机，Cortex-R 处理器可以取代 ARM9 作为具有带操作系统的控制系统，Cortex-A 系列处理器常用的场合是消费电子领域。

7.2 ARM 微处理器的体系结构

ARM 体系结构是构建每个 ARM 微处理器的基础。ARM 体系结构随着时间的推移而不断发展，其中包含的体系结构功能可满足不断增长的新功能、高性能需求及新兴市场的需要。

7.2.1 嵌入式微处理器的体系结构

1. RISC 架构

传统的 CISC（Complex Instruction Set Computer，复杂指令集计算机）架构有其固有的缺点，即随着计算机技术的发展而不断引入新的复杂的指令集，为支持这些新增的指令，计算机的体系结构会越来越复杂，然而，在 CISC 指令集的各种指令中，其使用频率却相差悬殊，大约有 20%的指令会被反复使用，占整个程序代码的 80%。而余下的 80%的指令却不经常使用，在程序设计中只占 20%，显然，这种结构是不太合理的。

基于以上的不合理性，1979 年美国加州大学伯克利分校提出了 RISC（Reduced Instruction Set Computer，精简指令集计算机）的概念，RISC 并非只是简单地减少指令，而是把着眼点放在了如何使计算机的结构更加简单、合理地提高运算速度上。RISC 架构优先选取使用频率最高的简单指令，避免复杂指令；将指令长度固定，指令格式和寻址方式种类减少；以控制逻辑为主，不用或少用微码控制等措施来达到上述目的。

到目前为止，RISC 架构也没有严格的定义，一般认为，RISC 架构应具有如下特点。

（1）采用固定长度的指令格式，指令规整、简单，基本寻址方式有 2～3 种。

（2）使用单周期指令，便于流水线操作执行。

（3）大量使用寄存器，数据处理指令只对寄存器进行操作，只有加载/存储指令可以访问存储器，以提高指令的执行效率。

除此以外，ARM 体系结构还采用了一些特别的技术，在保证高性能的前提下尽量缩小芯片的面积，并降低功耗：

（1）所有指令都可根据前面的执行结果决定是否被执行，从而提高指令的执行效率；

（2）可用加载/存储指令批量传输数据，以提高数据的传输效率；

（3）可在一条数据处理指令中同时完成逻辑处理和移位处理；

（4）在循环处理中使用地址的自动增减来提高运行效率。

当然，和 CISC 架构相比较，尽管 RISC 架构有上述优点，但不能认为 RISC 架构就可以取代 CISC 架构，事实上，RISC 架构和 CISC 架构各有优势，而且界限并不那么明显。现代的 CPU 往往采用 CISC 架构的外围，内部加入了 RISC 架构的特性，如超长指令集 CPU 就融合了 RISC 架构和 CISC 架构的优势，成为未来 CPU 的发展方向之一。

2. 体系结构

ARM7 以前的系列采用冯·诺依曼体系结构，而 ARM9～ARM11 采用哈佛体系结构。20 世纪 30 年代中期，德国科学家冯·诺依曼大胆地提出，抛弃十进制，采用二进制作为数字计算机的数制基础。同时，他还说预先编制计算程序，然后由计算机来按照人们事前指定的计算顺序来执行数值计算工作，冯·诺依曼体系结构如图 7.1 所示。冯·诺依曼理论的要点是：数字计算机的数制采用二进制；计算机应该按照程序顺序执行。其主要内容如下。

（1）计算机由控制器、运算器、存储器、输入设备、输出设备 5 部分组成。

（2）程序和数据以二进制代码形式不加区别地存放在存储器中，存放位置由地址确定。

（3）控制器根据存放在存储器中的指令序列（程序）进行工作，并由一个程序计数器控制指令执行。控制器具有判断能力，能根据计算结果选择不同的工作流程。

数字信号处理一般需要较大的运算量和较高的运算速度，为了提高数据吞吐量，在数字信号处理器中大多采用哈佛体系结构，哈佛体系结构如图 7.2 所示。哈佛体系结构的特点如下。

（1）使用两个独立的存储器模块，分别存储指令和数据，每个存储模块都不允许指令和数据并存，以便实现并行处理。

（2）具有一条独立的地址总线和一条独立的数据总线，利用公用地址总线访问两个存储模块（程序存储模块和数据存储模块），公用数据总线则被用来完成程序存储模块或数据存储模块与 CPU 之间的数据传输。

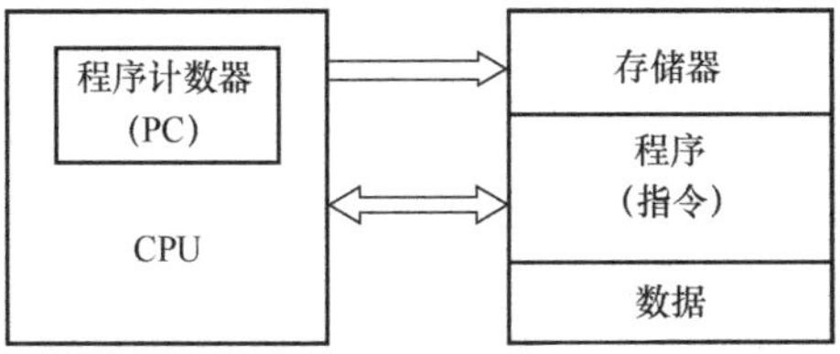

图 7.1 冯·诺依曼体系结构

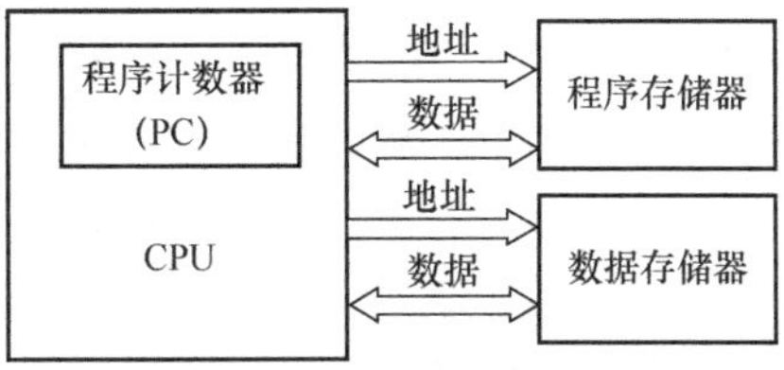

图 7.2 哈佛体系结构

在典型情况下，完成一条指令需要 3 个步骤，即：取指令、指令译码和执行指令。从指令流的定时关系也可看出冯·诺依曼体系结构与哈佛体系结构处理方式的差别。一个最简单的对存储器进行读/写操作的指令，指令 1 至指令 3 均为存、取数指令，对冯•诺依曼体系结构处理器，由于取指令和存取数据要从同一个存储空间存取，并经由同一总线传输，因此它们无法重叠执行，只有在一个完成后再进行下一个。如果采用哈佛体系结构处理以上同样的 3 条存取数指令，由于取指令和存取数据分别经由不同的存储空间和不同的总线，使得各条指令可以重叠执行，这样，也就克服了数据流传输的瓶颈，提高了运算速度。

3．流水线技术

流水线技术通过多个功能部件并行工作来缩短程序执行时间，提高处理器的效率和吞吐率，是微处理器设计中最为重要的技术之一。ARM7 采用冯•诺依曼结构，采用了典型的三级流水线，而 ARM9 则采用哈佛结构，采用五级流水线，而 ARM11 则采用了八级流水线。通过增加流水线级数，简化流水线的各级逻辑，进一步提高了处理器的性能。

图 7.3　ARM7 的单周期指令三级最佳流水线

ARM7 的三级流水线在执行单元中完成了大量的工作，包括与操作数相关的寄存器和存储器读/写操作、ALU 操作及相关器件之间的数据传输。执行单元的工作往往占用多个时钟周期，从而成为系统性能的瓶颈，如图 7.3 所示。ARM9 采用了更高效的五级流水线，增加了 2 个功能部件分别来访问存储器并写回结果，且将读寄存器的操作转移到译码部件上，使流水线各部件在功能上更平衡，同时其哈佛架构避免了数据访问和取指的总线冲突，如图 7.4 所示。

图 7.4　ARM9 的五级最佳流水线

不论是三级流水线还是五级流水线，当出现多周期指令、跳转分支指令和中断发生的时候，流水线都会发生阻塞，而且相邻指令之间可能因为寄存器冲突而导致流水线阻塞，降低流水线的效率。

7.2.2　ARM 微处理器的工作模式及状态

1．ARM 微处理器的 7 种工作模式

ARM 体系结构支持 7 种工作模式：用户模式、系统模式、中断模式、快中断模式、管理模式、中止模式、未定义模式，具体如表 7.1 所示。

可以简单地将处理器模式理解为当前 CPU 的工作状态，比如：当前操作系统正在执行用户程序，那么当前 CPU 工作在用户模式，这时网卡上有数据到达，产生中断信号，CPU 自动切换到一般中断模式下处理网卡数据（普通应用程序没有权限直接访问硬件），处理完网卡数据，返回用户模式继续执行用户程序。

表 7.1　ARM 微处理器的工作模式

微处理器工作模式	特权模式	异常模式	说　明
用户（user）模式			用户程序运行模式
系统（system）模式	该组模式下可以任意访问系统资源		运行特权级的操作系统任务
中断（IRQ）模式		通常由系统异常状态切换进该组模式	普通中断模式
快中断（FIQ）模式			快速中断模式
管理（supervisor）模式			提供操作系统使用的一种保护模式，swi 命令状态
中止（abort）模式			虚拟内存管理和内存数据访问保护
未定义（undefined）模式			支持通过软件仿真硬件的协处理

除用户模式外，其他模式均为特权模式。ARM 内部寄存器和一些片内外设在硬件设计上只允许（或者可选为只允许）在特权模式下访问。此外，特权模式可以自由地切换处理器模式，而用户模式不能直接切换到别的模式。

特权模式中，除系统（system）模式外的其他 5 种模式统称为异常模式。它们除了可以通过在特权下的程序切换进入，也可以由特定的异常进入。比如硬件产生中断信号进入中断异常模式，读取没有权限数据进入中止异常模式，执行未定义指令时进入未定义模式。其中管理模式也称为超级用户模式，是为操作系统提供软中断的特有模式，正因有了软中断，用户程序才可以通过系统调用切换到管理模式。

ARM 体系结构的 7 种工作模式的具体说明如下。

1）用户模式

用户模式是用户程序的工作模式，它运行在操作系统的用户态，没有权限去操作其他硬件资源，只能执行处理自己的数据，也不能切换到其他模式，要想访问硬件资源或切换到其他模式，只能通过软中断或产生异常。

2）系统模式

系统模式是特权模式，不受用户模式的限制。用户模式和系统模式公用一套寄存器，操作系统在该模式下可以方便地访问用户模式的寄存器，而且操作系统的一些特权任务可以使用这个模式访问一些受控的资源。

说明：用户模式与系统模式使用相同的寄存器，都没有 SPSR（Saved Program Statement Register，已保存程序状态寄存器），但系统模式比用户模式有更高的权限，可以访问所有系统资源。

3）中断模式

中断模式也称为普通中断模式，用于处理一般的中断请求，通常在硬件产生中断信号之后自动进入该模式，该模式为特权模式，可以自由地访问系统硬件资源。

4）快中断模式

快中断模式是相对中断模式而言的，它用来处理对时间要求比较紧急的中断请求，主要用于高速数据传输及通道处理中。

5）管理模式（Supervisor Call，SVC）

管理模式是 CPU 上电后的默认模式，因此在该模式下主要用来做系统的初始化，软中断处理也在该模式下进行。当用户模式下的用户程序请求使用硬件资源时，通过软件中断可进入该模式。

说明：系统复位或开机、软中断时会进入 SVC 模式。

6）中止模式

中止模式用于支持虚拟内存或存储器保护，当用户程序访问非法地址或没有权限读取的内存地址时，会进入该模式。在 Linux 下编程时经常出现的 segment fault 通常都是在该模式下抛出返回的。

7）未定义模式

未定义模式用于支持硬件协处理器的软件仿真，当 CPU 在指令的译码阶段不能识别该指令操作时，会进入未定义模式。

2. ARM 微处理器的 2 种工作状态

ARM 微处理器有 32 位 ARM 和 16 位 Thumb 这 2 种工作状态。在 32 位 ARM 中，状态执行字对齐 32 位 ARM 指令，在 16 位 Thumb 中，状态执行半字对齐 16 位指令。用 Bx Rn 指令来进行 2 种状态的切换：Bx 是跳转指令，Rn 是寄存器（1 个字，32 位），如果 Rn 的位 0 为 1，则进入 Thumb 状态；如果 Rn 的位 0 为 0，则进入 ARM 状态。ARM 和 Thumb 这 2 种状态之间的切换不影响处理器的工作模式和寄存器的内容；ARM 微处理器在处理异常时，不管处理器处于什么状态，都将切换到 ARM 状态。

Thumb 指令集为 ARM 指令集的功能子集，但与等价的 ARM 代码相比较，可节省 30%～40%的存储空间，同时具备 32 位代码的所有优点。

3. 控制程序的 3 种执行流程方式

（1）在正常执行过程中，每执行一条 ARM 指令，程序计数器 PC 的值加 4 字节；每执行一条 Thumb 指令，程序计数器 PC 的值加 2 字节。整个过程是按顺序执行的。

（2）跳转指令，程序可以跳转到特定的地址处执行，或者跳转到特定的子程序处执行。在跳转指令中，B 指令用于执行跳转操作；BL 指令在执行跳转操作的同时，保存子程序的返回地址；BX 指令在执行跳转操作的同时，根据目标地址可以将程序切换到 Thumb 状态；BLX 指令执行 3 个操作：跳转到目标地址处执行，保存子程序的返回地址，根据目标地址将程序切换到 Thumb 状态。

（3）当异常中断发生时，系统执行完当前指令后，将跳转到相应的异常中断处理程序处执行。在异常中断处理程序执行完成后，程序返回到发生中断指令的下条指令处执行。在进入异常中断处理程序时，要保存被中断程序的执行现场，从异常中断处理程序退出时，要恢复被中断程序的执行现场。

7.2.3 ARM 微处理器的寄存器结构

ARM 微处理器共有 37 个 32 位物理寄存器，被分为若干组（BANK），这些寄存器如下。

（1）31 个通用寄存器，包括程序计数器（PC 指针），均为 32 位的寄存器。

（2）6 个状态寄存器，用以标识 CPU 的工作状态及程序的运行状态，均为 32 位，目前只使用了其中一部分。

同时，ARM 微处理器又有 7 种不同的处理器模式，在每种处理器模式下均有一组相应的寄存器与之对应，即在任意一种处理器模式下，可访问的寄存器包括 15 个通用寄存器（R0～R14）、1～2 个状态寄存器和程序计数器。在所有的寄存器中，有些是在 7 种处理器模式下公用的同一个物理寄存器，而有些寄存器则是在不同的处理器模式下的不同的物理寄存器。7 种工作模式下可访问的寄存器如图 7.5 所示，User 和 System 使用完全相同的物理寄存器。

System&User	FIQ	Supervisor	Abort	IRQ	Undefined
R0	R0	R0	R0	R0	R0
R1	R1	R1	R1	R1	R1
R2	R2	R2	R2	R2	R2
R3	R3	R3	R3	R3	R3
R4	R4	R4	R4	R4	R4
R5	R5	R5	R5	R5	R5
R6	R6	R6	R6	R6	R6
R7	R7	R7	R7	R7	R7
R8	R8_fiq	R8	R8	R8	R8
R9	R9_fiq	R9	R9	R9	R9
R10	R10_fiq	R10	R10	R10	R10
R11	R11_fiq	R11	R11	R11	R11
R12	R12_fiq	R12	R12	R12	R12
R13	R13_fiq	R13_svc	R13_abt	R13_irq	R13_und
R14	R14_fiq	R14_svc	R14_abt	R14_irq	R14_und
R15(PC)	R15(PC)	R15(PC)	R15(PC)	R15(PC)	R15(PC)

ARM State Program Status Registers

CPSR	CPSR	CPSR	CPSR	CPSR	CPSR
	SPSR_fiq	SPSR_svc	SPSR_abt	SPSR_irq	SPSR_und

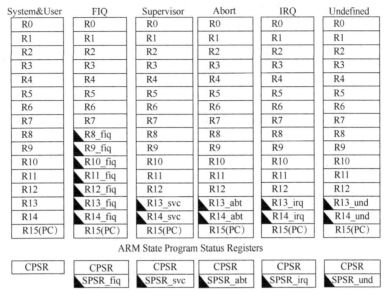

图 7.5　ARM 不同工作模式下的寄存器分配

ARM 微处理器的 37 个寄存器的具体说明如下。

1. R0～R7

所有工作模式下，R0～R7 都分别指向同一个物理寄存器（共 8 个物理寄存器），它们未被系统用作特殊的用途。在中断或异常处理进行工作模式转换时，由于不同工作模式均使用相同的物理寄存器，因此可能造成寄存器中数据的破坏。

2. R8～R12

在 User&System、IRQ、SVC、Abort 和 Undefined 模式下访问的 R8～R12 都是同一个物理寄存器（共 5 个物理寄存器）；在 FIQ 模式下，访问的 R8_fiq～R12_fiq 是另外独立的物理寄存器（共 5 个物理寄存器）。

3. R13 和 R14

在 User&System、IRQ、FIQ、SVC、Abort 和 Undefined 模式下访问的 R13～R14 都是各自模式下独立的物理寄存器（共 12 个物理寄存器）。

R13 在 ARM 指令中常被用作堆栈指针（SP），但这只是一种习惯用法，用户也可使用其他寄存器作为堆栈指针。而在 Thumb 指令集中，某些指令强制性地要求使用 R13 作为堆栈指针。

由于处理器的每种工作模式均有自己独立的物理寄存器 R13，因此在用户应用程序的初始化部分一般都要初始化每种模式下的 R13，使其指向该工作模式的栈空间。这样，当程序进入异常模式时，可以将需要保护的寄存器放入 R13 所指向的堆栈。而当程序从异常模式返回时，则从对应的堆栈中恢复。采用这种方式可以保证异常发生后程序的正常执行。

R14 被称为链接寄存器（Link Register），当执行子程序调用指令（BL）时，R14 可得到

R15（程序计数器 PC）的备份。在每种工作模式下，都可用 R14 保存子程序的返回地址。当用 BL 或 BLX 指令调用子程序时，将 PC 的当前值复制给 R14，执行完子程序后，又将 R14 的值复制回 PC，即可完成子程序的调用返回。

4．程序计数器 PC（R15）

所有工作模式下访问的 R15 都是同一个物理寄存器，由于 ARM 体系结构采用了多级流水线技术，对于 ARM 指令集而言，PC 总指向当前指令的下两条指令的地址，即 PC 的值为当前指令的地址值加 8 字节。

在 ARM 状态下，R15[1:0]为 0，R15[31:2]用于保存 PC；在 Thumb 状态下，R15[0]为 0，R15[31:1]用于保存 PC。

5．CPSR 和 SPSR

R16 用作 CPSR（Current Program Status Register，当前程序状态寄存器），CPSR 可在任何工作模式下被访问，它包括条件标志位、中断禁止位、当前处理器模式标志位，以及其他相关的控制和状态位。

在每种工作模式下又都有一个专用的物理状态寄存器，称为 SPSR（Specified Program Status Register，备份的程序状态寄存器），当异常发生时，SPSR 用于保存 CPSR 的当前值，从异常退出时则可由 SPSR 来恢复 CPSR。

用户模式和系统模式不属于异常模式，它们没有 SPSR，当在这两种模式下访问 SPSR 时，结果是未知的。

6．CPSR 各标志位的含义

CPSR 各标志位的含义如图 7.6 所示。

31	30	29	28	27	26	7	6	5	4	3	2	1	0
N	Z	C	V	Q	DNM(RAZ)	I	F	T	M4	M3	M2	M1	M0

图 7.6 CPSR 各标志位

N（Negative）：设置成当前指令运算结果的 bit[31]的值。当两个有符号整数进行运算时，N=1 表示运算结果为负数，N=0 表示运算结果为正数。

Z（Zero）：Z=1 表示运算结果为零，Z=0 表示运算结果不为零。对于 CMP 指令，Z=1 表示进行比较的两个数大小相等。

C（Carried out）：分 4 种情况讨论。

（1）在加法指令（包括比较指令 CMP）中，若结果产生进位，则 C=1，表示无符号运算发生上溢出；其他情况，C=0。

（2）在减法指令（包括减法指令 CMP）中，若运算发生借位，则 C=0，表示无符号运算发生下溢出；其他情况，C=1。

（3）对于包含移位操作的非加减运算指令，C 包含最后一次溢出的位的数值。

（4）对于其他非加减运算指令，C 的值通常不受影响。

V（oVerflow）：对于加减运算指令，当操作数和运算结果为二进制的补码表示的有符号数时，V=1 表示符号位溢出；通常其他指令不影响 V。

Q：在 ARM V5 的 E 系列处理器中，CPSR 的 bit[27]称为 Q 标识位，主要用于指示增强的 DSP 指令是否发生了溢出。同样地，SPSR 的 bit[27]也称为 Q 标识位，用于在异常中断发生时保存和恢复 CPSR 中的 Q 标识位。在 ARM V5 以前的版本及 ARM V5 的非 E 系列的处理器中，Q 标识位没有被定义。

I 和 F：当 I=1 时，禁止 IRQ 中断，当 F=1 时，禁止 FIQ 中断。

T：对于 ARM V4 及更高版本的 T 系列 ARM 微处理器，T=0 表示执行 ARM 指令，T=1 表示执行 Thumb 指令；对于 ARM V5 及更高版本的非 T 系列 ARM 微处理器，T=0 表示执行 ARM 指令，T=1 表示强制下一条执行的指令产生未定指令中断。

M[4:0]：定义 ARM 工作模式。

CPSR 其他位：用于将来 ARM 版本的扩展，应用软件不能操作这些位，以免与 ARM 将来扩展的版本冲突。

7.2.4　ARM 微处理器支持的数据类型和存储模式

1．ARM 微处理器支持的数据类型

对于 32 位的 ARM 微处理器而言，其对数据的访问较 8 位的单片机更加灵活，因为数据在存储器中不仅可以以字节为单位进行存储，还可以以半字和字为单位进行存储。其中，字需要 4 字节对齐（地址的低两位为 0），半字需要 2 字节对齐（地址的最低位为 0）。

（1）字。在 ARM 体系结构中，数据是以字为单位保存在存储器中的，一字的长度是 32 位，占 4B 的存储单元，而在 8/16 位处理器中，字长一般是 16 位的。

（2）半字。在 ARM 体系结构中，半字的长度是 16 位，占 2B 的存储单元。

（3）字节。在 ARM 体系结构中，一字节的长度是 8 位，占一个存储单元，这与 8/16 位处理器中字节的长度是一样的。

2．ARM 微处理器支持的存储模式

ARM 体系结构将存储器视为从零地址开始的字节的线性组合。第 0～3 字节放置第一个存储的字数据，第 4～7 字节放置第二个存储的字数据，依次排列。作为 32 位的微处理器，ARM 体系结构所支持的最大寻址空间为 4GB（232 字节）。ARM 体系结构可以用两种方法存储字数据，称之为大端格式和小端格式，可以通过上电启动时确定字节存储顺序来选择存储方式，具体说明如下。

（1）大端格式：在这种格式中，字数据的高字节存储在低地址中，而字数据的低字节则存储在高地址中。

（2）小端格式：与大端格式相反，在小端格式中，低地址中存储的是字数据的低字节，高地址中存储的是字数据的高字节。

7.3　STM32F103 系列微控制器的基本原理及应用

STM32F103 系列微控制器使用来自 ARM 公司具有突破性的 Cortex-M3 内核，该内核是专门设计用来满足集高性能、低功耗、实时应用、高性价比于一体的嵌入式领域的需求的。STM32F103 系列给 MCU 用户带来了前所未有的自由空间，提供了全新的 32 位产品选项，结合了高性能、实时、低功耗、低电压等特性，同时保持了高集成度和易于开发的优势。

由于 STM32F103 系列微控制器的定位是针对传统的嵌入式入门市场，因此相对于传统的 8051、AVR 等单片机，其巨大的优势显露无遗，主要体现在以下几个方面。

（1）指令执行速度是 1.25 DMIPS/MHz，功耗 0.19mW/MHz；

（2）支持 Thumb-2 指令集；

（3）单周期乘法指令和硬件除法指令；

（4）内置了快速的中断控制器，提供了优越的实时特性，中断间的延迟时间降到 6 个 CPU 周期，从低功耗模式唤醒的时间也为 6 个 CPU 周期；

（5）与 ARM7 TDMI 相比，运行速度最多可快 35%且代码最多可节省 45%；

（6）提供更为丰富的外设和网络接口，使用更为灵活方便。

STM32F103 系列微控制器的工作频率为 72MHz，内置高速存储器，丰富的增强 I/O 接口和连接到两条 APB 总线的外设。所有型号的器件都包含 2 个 12 位的 ADC、3 个通用 16 位定时器和 1 个 PWM 定时器，还包含标准和先进的通信接口：多达 2 个 I^2C 和 SPI、3 个 USART、1 个 USB 和 1 个 CAN。该系列微控制器提供了一个满足 MCU 实现需要的低开销平台，具有更少的引脚和更低的功耗，并且提供了更好的计算表现和更快的中断系统应答，主要功能如下。

（1）内置了多达 512KB 的嵌入式 Flash，可用于存储程序和数据。多达 64KB 的嵌入式 SRAM，可以以 CPU 时钟速度进行读/写（不带等待状态）。

（2）可变静态存储控制器（FSMC）嵌入在 STM32F103xC、STM32F103xD 和 STM32F103xE 中，带有 4 个片选，支持 Flash、RAM、PSRAM、NOR 和 NAND 这 4 种模式。

（3）STM32F103 系列微控制器嵌入了一个嵌套矢量中断控制器（NVIC），可以处理 43 个可屏蔽中断通道（不包括 Cortex-M3 的 16 根中断线），提供 16 个中断优先级。

（4）外部中断/事件控制器（EXTI）由用于 19 条产生中断/事件请求的边沿探测器线组成。每条线可以被单独配置用于选择触发事件（上升沿、下降沿或者两者都可以），也可以被单独屏蔽。

（5）在启动的时候还要进行系统时钟选择，但复位的时候内部 8MHz 的晶振被选作 CPU 时钟。可以选择一个外部的 4～16MHz 的时钟，并且会被监视判定是否成功。在启动的时候，boot 引脚被用来在 3 种 boot 选项中选择一种：从用户 Flash 导入；从系统存储器导入；从 SRAM 导入。boot 导入程序位于系统存储器中，用于通过 USART1 重新对 Flash 存储器进行编程。

（6）有 3 种电源供电方案：VDD，电压范围为 2.0～3.6V，用于 I/O 和内部调压器；VSSA，VDDA，电压范围为 2.0～3.6V，用于 ADC、复位模块、RC 和 PLL；VBAT，电压范围为 1.8～3.6V。有一个完整的上电复位（POR）和掉电复位（PDR）电路，这条电路一直有效，用于确保从 2V 启动或者掉到 2V 的时候进行一些必要的操作。当 VDD 低于一个特定下限 VPOR/PDR 的时候，不需要外部复位电路，设备也可以保持在复位模式。调压器有 3 种运行模式：主（MR），用在传统意义上的调节模式（运行模式）；低功耗（LPR），用在停止模式；掉电用在待机模式，调压器输出为高阻，核心电路掉电，包括零消耗（寄存器和 SRAM 的内容不会丢失）。STM32F103 系列微控制器支持 3 种低功耗模式：休眠模式时，只有 CPU 停止工作，所有的外设继续运行，在中断/事件发生时唤醒 CPU；停止模式时，允许以最小的功耗来保持 SRAM 和寄存器的内容，设备可以通过外部中断线从停止模式唤醒，外部中断源可以使 16 个外部中断线之一、PVD 输出或者 TRC 警告；待机模式时，内部调压器被关闭，1.8V 区域被断电，PLL、HSI 和 HSE RC 振荡器也被关闭，除了备份寄存器和待机电路，SRAM 和寄存器的内容会丢失，以追求最小的功耗。

7.3.1　STM32F103 系列微控制器内部结构

1．系统结构

STM32F103 系列微控制器的主系统由 4 个驱动单元和 4 个被动单元构成，其中 4 个驱动单元由 Cortex-M3 内核 DCode 总线（D-bus）、系统总线（S-bus）、通用 DMA1 和通用 DMA2 构成；4 个被动单元由内部 SRAM、内部闪存存储器、FSMC、AHB 到 APB 的桥（AHB2APBx）以及它所连接的所有的 APB 设备构成。

STM32F103 系列微控制器的系统结构如图 7.7 所示。

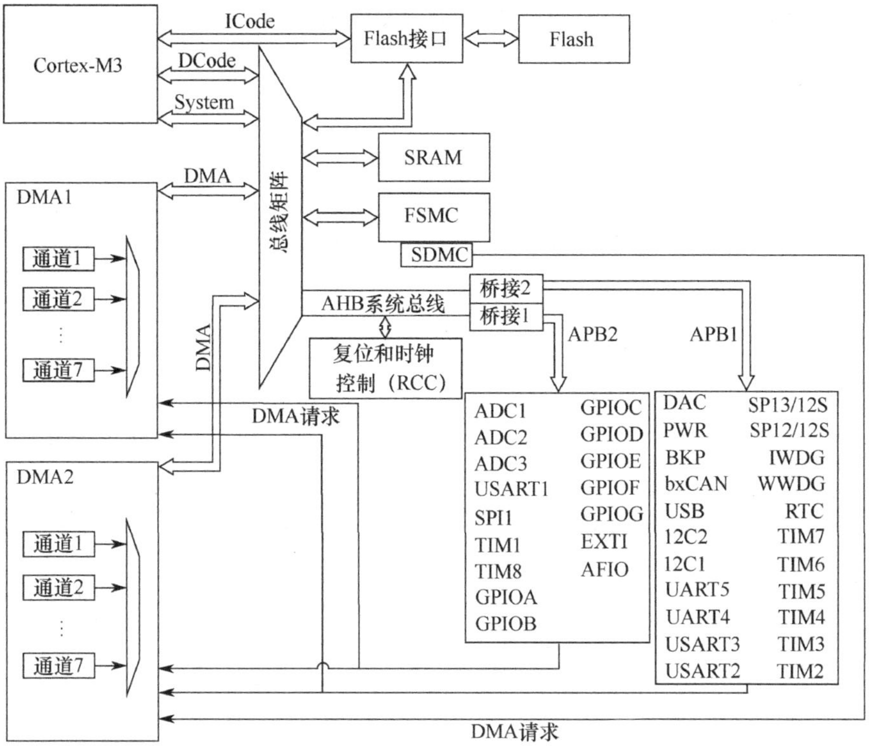

图 7.7　STM32F103 系列微控制器的系统结构

（1）ICode 总线：将 Cortex-M3 内核的指令总线与闪存指令接口相连接。指令预取在此总线上完成。

（2）DCode 总线：将 Cortex-M3 内核的 DCode 总线与闪存存储器的数据接口相连接（常量加载和调试访问）。

（3）系统总线：连接 Cortex-M3 内核的系统总线（外设总线）到总线矩阵，总线矩阵协调着内核和 DMA 间的访问。

（4）DMA 总线：将 DMA 的 AHB 主控接口与总线矩阵相连，总线矩阵协调着 CPU 的 DCode 和 DMA 到 SRAM、闪存和外设的访问。

（5）总线矩阵：协调内核系统总线和 DMA 主控总线之间的访问仲裁，仲裁利用轮换算法。AHB 外设通过总线矩阵与系统总线相连，允许 DMA 访问。

（6）AHB/APB 桥（APB）：两个 AHB/APB 桥在 AHB 和 2 个 APB 总线间提供同步连接。APB1 的操作频率限于 36MHz，APB2 操作于全速（最高频率 72MHz）。

2. 存储器的地址空间

存储器映射是指把芯片中或芯片外的 Flash、RAM、外设、BOOT 和 BLOCK 等进行统一编址，即用地址来表示对象。这个地址绝大多数是由厂家规定好的，用户只能用而不能改。用户只能在挂外部 RAM 或 Flash 的情况下进行自定义。

STM32F103 系列微控制器基于的 ARM Cortex-M3 核采用冯·诺依曼体系结构，它的存储系统采用统一编址的方式；程序存储器、数据存储器和寄存器被组织在 4GB 的线性地址空间内，以小端格式存储。由于 Cortex-M3 是 32 位的内核，因此其 PC 指针可以指向 2^{32}B=4GB 的地址空间，也就是 0x0000_0000～0xFFFF_FFFF 这块空间，如图 7.8 所示。

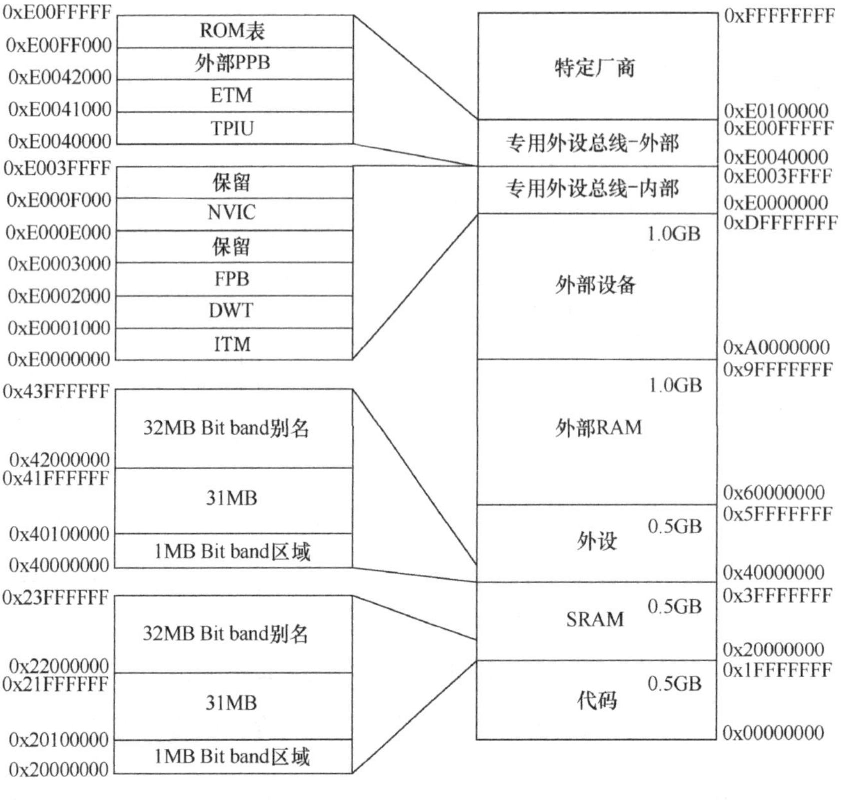

图 7.8 Cortex-M3 的存储器映射

Cortex-M3 内核将 0x0000_0000～0xFFFF_FFFF 这块 4GB 的空间分成 8 大块：代码、SRAM、外设、外部 RAM、外部设备、专用外设总线–内部、专用外设总线–外部、特定厂商，如图 7.9 所示，这导致使用该内核的芯片厂家必须按照这个进行各自芯片的存储器结构设计，如 STM32。

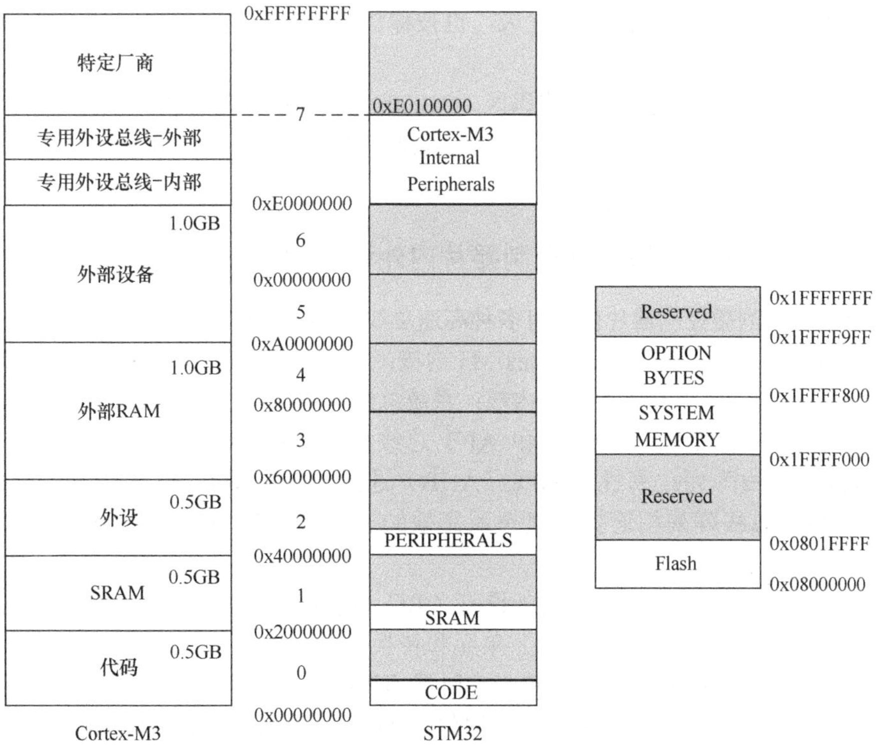

图 7.9　Cortex-M3 与中密度 STM32 的存储器映射对比

由图 7.9 可以很清晰地看到，STM32 系列微控制器的存储器结构与 Cortex-M3 的很相似，不同的是，STM32 加入了很多实际的内容，如 Flash、SRAM 等。只有加入了这些东西，才能成为一个拥有实际意义的、可以工作的处理芯片。STM32 的存储器地址空间被划分为大小相等的 8 块区域，每块区域的大小为 512MB（如 0x20000000～0x40000000）。对 STM32 存储器知识的掌握，实际上就是对 Flash 和 SRAM 这两个区域知识的掌握。

不同类型的 STM32 系列微控制器的 SRAM 的大小是不一样的，但是它们的起始地址都是 0x20000000，终止地址都是 0x20000000+其固定的容量大小。SRAM 比较简单，其作用是存取各种动态的输入/输出数据、中间计算结果，以及与外部存储器交换的数据和暂存数据。设备断电后，SRAM 中存储的数据就会丢失。

严格来说，STM32 的 Flash 应该是 Flash 模块。3 个分区的称呼与 datasheet 保持一致。该 Flash 模块包括：

（1）Flash 主存储区（Main memory）：存放代码的地方，如图 7.9 中的 Flash 区域：128KB（0x08000000～0x0801FFFF）（不同容量的 Flash 的终止地址不同）。

（2）Flash 信息区（Information block），该区域又可以分为 Option Bytes 和 System Memory 区域。STM32 系列微控制器在出厂时，已经固化了一段程序在 System Memory（medium-Density devices 的地址为：0x1FFF_F000，大小为 2KB）存储器中。这段程序就是一个固定好的且无法修改的 Boot Loader；Option Bytes 区域可以按照用户的需要进行配置（如配置看门狗为硬件实现还是软件实现），该区域除了互联型，其他型号地址都一样。

（3）Flash 存储接口寄存器区（Flash memory interface），用于片上外设，即图 7.9 中从

0x40000000 开始的 PERIPHERALS 区域，也被称作外设存储器映射。对该区域进行操作，就是对相应的外设进行操作。

根据 STM32 的内存映射图，在代码区，0x00000000 地址为启动区，上电以后，CPU 从这个地址开始执行代码。0x08000000 是用户 Flash 的起始地址，0x20000000 是 SRAM 的起始地址。

7.3.2 STM32F103 系列微控制器片内外设概述

STM32F103 系列微控制器片内具有多种高速总线，其中，指令总线（ICode Bus）简称 I-Bus，连接 Flash 存储器指令接口和 Cortex-M3 内核；数据总线（DCode Bus）简称 D-Bus，连接 Flash 存储器数据接口和 Cortex-M3 内核；系统总线（System Bus）简称 S-Bus，通过总线阵列（Bus Matrix）与 DMA、AHB 和 APB 总线相连接；DMA 总线（DMA-Bus）连接 DMA 控制器和总线阵列；高性能总线（AHB）通过 AHB/APB 桥与高级外设总线相连接，AHB 总线与总线阵列相连接。复杂而高效的总线系统是 STM32F103 高性能的基本保障。

STM32F103 系列微控制器的片内外设有 CRC（循环冗余校验）计算单元、复位与时钟管理单元、通用目的输入/输出（GPIO）单元和替换功能输入/输出（AFIO）单元、ADC 单元、DAC 单元、DMA 控制器、高级控制定时器 TIM1 和 TIM8、通用目的定时器 TIM2～TIM5、基本定时器 TIM6 和 TIM7、实时时钟（RTC）、独立看门狗（IWDG）、窗口看门狗（WWDG）、静态存储控制器（FSMC）、SDIO、USB 设备、bxCAN、串行外设接口 SPI、I^2C 接口、通用同步/异步串行接口 USART、芯片唯一身份号寄存器（96 位）等。主要片内外设如下。

1. CRC 计算单元

用于计算给定的 32 位长的字数据的 CRC 校验码，生成多项式。CRC 计算单元共有 3 个寄存器：数据寄存器 CRC_DR（偏移地址为 0x0，复位值为 0xFFFFFFFF，基地址为 0x40023000），用于保存需要校验的 32 位数据，读该寄存器可读出前一个数据的 CRC32 校验码；独立的数据寄存器 CRC_IDR（偏移地址为 0x04，复位值为 0x00000000），只有低 8 位有效，用作通用数据寄存器；控制寄存器 CRC_CR（偏移地址为 0x08，复位值为 0x00000000），只有第 0 位有效，写入 1 时复位 CRC 计算单元，使 CRC_DR 的值为 0xFFFFFFFF。

2. 复位与时钟管理单元（RCC）

复位与时钟管理单元的寄存器包括：时钟控制寄存器（RCC_CR）、时钟配置寄存器（RCC_CFGR）、时钟中断寄存器（RCC_CIR）、APB2 外设复位寄存器（RCC_APB2RSTR）、APB1 外设复位寄存器（RCC_APB1RSTR）、AHB 外设时钟有效寄存器（RCC_AHBENR）、APB2 外设时钟有效寄存器（RCC_APB2ENR）、APB1 外设时钟有效寄存器（RCC_APB1ENR）、备份区控制寄存器（RCC_BDCR）和控制与状态寄存器（RCC_CSR）。

3. 通用目的输入/输出（GPIO）单元

通用目的输入/输出（GPIO）单元是 STM32F103 系列微控制器与外部进行通信的主要通道，可以输入或输出数字信号。作为输入端口时，有上拉有效、下拉有效或无上拉无下拉的悬空工作模式；作为输出端口时，支持开漏和推挽工作模式。GPIO 单元的寄存器包括：2 个 32

位的配置寄存器（GPIOx_CRL 和 GPIOx_CRH）、2 个 32 位的数据寄存器（GPIOx_IDR 和 GPIOx_ODR）、1 个 32 位的置位和清零寄存器（GPIOx_BSRR）、1 个 16 位的清零寄存器（GPIOx_BRR）和 1 个 32 位的锁定寄存器（GPIOx_LCKR）。这里的 x 取为 A～G 中的一个字母，表示端口号。

4. 替换功能输入/输出（AFIO）单元

复用 GPIO 口的替换功能输入/输出（AFIO）单元需要借助 GPIO 配置寄存器将端口配置为合适的工作模式，特别是作为输出端口时，有相应的替换功能下的开漏和推挽工作模式。

与 AFIO 单元相关的寄存器有事件控制寄存器（AFIO_EVCR）、替换功能重映射和调试 I/O 口配置寄存器（AFIO_MAPR）、外部中断配置寄存器 1（AFIO_EXTICR1）、外部中断配置寄存器 2（AFIO_EXTICR2）、外部中断配置寄存器 3（AFIO_EXTICR3）、外部中断配置寄存器 4（AFIO_EXTICR4）、替换功能重映射和调试 I/O 口配置寄存器 2（AFIO_MAPR2）。

从 GPIO 口中可任选 16 个作为外部中断输入端，选取工作由配置 AFIO_EXTICR4 寄存器实现，这 4 个寄存器的结构类似，均只有低 16 位有效，分成 4 个四位组，即 4 个寄存器共有 16 个四位组，依次记为 EXTI15[3:0],EXTI14[3:0],EXTI13[3:0],…,EXTI2[3:0],EXTI1[3:0],EXTI0[3:0]，分别对应着 GPIO 口的第 15,14,13,…,2,1,0 引脚，每个四位组中的值（只能设为 0000b～0110b）对应着端口号 A～G。例如，设定 PE4 为外部中断输入口，则 AFIO_EXTICR2 的 EXTI4[3:0]设为 0100b。

5. ADC 单元和 DAC 单元

STM32F103 系列微控制器有 3 个 ADC 单元和 2 个 DAC 单元，对于 ADC 单元而言，外部有 8 个 ADC1、ADC2 和 ADC3 公用的输入端口（以 ADC123_IN*x* 表示，x=0,1,2,3,10,11,12,13），8 个 ADC1 和 ADC2 公用的输入端口（以 ADC12_IN*x* 表示，x=4,5,6,7,8,9,14,15）和 5 个 ADC3 专用的输入端口（以 ADC3_IN*x* 表示，x=4,5,6,7,8）。此外，STM32 有一个内部温度传感器，可以用来测量 CPU 及周围的温度。该温度传感器在内部和 ADC1_IN16 输入通道相连接。对于 DAC 单元而言，两个 DAC 各有一个模拟输出口，分别为 DAC_OUT1 和 DAC_OUT2。

6. 定时器

STM32F103 芯片共有 8 个定时器，其中，TIM1 和 TIM8 称为高级控制定时器，TIM2～TIM5 称为通用定时器，TIM6 和 TIM7 称为基本定时器，如表 7.2 所示。

表 7.2 STM32F103 定时器

定时器	分辨率	计数方式	分频值	DMA 控制	捕获/比较通道	互补输出
TIM1 TIM8	16 位	加计数 减计数 加/减计数	1～65536	有	4	有
TIM2 TIM3 TIM4 TIM5	16 位	加计数 减计数 加/减计数	1～65536	有	4	无
TIM6 TIM7	16 位	加计数	1～65536	有	无	无

（1）高级控制定时器（TIM1 和 TIM8），可以视为一个在 6 通道上复用的三相 PWM，也可以被视为通用定时器，4 个独立的通道可以用作：输入捕获、输出捕获、PWM 产生、单脉冲模式输出、设置空转时间的 PWM 输出。

（2）通用定时器（TIM2～TIM5），基于一个 16 位自动重载顺序/倒序计数器和一个 16 位的预比较器。每个通用定时器都有分别用于输入捕获、输出比较、PWM 或者单脉冲模式输出的 4 个独立通道。STM32F103 设备最多自带 4 个同步标准定时器。

（3）基本定时器 TIM6 和 TIM7，用于产生 DAC 触发，也可以用作通用的 16 位定时器。

7. RTC 时钟

STM32F103 芯片集成了 RTC 时钟，主要用于产生日期和时间，集成了 2 个看门狗定时器，用于监测软件运行错误，其中独立看门狗定时器（IWDG）具有独立的片内 40kHz 时钟源，带窗口喂狗的看门狗定时器（WWDG）可以避免喂狗程序工作正常而其他程序模块错误的情况发生。

8. 数据通信的外设模块

STM32F103 具有与外部进行数据通信的外设模块，这些模块需要专用的通信时序和协议，包括 3 个通用同步/异步串行接口（USART1、USART2 和 USART3）、2 个通用异步串行接口（UART4 和 UART5）、2 个 I^2C 总线接口、3 个串行外设接口（SPI1、SPI2 和 SPI3，其中 SPI2 和 SPI3 可作为 I^2S 接口）、1 个 SDIO 接口、1 个 CAN 接口、1 个 USB 设备接口和外部静态存储器接口模块。

9. 芯片的身份号

在 STM32F103 芯片的地址 0x1FFFF7E0 处的半字存储空间中保存着芯片 Flash 空间的大小，可以使用语句“v=*((unsigned short *)0x1FFFF7E0);”读出，这里 v 为无符号 16 位整型变量，对于 STM32F103ZET6，v 的值为 0x0200（表示 512KB）。在地址 0x1FFFF7E8 开始的 12 字节中保存着芯片的身份号，该编号是全球唯一的，可使用语句“v1=*((unsigned int *)(0x1FFFF7E8 + 0x00)); v2 = *((unsigned int *) (0x1FFFF7E8 + 0x04)); v3=*((unsigned int *)(0x1FFFF7E8 + 0x08));”读出，此处，v1、v2 和 v3 为无符号 32 位整型变量。例如，读出的值为：v1=0x05D7FF38，v2=0x39354E4B，v3=0x51236736，即所使用的芯片的 96 位唯一身份号为“5123673639354E4B05D7FF38H”。

7.3.3 基于标准外设库的软件开发

STM32 标准外设库是一个固件函数包，它由程序、数据结构和宏组成，包括微控制器所有外设的性能特征。该函数库还包括每个外设的驱动描述和应用实例，为开发者访问底层硬件提供了一个中间 API，通过使用固件函数库，无须深入掌握底层硬件细节，就可以轻松应用每个外设。每个外设驱动都由一组函数组成，这组函数覆盖了该外设的所有功能。

简单地说，使用标准外设库进行开发的最大优势在于可以使开发者不用深入了解底层硬件细节就可以灵活规范地使用每个外设。标准外设库覆盖了从 GPIO 到定时器，再到 CAN、

I^2C、SPI、UART 和 ADC 等的所有标准外设。对应的 C 源代码只用了最基本的 C 编程的知识，所有代码经过严格测试，易于理解和使用，并且配有完整的文档，非常方便进行二次开发和应用。

1. 基于 CMSIS 标准的软件架构

微控制器软件接口标准 CMSIS（Cortex Microcontroller Software Interface Standard）是 ARM 公司与多家不同的芯片和软件供应商一起紧密合作并定义的，提供了内核与外设、实时操作系统和中间设备之间的通用接口。

基于 CMSIS 标准的软件架构主要分为以下 4 个软件层次：用户应用层、操作系统及中间件接口层、CMSIS 层、硬件寄存器层，分别由 ARM 公司、芯片供应商提供。其中，CMSIS 层主要分为 3 部分。

（1）核内外设访问层（CPAL），由 ARM 负责实现对寄存器名称、地址定义、NVIC 接口等定义，统一用_INLINE 屏蔽差异，其接口函数均是可重入的。

（2）片上外设访问层（DPAL），由芯片厂商负责实现，可调用 CPAL 提供的接口函数处理相应的外设中断请求。

（3）外设访问函数（AFP），由芯片厂商负责，提供访问片上外设的函数。

CMSIS 层起着承上启下的作用：一方面，该层对硬件寄存器层进行统一实现，屏蔽了不同厂商对 Cortex-M 系列微处理器核内外设寄存器的不同定义；另一方面，又向上层的操作系统及中间件接口层和应用层提供接口，简化了应用程序开发难度，使开发人员能够在完全透明的情况下进行应用程序开发。基于 CMSIS 标准的软件架构如图 7.10 所示。

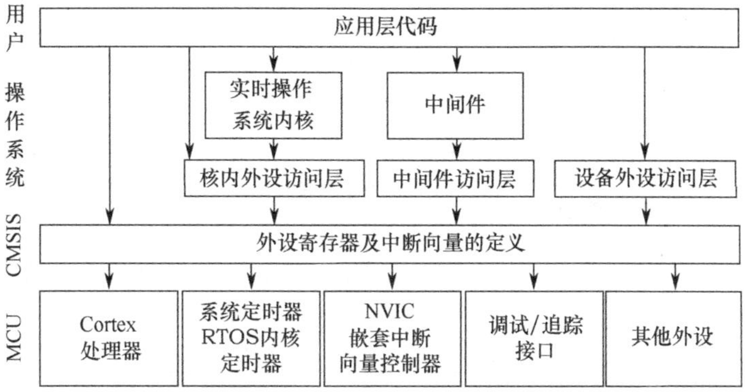

图 7.10　基于 CMSIS 标准的软件架构

基于 CMSIS 标准的软件架构具有以下优势：

（1）为芯片厂商和中间件供应商提供了简单的处理器软件接口，简化了软件复用工作，降低了 Cortex-M 上操作系统的移植难度；

（2）简化了新入门的微控制器开发者的学习曲线，缩短了新产品的上市时间；

（3）独立于供应商的 Cortex-M 处理器系列硬件抽象层，统一了接口。

2. STM32F10xxx 标准外设库结构与文件描述

STM32F10xxx 标准外设库体系结构如图 7.11 所示。

STM32F10xxx 标准外设库中的文件功能说明如表 7.3 所示。

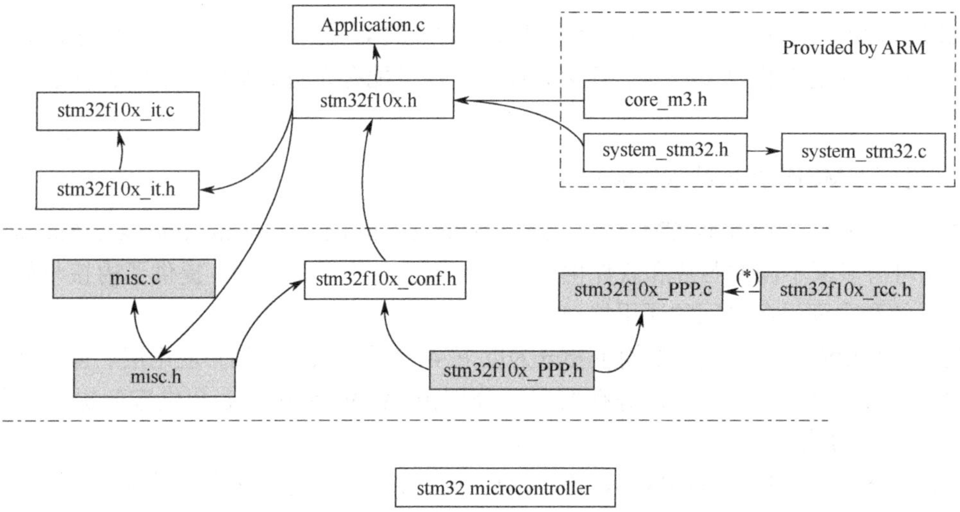

图 7.11　STM32F10xxx 标准外设库体系结构

表 7.3　STM32F10xxx 标准外设库中的文件功能说明

文　件　名	功 能 描 述	具体功能说明
core_cm3.h core_cm3.c	Cortex-M3 内核及其设备文件	访问 Cortex-M3 内核及其设备：NVIC、SysTick 等； 访问 Cortex-M3 的 CPU 寄存器和内核外设的函数
stm32f10x.h	微控制器专用头文件	这个文件包含 STM32F10x 全系列所有外设寄存器的定义（寄存器的基地址和布局）、位定义、中断向量表、存储空间的地址映射等
system_stm32f10x.h system_stm32f10x.c	微控制器专用系统文件	函数 SystemInit，用来初始化微控制器；函数 Sysem_ExtMemCtl，用来配置外部存储器控制器。它位于文件 startup_stm32f10x_xx.s/.c 中，在跳转到 main 前调用 SystemFrequncy，该值代表系统的时钟频率
startup_stm32f10x_Xd.s	编译器启动代码	微控制器专用的中断处理程序列表（与头文件一致），弱定义（Weak）的中断处理程序默认函数（可以被用户代码覆盖），该文件是与编译器相关的
stm32f10x_conf.h	固件库配置文件	通过更改包含的外设头文件来选择固件库所使用的外设，在新建程序和进行功能变更之前应当首先修改对应的配置
stm32f10x_it.h stm32f10x_it.c	外设中断函数文件	用户可以相应地加入自己的中断程序的代码，对于指向同一个中断向量的多个不同中断请求，用户可以通过判断外设的中断标志位来确定准确的中断源，执行相应的中断服务函数
stm32f10x_ppp.h stm32f10x_ppp.c	外设驱动函数文件	包括相关外设的初始化配置和部分功能应用函数，这部分是进行编程功能实现的重要组成部分
Application.c	用户文件	用户程序文件，通过标准外设库提供的接口进行相应的外设配置和功能设计

3. STM32F10xxx 标准外设库的使用

标准外设库包含众多变量定义和功能函数，有必要了解它们的命名规则和使用规律，具体如下。

（1）缩写定义。库中的主要外设都使用了缩写，可以查阅相关资料进行了解。

（2）命名规则。标准外设库命名时用 PPP 表示任一外设缩写，如：ADC。源程序文件和头文件命名以“stm32f10x_”作为开头，如：stm32f10x_conf.h。

（3）变量定义。在早期的版本中有 24 个变量定义，在 Keil 的安装根目录下，可以找到对应的定义，路径为：Keil\ARM\INC\ST\STM32F10x\stm32f10x_type.h。

（4）新建一个项目并设置工具链对应的启动文件，可以使用标准外设库中提供的模板，也可以根据自己的需求新建。

（5）按照使用产品的具体型号选择具体的启动文件，加入工程。

（6）调用对应的函数进行相应的功能设计。

本节以 Keil μVision4 MDK 为例，简要说明使用标准外设库进行开发的流程。

（1）建立工程目录：首先建立一个用于存放工程的文件夹，在文件夹下分别建立 LIB、USER、MDK 这 3 个文件夹，分别用于存放标准外设库文件、用户程序文件、工程目录。在 MDK 文件夹下建立 List、Obj 两个文件夹，分别用于存放在编译过程中产生的临时文件和输出文件。然后复制标准外设库和相应的文件到工程目录中。

（2）新建工程：首先启动 Keil μVision4，单击菜单栏 Project→New μVision Project，选择工程的保存位置；在弹出的界面中选择所使用的芯片信号，芯片选择完成后软件会弹出一条提示，提示是否要复制 STM32 大容量启动代码并添加到工程，此处根据具体情况决定是否使用标准设库中提供的启动代码。至此，建立了一个新的工程。

（3）添加程序文件：在 Keil μVision4 软件左侧的 Project 一栏中对建立的工程 Target 1 双击之后可以重命名，这里命名为 STM32；然后右击，选择 Manage Components，在对应的 Group 上右击 Add Group 和 Add Files to Group，即可添加所需的文件。

（4）程序调试与下载设置：调试的设置在 Debug 选项卡中，此选项卡主要完成程序调试的相关设置，选项卡分为两部分，左侧是使用模拟器进行仿真与调试的方式，选择后软件会进入模拟器调试，右侧是选择使用仿真器连接硬件开发平台进行调试的仿真器，从右侧选择所使用的仿真器，如使用的是 J-Link 仿真器，故在下拉框中选择 Cortex-M/RJ-LINK/J-Trace。在两侧的下方可以通过勾选对应的复选框来选择是否需要在调试开始时下载程序和运行到主程序，其他部分的设置保持默认即可。

习　题　7

7.1　问答思考题

（1）冯・诺依曼体系结构与哈佛体系结构各有什么特点？

（2）RISC 架构与 CISC 架构相比有什么优点？

（3）简述流水线技术的基本概念。

（4）大端格式存储和小端格式存储有什么不同？对存储数据有什么要求和影响？

（5）STM32F103 的内部结构由哪些部分组成？

（6）STM32F103 的标准外设库文件结构包含几个层次？利用标准外设库编程有什么好处？

（7）查阅参考文献资料，利用标准外设库编制一个在 8 个数码管上轮流显示 1～8 的程序。

（8）查阅参考文献资料，利用标准外设库编程实现通用 I/O 接口控制 8 个 LED 灯循环点亮。

第 8 章　嵌入式实时操作系统 μC/OS-Ⅱ

8.1　操作系统概述

操作系统（Operating System，OS）是一种为应用程序提供服务的系统软件，是一个完整计算机系统的有机组成部分。从计算机系统层次结构来看，操作系统位于计算机硬件之上、应用软件之下，所以也将它称为应用软件的运行平台。

8.1.1　操作系统的作用

从一般用户的角度，可把 OS 视为用户与计算机硬件系统之间的接口；从资源管理的角度，可把 OS 视为计算机系统资源的管理者。

1．OS 作为用户与计算机硬件系统之间的接口

OS 作为用户与计算机硬件系统之间的接口的含义是：OS 处于用户与计算机硬件系统之间，用户通过 OS 来使用计算机系统。或者说，用户在 OS 的帮助下能够方便、快捷、安全可靠地操纵计算机硬件和运行自己的程序。应当注意，OS 是一个系统软件，因而这种接口是软件接口，如图 8.1 所示。

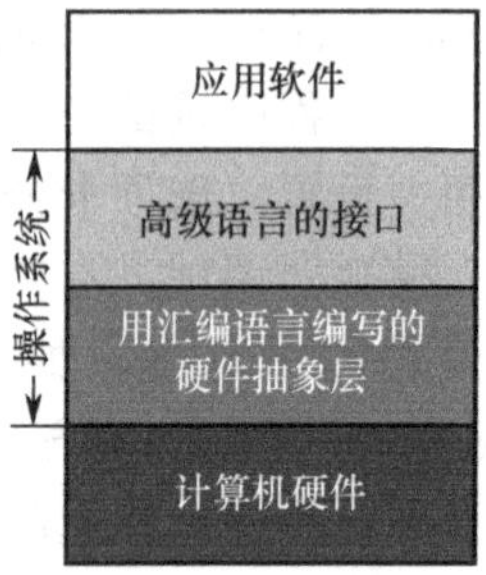

图 8.1　OS 作为接口的示意图

OS 在计算机应用软件与计算机硬件系统之间，屏蔽了计算机硬件工作的一些细节，并对系统中的资源进行有效的管理。通过提供应用程序接口（API）函数，从而使应用软件的设计人员得以在一个友好的平台上进行应用软件的设计和开发，大大地提高了应用软件的开发效率。

2．OS 作为计算机系统资源的管理者

一个计算机系统就是一组资源，这些资源用于对数据的移动、存储、处理，以及对这些功能的控制，而 OS 负责管理这些资源。OS 对计算机资源的管理有以下几个方面。

（1）处理机管理：用于分配和控制处理机。

（2）存储器管理：主要负责内存的分配与回收。

（3）I/O 设备管理：负责 I/O 设备的分配与操纵。

（4）文件管理：负责文件的存取、共享和保护。

8.1.2　操作系统的特征

操作系统的种类有很多，不同的操作系统具有不同的特征，一般来说，采用了多道程序设计技术的操作系统具有如下 4 个基本特征。

1. 并发

在处理机系统中，并发是指宏观上有多道程序同时运行，但在微观上是交替执行的。多道程序并发执行能提高资源利用率和增大系统吞吐量。操作系统统一控制多个进程的并发执行，为保证并发进程的顺利运行，操作系统提供了一系列管理机制。

2. 共享

共享是指计算机系统中的资源可被多个并发执行的用户程序或系统程序共同使用，而不是被其中某一个程序所独占。共享的原因如下。

（1）用户或任务独占系统资源将导致资源浪费。

（2）多个任务共享一个程序的同一副本，而不是分别向每个用户提供一个副本，可以避免重复开发。

并发和共享是紧密相关的。一方面，资源共享是以进程的并发执行为条件的，若不允许进程的并发执行，则不会有资源的共享；另一方面，进程的并发执行以资源共享为条件，若系统不运行共享资源，则程序无法并发执行。

3. 异步

在多道程序系统中，多进程并发执行，但在微观上，进程是交替执行的，因此进程以“走走停停”的不连续方式运行。并发运行环境具有复杂性，每个进程在何时开始执行、何时暂停、以怎样的速度向前推进、多长时间完成、何时发生中断，都是不可预知的，此种特征称为异步。

4. 虚拟

虚拟指的是通过某种技术把一个物理实体映射为多个逻辑实体，用户程序使用逻辑实体。逻辑实体是使用户感觉上有但实际上不存在的事物，例如，在分时系统中，虽然只有一个 CPU，但在分时系统的管理下，每个终端用户都认为自己独占一台主机。此时，分时操作系统利用分时轮转策略把一台物理上的 CPU 虚拟为多台逻辑上的 CPU，也可以把一台物理 I/O 设备虚拟为多台逻辑上的 I/O 设备，方法是用内存中的输入/输出缓冲区来虚拟物理设备，用户程序进行输入/输出时，其实是在和缓冲区进行输入/输出。

8.1.3 操作系统的发展

操作系统最早产生于 1955 年，至今已发展了 60 多年，其可以粗略地被划分为四代。

第一代操作系统是单任务自动批处理操作系统，通过作业控制语言使多个程序可自动在计算机上连续运行，在上一个程序结束与下一个程序开始之间无须人工装卸和干预，第一代操作系统通过避免人工装卸大大提高了机器利用率，但在程序执行过程中进行输入/输出数据时，主机空闲降低了处理机的利用率。

第二代操作系统是多任务和多用户操作系统，最大特征是采用并发技术，使得当一个程序在进行 I/O 操作时，CPU 可转去执行其他程序，从而使多个程序可并发执行，CPU 和 I/O 并行工作。第二代操作系统通过并发技术大大提高了机器利用率，但并发技术的实现代价是使操作系统的复杂程度和功能规模大大增加，从而增加了操作系统的开发周期和开发成本，并影响了操作系统的正确性和可靠性。

第三代操作系统是结构化与小型化操作系统，其典型特征是重视操作系统的结构和功能精简。第三代操作系统还具有网络特征。

第四代操作系统是网络和开放系统、并行与分布式操作系统。

总之，操作系统经过几十年的发展，就单机环境下的系统而言，其基本原理和设计方法已趋于成熟。出现了许多流行的嵌入式系统，如 UNIX、Windows NT 等。20 世纪 80 年代后，随着通用微处理器芯片的高速发展，个人计算机和工作站系统得到了迅猛的发展，强烈冲击着传统小型计算机、中大型计算机的市场。相应地，微型计算机及工作站的操作系统获得了快速的发展和应用，如 MS-DOS、Windows、Solaris 等。从操作系统的发展历史看，推动其发展的动力主要是计算机系统的不断完善和计算机应用的不断深入。

随着计算机应用技术的发展，适应不同应用系统的操作系统也相继出现，并在应用中得以不断发展。

- 嵌入式操作系统：主要伴随着个人数字助理（PDA，Personal Digital Assistant）、掌上电脑、电视机顶盒、智能家电等设备的发展，对操作系统在功能和所占存储空间的权衡上提出了新的要求，对实时响应也有较高的要求。
- 实时操作系统：对操作系统的实时响应要求从来就没有停止过，要求计算机的最大响应时间越来越短，对任务调度时机、算法要求越来越高。特别是针对操作系统的实时性研究还在不断发展中。
- 并行操作系统：随着高性能通用微处理器的发展，人们已经成功地提出了用它们构造“多处理机并行”的体系结构。
- 网络操作系统和分布式操作系统：计算机网络系统还在不断完善中，基于 Client-Server 模型的分布式系统已不断走向应用，完全分布式的系统还未成形，且仍将是研究的热点。

8.2 嵌入式操作系统概述

嵌入式操作系统又称为实时操作系统，是一种支持嵌入式系统应用的操作系统软件，它是嵌入式系统（包括硬件、软件系统）极为重要的组成部分，通常包括与硬件相关的底层驱动软件、系统内核、设备驱动接口、通信协议、图形界面、标准化浏览器 Browser 等。嵌入式操作系统具有通用操作系统的特点，如能够有效管理越来越复杂的系统资源；能够把底层虚拟化，使得开发人员可从繁忙的驱动程序移植和维护中解脱出来；能够提供库函数、驱动程序、工具集及应用程序。嵌入式操作系统能够负责嵌入式系统的全部硬件和软件资源的分配、调度、控制、协调并发活动；它必须体现其所在系统的特征，能够通过装卸某些模块来达到系统所要求的功能。

8.2.1 嵌入式操作系统的演变

近年来，嵌入式操作系统得到飞速的发展，从支持 8 位微处理器到支持 16 位、32 位甚至 64 位微处理器；从支持单一品种的微处理器芯片到支持多品种微处理器芯片；从只有内核到除内核外还提供其他功能模块，如文件系统、TCP/IP 网络系统、窗口图形系统等。

随着嵌入式系统应用领域的扩展，目前嵌入式操作系统的市场在不断细分，出现了针对不同领域的产品，这些产品按领域的要求和标准提供特定的功能。

嵌入式系统经历了几十年的发展，尤其是近几年来，计算机、通信、消费电子的一体化趋势日益明显，嵌入式技术已成为一个研究热点，嵌入式系统也给众多商家带来了良好商机。

目前，嵌入式技术与 Internet 技术的结合正在推动着嵌入式技术的飞速发展，嵌入式系统的研究和应用产生了如下新的显著变化。

- 新的微处理器层出不穷，嵌入式操作系统自身结构的设计更加便于移植，能够在短时间内支持更多的微处理器。
- 嵌入式系统的开发成为一项系统工程，开发厂商不仅要提供嵌入式操作系统本身，还要提供强大的软件开发支持包。
- 通用计算机上使用的新技术、新观念开始逐步被移植到嵌入式系统中，如嵌入式数据库、移动代理、实时 CORBA、Java 等，嵌入式软件平台得到进一步完善。
- 各类嵌入式 Linux 操作系统迅速发展，由于具有源代码开放、系统内核小、执行效率高、网络结构完整等特点，因此很符合信息家电等嵌入式系统的需要，目前已经形成了能与 Windows CE、Symbian 等嵌入式操作系统进行有力竞争的局面。
- 网络化、信息化的要求随着 Internet 技术的成熟和带宽的提高而日益突出，以往功能单一的设备（如电话、手机、冰箱、微波炉等），其功能不再单一，结构变得更加复杂，网络互联成为必然趋势。
- 精简系统内核，优化关键算法，降低功耗和软/硬件成本。
- 提供更加友好的多媒体人机交互界面。

8.2.2　嵌入式操作系统的特点

一个典型的嵌入式操作系统具备下列特点。

1. 可裁剪性

可裁剪性是嵌入式操作系统最大的特点之一，因为嵌入式操作系统的目标硬件配置的差别很大，有的硬件配置非常高，有的却因为成本原因，硬件配置得十分紧凑，所以，嵌入式操作系统必须能够适应不同的硬件配置环境，具备较好的可裁剪性。在一些配置高、功能要求多的情况下，嵌入式操作系统可以通过加载更多的模块来满足这种需求；而在一些配置相对较低、功能单一的情况下，嵌入式操作系统必须能够通过裁剪的方式，把一些不相关的模块裁剪掉，只保留相关的功能模块。为了实现可裁剪，在编写嵌入式操作系统的时候，就需要充分考虑、仔细规划，对整个操作系统的功能细致地进行划分，每个功能模块尽量以独立模块的形式来实现。

可通过两种方式来具体实现可裁剪。一种方式是把整个操作系统的功能分割成不同的功能模块，进行独立编译，形成独立的二进制可加载映像，这样就可以根据应用系统的需要，通过加载或卸载不同的模块来实现裁剪。另外一种方式是通过宏定义开关的方式来实现裁剪，针对每个功能模块，定义一个编译开关（#define）来进行标志。若应用系统需要该模块，则在编译的时候定义该标志，否则取消该标志，这样就可以选择需要的操作系统核心代码，与应用代码一起联编，实现可裁剪。其中，第一种方式是二进制级的可裁剪方式，对应用程序更加透明，且无须公开操作系统的源代码；第二种方式则需要了解操作系统的源代码组织。

2. 强实时性

多数嵌入式操作系统都是硬实时的操作系统，采用抢占式的任务调度机制。

3. 可移植性

通用操作系统的目标硬件往往比较单一，比如，对于 UNIX、Windows 等通用操作系统，只考虑几款比较通用的 CPU 就可以了，如 Intel 的 LA32 和 Power PC。但在嵌入式开发中却不同，存在多种多样的 CPU 和底层硬件环境，就 CPU 而言，流行的可能就达到十几款。嵌入式操作系统必须能够适应各种情况，在设计的时候充分考虑不同底层硬件的需求，通过一种可移植的方案来实现不同硬件平台上的方便移植。例如，在嵌入式操作系统设计中，可以把硬件相关部分代码单独剥离出来，在一个单独的模块或源文件中实现，或者增加一个硬件抽象层来实现不同硬件的底层屏蔽。总之，可移植性是衡量一个嵌入式操作系统质量的重要标志。

4. 可扩展性

嵌入式操作系统的另外一个特点就是可扩展性，可以很容易地在嵌入式操作系统上扩展新的功能。例如，随着 Internet 技术的快速发展，可以根据需要，在对嵌入式操作系统不做大量改动的情况下，增加 TCP/IP 协议功能或协议解析功能。这样必然要求在设计嵌入式操作系统的时候，充分考虑功能之间的独立性，并为将来的功能扩展预留接口。

8.2.3 嵌入式操作系统与通用操作系统的区别

嵌入式操作系统与通用操作系统的主要区别体现在以下 3 个方面。

1. 地址空间

一般情况下，通用操作系统充分利用了 CPU 提供的内存管理单元（MMU，Memory Management Unit），实现了一个用户进程（应用程序）独立拥有一个地址空间的功能，例如，在 32 位 CPU 的硬件环境中，每个进程都有独立的 40B 地址空间。这样每个进程之间相互独立、互不影响，即一个进程的崩溃，不会影响其他进程；一个进程地址空间内的数据，不能被其他进程引用。嵌入式操作系统在多数情况下不会采用这种内存模型，而是操作系统和应用程序公用一个地址空间，例如，在 32 位硬件环境中，操作系统和应用程序共享 4B 地址空间，不同应用程序之间可以直接引用数据。这类似于通用操作系统上的线程模型，即一个通用操作系统的进程可以拥有多个线程，这些线程之间共享进程的地址空间。这样的内存模型实现起来非常简单，且效率很高，因为不存在进程之间的切换（只存在线程切换），而且不同应用之间可以很方便地共享数据，对于嵌入式应用来说，是十分合适的。但这种模型的最大缺点就是无法实现应用之间的保护，一个应用程序的崩溃可能直接影响其他应用程序，甚至操作系统本身。但在嵌入式开发中，这不是问题，因为在嵌入式开发中，整个产品（包括应用代码和操作系统核心）都是由产品制造商开发完成的，很少需要用户编写程序，因此整个系统是可信的。而通用操作系统之所以实现应用之间的地址空间独立，一个立足点就是应用程序的不可信任性。因为在一个系统上可能运行了许多不同厂家开发的软件，这些软件良莠不齐，无法信任，所以采用这种保护模型是十分恰当的。

2. 内存管理

通用的计算机操作系统为了扩充应用程序可使用的内存数量，一般都有虚拟内存功能，即通过 CPU 提供的 MMU 机制把磁盘上的部分空间当作内存使用。这样做的好处是可以让应用程序获得比实际物理内存大得多的内存空间，而且可以把磁盘文件映射到应用程序的内存空间，这样应用程序对磁盘文件的访问就与访问普通物理内存一样了。但在嵌入式操作系统中，一般情况下不会实现虚拟内存功能，这是因为：①一般情况下，嵌入式系统没有本地存储介质，或者即使有，数量也很有限，不具备实现虚拟内存功能的基础（即强大的本地存储功能）；②虚拟内存的实现是在牺牲效率的基础上完成的，一旦应用程序访问的内存内容不在实际的物理内存中，就会引发一系列操作系统的动作，比如引发一个异常、转移到核心模式、引发文件系统读取操作等，这样会大大降低应用程序的执行效率，使得应用程序的执行时间无法预测，这在嵌入式系统开发中是无法容忍的。

因此，权衡利弊，嵌入式操作系统的首选是不采用虚拟内存管理机制，这也是嵌入式操作系统与通用操作系统的一个较大区别。

3. 应用方式

在使用通用操作系统之前必须先进行安装，安装包括检测并配置计算机硬件、安装并配置硬件驱动程序、配置用户使用环境等过程，这个过程完成之后，才可以正常使用操作系统。但嵌入式操作系统则不存在安装的概念，虽然驱动硬件、管理设备驱动程序也是嵌入式操作系统的主要工作，但与通用计算机不同，嵌入式系统的硬件都是事先配置好的，其驱动程序、配置参数等往往与嵌入式操作系统连接在一起，因此，嵌入式操作系统不必自动检测硬件，因而也不存在安装的过程。

8.2.4 常见的嵌入式操作系统

目前，在嵌入式领域广泛使用的操作系统有：μC/OS-Ⅱ、μClinux、Windows CE、VxWorks、ROS，以及应用在智能手机和平板电脑的 Android、iOS 等。

1. μC/OS-Ⅱ

μC/OS-Ⅱ是用 C 语言编写的一个结构小巧、抢占式的多任务实时内核。μC/OS-Ⅱ能管理 64 个任务，并提供任务调度与管理、内存管理、任务间同步与通信、时间管理和中断服务等功能，具有执行效率高、占用空间小、实时性能优良和扩展性强等特点。

在实时性的满足方面，由于 μC/OS-Ⅱ内核是针对实时系统的要求设计实现的，所以只支持基于固定优先级抢占式调度；调度方法简单，可以满足较高的实时性要求。

在内存管理方面，μC/OS-Ⅱ把连续的大块内存按分区来管理，每个分区都包含整数个大小相同的内存块，但不同分区之间内存的大小可以不同。用户动态分配内存时，只需选择一个适当的分区，按块来分配内存，释放时将该块放回到以前所属的分区，这样就消除了因多次动态分配和释放内存而引起的碎片问题。

μC/OS-Ⅱ的中断处理比较简单。一个中断向量上只能挂一个中断服务子程序 ISR（Interrupt Service Routines），而且用户代码必须都在 ISR 中完成。ISR 需要做的事情越多，中断延时也就越长，内核所能支持的最大嵌套深度为 255。

在文件系统的支持方面，由于 μC/OS-Ⅱ是面向中小型嵌入式系统的，即使包含全部功能，编译后内核也不到 10KB，因此系统本身并没有提供对文件系统的支持。但是 μC/OS-Ⅱ具有良好的扩展性能，如果需要，也可自行加入文件系统的内容。

在对硬件的支持方面，μC/OS-Ⅱ能够支持当前流行的大部分 CPU，μC/OS-Ⅱ本身内核就很小，经过裁剪后的代码最小可以为 2KB，所需的最小数据 RAM 空间为 4KB，μC/OS-Ⅱ的移植相对比较简单，只需要修改与处理器相关的代码就可以。

μC/OS-Ⅱ是一个结构简单、功能完备和实时性很强的嵌入式操作系统内核，对于没有 MMU 功能的 CPU，它是非常合适的。它需要很少的内核代码空间和数据存储空间，拥有良好的实时性、良好的可扩展性能，并且是开源的，网上有很多资料和实例，所以很适合向 STM32F103 这款 CPU 上移植。

2. μClinux

μClinux 是一种优秀的嵌入式 Linux 版本，其全称为 micro-Control Linux，从字面意思上看是指微控制 Linux。同标准的 Linux 相比，μClinux 的内核非常小，但是它仍然继承了 Linux 操作系统的主要特性，包括良好的稳定性和移植性、强大的网络功能、出色的文件系统支持、标准丰富的 API、TCP/IP 网络协议等。因为没有 MMU 内存管理单元，所以其多任务的实现需要一定技巧。

μClinux 在结构上继承了标准 Linux 的多任务实现方式，分为实时进程和普通进程，分别采用先来先服务和时间片轮转调度，仅针对中低档嵌入式 CPU 特点进行改良，且不支持内核抢占，实时性一般。

在内存管理方面，由于 μClinux 是针对没有 MMU 的处理器设计的，因此不能使用处理器的虚拟内存管理技术，只能采用实存储器管理策略。系统使用分页内存分配方式，在启动时对实际存储器进行分页。系统对内存的访问是直接的，操作系统对内存空间没有保护，多个进程可共享一个运行空间，所以，即使是一个无特权进程调用一个无效指针，也会触发一个地址错误，并可能引起程序崩溃甚至系统崩溃。

μClinux 操作系统的中断管理是将中断处理分为两部分：顶半部处理和底半部处理。在顶半部处理中，必须关中断运行，且仅进行必要的、非常少的、速度快的处理，其他处理交给底半部处理；底半部处理执行那些复杂的、耗时的处理，而且接受中断。因为系统中存在有许多中断的底半部处理，所以会引起系统中断处理的延时。

μClinux 对文件系统的支持良好，μClinux 继承了 Linux 完善的文件系统性能，支持 ROMFS、NFS、ext2、MS-DOS、JFFS 等文件系统。但一般采用 ROMFS 文件系统，这种文件系统比一般的文件系统（如 ext2）占用更少的空间。但是 ROMFS 文件系统不支持动态擦写保存，对于系统需要动态保存的数据，须采用虚拟 RAM 盘/JFFS 的方法进行处理。

在对硬件的支持方面，由于 μClinux 继承了 Linux 的大部分性能，所以至少需要 512KB 的 RAM 空间、1MB 的 ROM/Flash 空间。

在 μClinux 的移植方面，μClinux 是 Linux 针对嵌入式系统的一种改良，其结构比较复杂。移植 μClinux，目标处理器除需要修改与处理器相关的代码外，还需要足够容量的外部 ROM 和 RAM。

μClinux 的最大特点是无 MMU 处理器设计，这对于没有 MMU 功能的 STM32F103 来说是合适的，但移植此系统需要至少 512KB 的 RAM 空间、1MB 的 ROM/Flash 空间，而

STM32F103 拥有 256KB 的 Flash，需要外接存储器，这就增加了硬件设计的成本。μClinux 结构复杂，移植相对困难，内核也较大，其实时性也差一些。若开发的嵌入式产品注重文件系统和网络应用，则 μClinux 是一个不错的选择。

3. Windows CE

Windows CE 是微软公司的嵌入式、移动计算平台的基础，它是一个开放的、可升级的位嵌入式操作系统，是基于掌上型电脑（Handheld Personal Computers，HPCs）类的电子设备操作系统，其图形用户界面相当出色。

Windows CE 作业系统是 Windows 家族中最新的成员，专门给掌上型电脑及嵌入式设备使用的系统环境使用的计算机环境设计。这样的作业系统可使完整的可携式技术与现有的 Windows 桌面技术整合工作。Windows CE 被设计成针对小型设备（它是典型的拥有有限内存的无磁盘系统）的通用操作系统，Windows CE 可以通过设计一层位于内核和硬件之间的代码来设定硬件平台，这即是众所周知的硬件抽象层（Hardware Abstract Layer，HAL）。

不同于其他的微软 Windows 操作系统，Windows CE 并不代表一个标准的相同的对所有平台适用的软件。为了足够灵活以达到适应广泛产品的需求，Windows CE 采用标准模式，这就意味着，它能够由一系列软件模式做出选择，从而使产品定制。另外，一些可利用模式也可作为其组成部分，这意味着这些模式能够从一套可利用的组分中做出选择，从而成为标准模式，通过选择能够达到系统要求的最小模式，能够减少存储脚本和操作系统的运行。

Windows CE 中的 C 代表袖珍（Compact）、消费（Consumer）、通信能力（Connectivity）和伴侣（Companion），E 代表电子产品（Electronics）。Windows CE 是所有源代码全部由微软自行开发的嵌入式新型操作系统，其操作界面虽来源于 Windows 95/8，但 Windows CE 是基于 WIN32 API 重新开发、新型的信息设备的平台。Windows CE 具有模块化、结构化和基于 Win32 应用程序接口和与处理器无关等特点。Windows CE 不仅继承了传统的 Windows 图形界面，并且在 Windows CE 平台上可以使用 Windows 95/98 上的编程工具（如 Visual Basic、Visual C++等）、使用同样的函数、使用同样的界面风格，使绝大多数的应用软件只需简单的修改和移植就可以在 Windows CE 平台上继续使用。Windows CE 并非是专为单一装置设计的，所以微软将旗下采用 Windows CE 作业系统的产品大致分为 3 条产品线，Pocket PC（掌上电脑）、Handheld PC（手持设备）及 Auto PC。

4. VxWorks

VxWorks 是美国 Wind River System 公司（WRS 公司）于 1983 年推出的一个嵌入式实时操作系统（Embeded Real-time Operating System），具有良好的持续发展能力、高性能的内核及友好的用户开发环境，在嵌入式实时操作系统领域牢牢占据着一席之地，被广泛地应用于通信、国防、工业控制、医疗设备等嵌入式实时应用领域。VxWorks 所具有的显著特点是可靠性、实时性和可裁剪性。它支持多种处理器，如 x85、i960、Sun Sparc、Motorola MC58xxx、MIPS 和 Power PC 等。Tornado 是 WRS 公司推出的一套实时操作系统开发环境，类似于 Microsoft Visual C，但是提供了更丰富的调试、仿真环境和工具。

5. ROS

ROS（Robot Operating System）是一个适用于机器人的开源的元操作系统，原本是斯坦福大学的一个机器人项目，后来由 Willow Garage 公司发展、目前由开源机器人基金会

（OSRF，Open Source Robotics Foundation）维护的开源项目。它提供了操作系统应有的服务，包括硬件抽象、底层设备控制、常用函数的实现、进程间消息传递及包管理；也提供用于获取、编译、编写、跨计算机运行代码所需的工具和库函数。

ROS 的主要目标是为机器人研究和开发提供代码复用的支持，ROS 是一个分布式的进程（也就是“节点”）框架，这些进程被封装在易于被分享和发布的程序包和功能包中，ROS 也支持一种类似于代码存储库的联合系统，这个系统可以实现工程的协作及发布。这个设计可以使一个工程的开发和实现从文件系统到用户接口完全独立决策（不受 ROS 的限制），同时所有的工程都可以被 ROS 的基础工具整合在一起。

6. Android

Android 是 Google 公司开发的基于 Linux 平台的开源手机操作系统。Android 分为 4 个层，从高到低分别是应用程序层、应用程序框架层、系统运行库层和 Linux 内核层。

Android 现在应用得非常广泛，其开发环境不会受到各种条条框框的限制，开发者任意修改开放的源代码来实现各种实用的手机 App 软件开发，具有高级图形显示、界面友好等特点。

7. iOS

iOS 是由苹果公司开发的移动操作系统。iOS 与苹果的 macOS 操作系统一样，属于类 Unix 的商业操作系统。原本这个系统名为 iPhone OS，因为 iPad、iPhone、iPod touch 都使用 iPhone OS，所以 2010 年被改名为 iOS。

iOS 系统可分为 4 级结构，由上至下分别为可触摸层（Cocoa Touch Layer）、媒体层（Media Layer）、核心服务层（Core Services Layer）、核心系统层（Core OS Layer），各层级提供不同的服务。低层级结构提供基础服务，如文件系统、内存管理、I/O 操作等；高层级结构建立在低层级结构之上，提供具体服务，如 UI 控件、文件访问等。

8.3 嵌入式实时操作系统 μC/OS-Ⅱ简介

μC/OS-Ⅱ是一款源码公开的实时操作系统。美国工程师 Jean Labrosse 将开发的 μC/OS 于 1992 年发表在嵌入式系统编程杂志上，μC/OS 是“Micro Controller Operation System”的缩写，意思是“微控制器操作系统”，最初是为微控制器设计的。μC/OS-Ⅱ是 μC/OS 的升级版本，也是目前广泛使用的版本。它因具有小内核、多任务、实时性好、丰富的系统服务、容易使用等特点而越来越受欢迎。μC/OS-Ⅱ实时系统的商业应用非常广泛，具有非常稳定、可靠的性能，被成功地应用于生命科学、航天工程等重大科研项目中，还可被应用于手机、路由器、集线器、不间断电源、飞行器、医疗设备及工业控制等，由于其具有极小的内核，因此特别适用于对程序代码存储空间要求极其敏感的嵌入式系统开发。

8.3.1 μC/OS-Ⅱ的特点

1. 有源代码

μC/OS-Ⅱ是一款源码公开的实时操作系统。

2. 可移植性

μC/OS-Ⅱ源码绝大部分是用移植性很强的 ANSI C 编写的，与微处理器硬件相关的部分是用汇编语言编写的。汇编语言编写的部分已经压到最低限度，以使 μC/OS-Ⅱ便于移植到其他微处理器上。

3. 可固化

μC/OS-Ⅱ是为嵌入式产品设计的，这就意味着，只要具备合适的系列软件工具，就可以将 μC/OS-Ⅱ嵌入产品中作为产品的一部分。

4. 可裁剪

可裁剪指的是用户可以在应用程序中通过语句#define constants 来定义所需的 μC/OS-Ⅱ功能模块，以减少不必要的存储器空间的开支。

5. 可剥夺性

μC/OS-Ⅱ是完全可剥夺型的实时内核，即 μC/OS-Ⅱ总是运行就绪条件下优先级最高的任务。

6. 多任务

μC/OS-Ⅱ可以管理 64 个任务，支持 56 个用户任务，8 个系统保留任务。赋予每个任务的优先级必须是不相同的，这意味着 μC/OS-Ⅱ不支持时间片轮转调度法。

7. 可确定性

绝大多数 μC/OS-Ⅱ的函数调用和服务的执行时间具有可确定性。用户总是能知道 μC/OS-Ⅱ的函数调用与服务执行了多长时间。除函数 OSTimeTick()和某些事件标志服务外，μC/OS-Ⅱ系统服务的执行时间不依赖于用户应用程序任务的多少。

8. 任务栈

μC/OS-Ⅱ的每个任务都有单独的栈，它允许每个任务有不同的栈空间，以便压低应用程序对 RAM 的需求。

9. 系统服务

μC/OS-Ⅱ提供很多系统服务，如信号量、互斥型信号量、事件标志、消息邮箱、消息队列、块大小固定的内存的申请与释放及时间管理函数等。

10. 中断管理

中断可以使正在执行的任务暂时挂起。如果 μC/OS-Ⅱ优先级更高的任务被该中断唤醒，则高优先级的任务在中断嵌套全部退出后立即执行，中断嵌套层数可达 255 层。

8.3.2　μC/OS-Ⅱ的文件结构

μC/OS-Ⅱ的文件结构如图 8.2 所示。

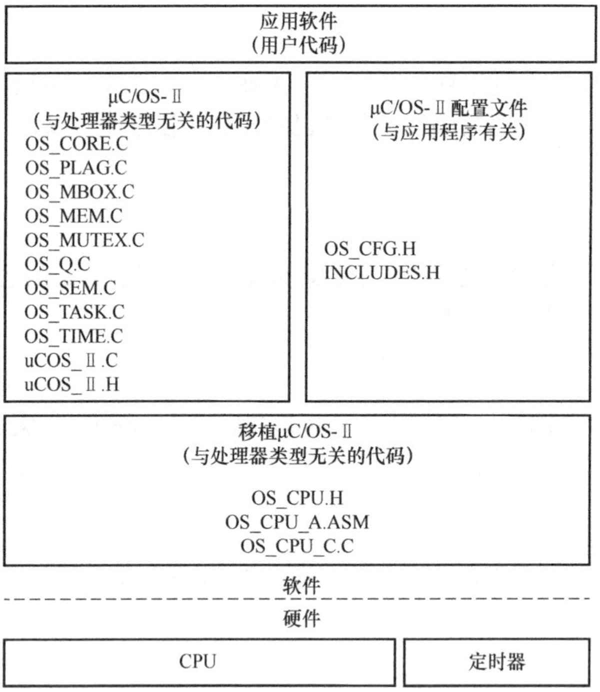

图 8.2 μC/OS-Ⅱ的文件结构

μC/OS-Ⅱ主要可以分成核心部分（包含任务调度）、任务管理、时钟部分、时间管理、多任务同步与通信、内存管理、CPU 移植等部分，下面简要介绍其中几个。

（1）核心部分（OSCore.c）：μC/OS-Ⅱ处理核心，包括初始化、启动、中断管理、时钟中断、任务调度及事件处理等用于系统基本维持的函数。

（2）任务管理（OSTask.c）：包含与任务操作密切相关的函数，包括任务建立、删除、挂起及恢复等，μC/OS-Ⅱ以任务为基本单位进行调度。

（3）时钟部分（OSTime.c）：μC/OS-Ⅱ中的最小时钟单位是 timetick（时钟节拍），其中包含时间延迟、时钟设置及时钟恢复等与时钟相关的函数。

（4）多任务同步与通信（OSMbox.c、OSQ.c、OSSem.c、OSMutex.c、OSFlag.c）：包含事件管理函数，涉及 Mbox、msgQ、Sem、Mutex、Flag 等。

（5）内存管理（OSMem.c）：主要用于构建私有的内存分区管理机制，其中包含创建 memPart、申请/释放 memPart、获取分区信息等函数。

（6）CPU 移植：μC/OS-Ⅱ针对特定 CPU 的移植部分，由于涉及 SP 等系统指针，因此通常用汇编语言编写，包括任务切换、中断处理等内容。

8.4 嵌入式实时操作系统 μC/OS-Ⅱ内核

8.4.1 任务管理

1. 任务的工作状态

任务是 μC/OS-Ⅱ中最重要的概念之一，一个任务也被称为一个线程，一个线程也就是一个简单的程序，该程序可以认为 CPU 完全只属于该程序。每个任务都被赋予一定的优先级，有着自己的一套 CPU 寄存器和栈空间。一个任务通常是一个无限的循环。

μC/OS-Ⅱ可以管理多达 64 个任务，但由于其两个任务被系统占用，并保留了优先级为 0、1、2、3、OS_LOWEST_PRIO-3、OS_LOWEST_PRIO-2、OS_LOWEST_PRIO-1 及 OS_LOWEST_ PRIO 的 8 个任务供将来使用，因此用户可以使用的有 56 个应用任务。每个任务都有不同的优先级，一般来说，任务的优先级号越低，任务的优先级越高。μC/OS-Ⅱ总是先运行进入就绪态的优先级最高的任务。如图 8.3 所示为任务所处的可能的 5 种工作状态。在任一时刻，任务的状态一定是这 5 种状态之一。

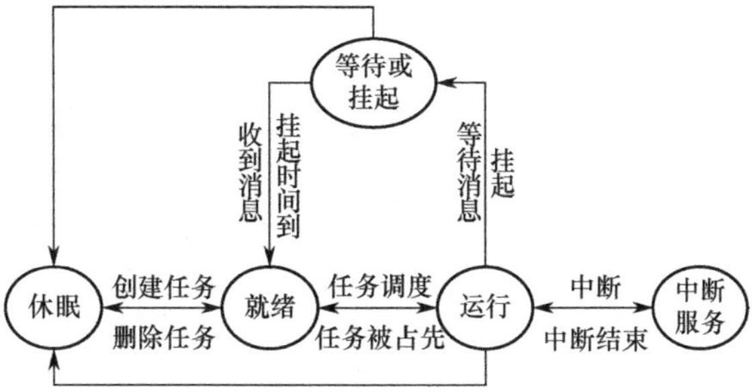

图 8.3　任务所处的可能的 5 种工作状态

2. 任务调度

任务调度是实时内核最重要的工作之一，μC/OS-Ⅱ是抢占式实时多任务内核，采用基于优先级的任务调度。μC/OS-Ⅱ的任务调度包括任务级的任务调度和中断级的任务调度，所采用的调度算法是相同的。任务级的任务调度是由函数 OSSched()完成的，中断级的任务调度则由函数 OSIntExt()完成。其中函数 OSSched()的内容如下

```
void OSSched(void)
{
INT8U y;
OS_ENTER_CRITICAL();
if  ((OSLockNesting|OSIntNesting)==0)
   { y=OSUnMapTbl[OSRdyGrp];
   OSPrioHighRdy=(INT8U)((y<<3)+OSUnMapTbl[OSRdyTbl[y]];
   if(OSPrioHighRdy!=OSPrioCur)
      {OSTCBHighRdy=OSTCBPrioTbl[OSPrioHighRdy];
       OSCtxSwCtr++;
       OS_TASK_SW();
      }
   }
   OS_EXET_CRITICAL();
}
```

从上面的程序中可以了解到为了避免在调度过程中被中断，在 OSSched()开始时，首先调用了 OS_ENTER_CRITICAL()关中断，然后判断任务调度器是否上锁或调用是否来自中断服务子程序，如果不是，则开始任务调度。任务就绪表的示意图如图 8.4 所示。

如图 8.5 所示为 prio 为 29 的任务就绪状态图。从任务就绪表中获取优先级最高的就绪

任务可用如下类似的代码

```
y = OSUnMapTal[OSRdyGrp];          //D5、D4、D3 位
x = OSUnMapTal[OSRdyTbl[y]];       //D2、D1、D0 位
prio = (y<<3)+x;                   //优先级别
```

或

```
y = OSUnMapTbl[OSRdyGrp];
prio = (INT8U)((y << 3) + OSUnMapTbl[OSRdyTbl[y]]);
```

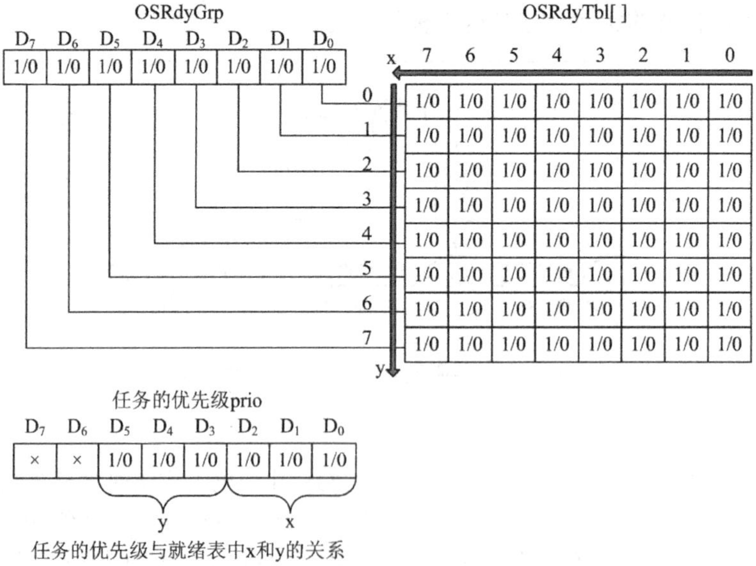

图 8.4 任务就绪表的示意图

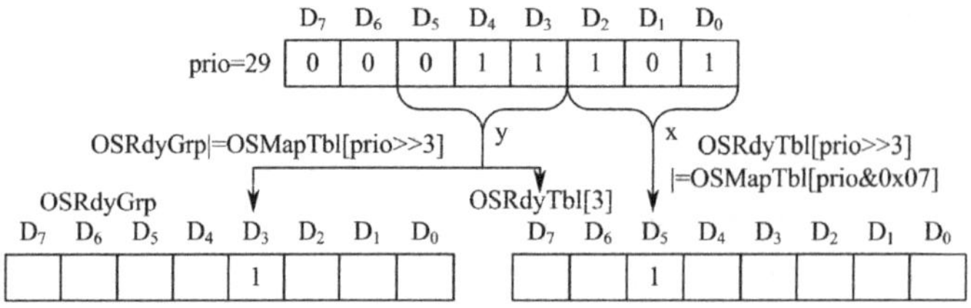

图 8.5 prio 为 29 的任务就绪状态图

3. μC/OS-Ⅱ的初始化

μC/OS-Ⅱ要求用户首先调用系统初始化函数 OSIint()，对 μC/OS-Ⅱ所有的变量和数据结构进行初始化，然后调用函数 OSTaskCreate()或 OSTaskCreateExt()建立用户任务，最后通过调用 OSStart()函数启动多任务。

```
void main (void)
{   OSInit();
    通过调用函数 OSTaskCreate()或 OSTaskCreateExt()创建至少一个任务;
    OSStart();    /*开始调用调度! OSStart()永远不会返回*/
}
```

当调用 OSStart()函数时，OSStart()函数从任务就绪表中找出用户建立的优先级最高任务

的控制块。然后，OSStart()函数调用高优先级就绪任务启动函数 OSStartHighRdy()。这个函数的任务是把任务栈中的任务状态参数值恢复到 CPU 寄存器中，然后执行一条中断返回指令，中断返回指令强制执行该任务代码。其代码如下

```
void OSStart (void)
{   INT8U y;
    INT8U x;
    if (OSRunning == FALSE)
    {  y = OSUnMapTbl[OSRdyGrp];
       x = OSUnMapTbl[OSRdyTbl[y]];
       OSPrioHighRdy = (INT8U)((y << 3) + x);
       OSPrioCur = OSPrioHighRdy;
       OSTCBHighRdy = OSTCBPrioTbl[OSPrioHighRdy];
       OSTCBCur = OSTCBHighRdy;
       OSStartHighRdy();
    }
}
```

4. 任务的创建

应用程序通过调用 OSTaskCreate()函数来创建一个任务，OSTaskCreate()函数的原型如下

```
INT8U OSTaskCreate
{  void (*task)(void *pd);  //指向任务的指针
   void *pdata;             //传递给任务的参数
   OS_STK *ptos;            //指向任务堆栈栈顶的指针
   INT8U prio;              //任务的优先级
}
INT8U OSTaskCreate (void (*task)(void *pd), void *pdata, OS_STK *ptos,
INT8U prio)
{   OS_STK *psp;           //初始化任务堆栈指针变量，返回新的栈顶指针
    INT8U err;             //定义(获得并定义初始化任务控制块)是否成功
    #if OS_ARG_CHK_EN > 0       //所有参数必须在指定的参数内
    if (prio> OS_LOWEST_PRIO) //检查任务优先级是否合法
    {return (OS_PRIO_INVALID);
    }      //参数指定的优先级大于OS_LOWEST_PRIO
    #endif
    OS_ENTER_CRITICAL();     //关闭中断
    if (OSTCBPrioTbl[prio] == (OS_TCB *)0)  //确认优先级未被使用，即就绪态为0
    {  OSTCBPrioTbl[prio] = (OS_TCB *)1;     //保留这个优先级，将就绪态设为1
       OS_EXIT_CRITICAL(); //打开中断
       psp = (OS_STK *)OSTaskStkInit(task, pdata, ptos, 0); //初始化任务堆栈
       err = OS_TCBInit(prio, psp, (OS_STK *)0, 0, 0, (void *)0, 0);
                          //获得并初始化任务控制块
       if (err == OS_NO_ERR) //任务控制初始化成功
```

```
        { OS_ENTER_CRITICAL();    //关闭中断
          OSTaskCtr++;    //任务计数器加1
          OS_EXIT_CRITICAL();    //打开中断
          if (OSRunning == TRUE)   //检查是否有(某个)任务在运行
         { OS_Sched();        //任务调度，最高任务优先级运行
          }
      }
      else                  //否则，任务初始化失败
     {    OS_ENTER_CRITICAL();               //关闭中断
          OSTCBPrioTbl[prio] = (OS_TCB *)0;   //放弃任务，设此任务就绪态为0
          OS_EXIT_CRITICAL();    //打开中断
      }
      return (err);               //返回(获得并定义初始化任务控制块是否成功)
    }
  OS_EXIT_CRITICAL();             //打开中断
  return (OS_PRIO_EXIST); }       //返回(具有该优先级的任务已经存在)
```

8.4.2 中断和时间管理

1. 中断处理

μC/OS-Ⅱ系统响应中断的过程为：系统接收到中断请求后，如果这时 CPU 处于中断允许状态（即中断是开放的），系统就会中止正在运行的当前任务，而按照中断向量的指向转去运行中断服务子程序，在中断服务子程序的运行结束后，系统将会根据情况返回到被中止的任务继续运行或者转向运行另一个具有更高优先级别的就绪任务。

中断服务子程序运行结束之后，系统将会根据情况进行一次任务调度去运行优先级最高的就绪任务，而并不一定要继续运行被中断的任务。

中断嵌套层数计数器和锁定嵌套计数器 OSLockNesting 都必须是零，OSRdyTbl[]所需的检索值 Y 被保存在全程变量 OSIntExitY 中，用来检查具有最高优先级的就绪任务优先级是否是正在运行的任务优先级，将任务控制块优先级表保存到指向最高优先级就绪任务控制块的指针，以上下文切换的次数作为统计任务计数器。

中断任务切换：

```
void  OSIntEnter (void)
{   if (OSRunning == TRUE)
     {   if (OSIntNesting< 255)
          {   OSIntNesting++;    //中断嵌套层数计数器加一
          }
     }
}
```

2. 时间管理

μC/OS-Ⅱ需要用户提供周期性信号源，用于实现时间延时和确认超时。节拍率应在每秒 10～100 次范围内。时钟节拍率越高，系统的额外负荷就越重。

时钟节拍是一种特殊的中断，μC/OS-Ⅱ中的时钟节拍服务是通过在中断服务子程序中调用 OSTimeTick()函数实现的。时钟节拍的中断服务子程序如下

```
void OSTickISR(void)
{   保存处理器寄存器的值;
    调用 OSIntEnter()或将 OSIntNesting 加 1;
    调用 OSTimeTick();          //检查每个任务的时间延时
    调用 OSIntExit();
    恢复处理器寄存器的值;
    执行中断返回指令;
}
```

其中，时钟节拍函数 OSTimeTick()的主要工作是将每个任务控制块 OS_TCB 中的时间延时项 OSTCBDly 减 1。若某任务的任务模块中的延时项 OSTCBDly 减为 0，则该任务将进入就绪任务表。因此，OSTimeTick()的执行时间与应用程序中建立了多少任务有关。

8.4.3　任务之间的通信与同步

1. 任务互斥和同步

系统中的多个任务在运行时，经常需要互相无冲突地访问同一个共享资源，或者需要互相支持和依赖，甚至有时还要互相加以必要的限制和制约，才能保证任务的顺利运行。因此，操作系统必须具有对任务的运行进行协调的能力，从而使任务之间可以无冲突、流畅地同步运行，而不致导致灾难性的后果。与人们依靠通信来互相沟通，从而使人际关系和谐、工作顺利的做法一样，计算机系统是依靠任务之间的良好通信来保证任务与任务的同步的。

有以下 3 种方法可以解决任务的互斥。

1）关闭中断法

在一个任务进入临界区后，首先关中断，然后就可以去访问共享资源。在它从临界区推出后，再把中断打开。

关闭中断法虽然简单有效，但也有明显的缺点。首先，中断关闭后，如果后面由于种种原因不能再及时打开，那么整个系统就有可能崩溃。其次，关闭中断后，所有的任务都将被阻止，无法获得运行的机会。因此，关闭中断法不能作为一种普遍使用的互斥实现方法。

2）繁忙等待法

当一个任务进入临界区时，首先检查是否允许进入，若允许，则直接进入；若不允许，则在那里循环地等待。繁忙等待法的缺点是要不断地执行测试指令，会浪费大量的 CPU 时间。

3）信号量法

信号量是一种约定机制，在多任务内核中将信号量用于控制共享资源的使用权、标志某事件的发生、使两个任务的行为同步。

信号量是由操作系统维护的，任务不能直接修改它的值，只能通过初始化和两个标准原语来对它进行访问。

2. 任务之间的通信

任务之间的同步依赖于任务间的通信。在 μC/OS-Ⅱ中，是使用信号量、邮箱（消息邮

箱）和消息队列这些被称作事件的中间环节来实现任务之间的通信的。

把一个任务置于等待状态要调用 OS_EventTaskWait()函数，该函数的原型为

```
void OS_EventTaskWait (
    OS_EVENT *pevent      //事件控制块的指针
);
```

函数 OS_EventTaskWait()将在任务调用函数 OS×××Pend()请求一个事件时，被 OS×××Pend( )所调用。

如果一个正在等待的任务具备可以运行的条件，那么就要使它进入就绪状态。这时要调用 OS_EventTaskRdy()函数，该函数的作用就是把调用这个函数的任务在任务等待表中的位置清 0（解除等待状态）后，再把任务在任务就绪表中对应的位置 1，然后引发一次任务调度。

OS_EventTaskRdy()函数的原型为

```
INT8U OS_EventTaskRdy (
    OS_EVENT *pevent,     //事件控制块的指针
    void *msg,            //未使用
    INT8U msk             //清除 TCB 状态标志掩码
);
```

函数 OS_EventTaskRdy()将在任务调用函数 OS×××Post()发送一个事件时，被函数 OS×××Post ()所调用。

如果一个正在等待事件的任务已经超过了等待的时间，却仍因为没有获取事件等原因而未具备可以运行的条件，又要使它进入就绪状态，那么这时要调用 OS_EventTO()函数。

OS_EventTO()函数的原型为

```
void OS_EventTO (
    OS_EVENT *pevent      //事件控制块的指针
);
```

函数 OS_EventTO()将在任务调用 OS×××Pend()请求一个事件时，被函数 OS×××Pend()所调用。

3. 信号量实例

以下为一个用信号量法控制任务之间调用的例子。

在使用信号量之前，应用程序必须调用函数 OSSemCreate()来创建一个信号量，OSSemCreate()的原型为

```
OS_EVENT *OSSemCreate (
    INT16U cnt            //信号量计数器初值
);
```

函数的返回值为已创建的信号量的指针。

任务通过调用函数 OSSemPend()请求信号量，函数 OSSemPend()的原型如下

```
void OSSemPend (
    OS_EVENT *pevent,     //信号量的指针
    INT16U timeout,       //等待时限
    INT8U *err            //错误信息
);
```

参数 pevent 是被请求信号量的指针。

为防止任务因得不到信号量而处于长期的等待状态，函数 OSSemPend 允许用参数 timeout 设置一个等待时间的限制，当任务等待的时间超过 timeout 时，可以结束等待状态而进入就绪状态。如果参数 timeout 被设置为 0，则表明任务的等待时间为无限长。

任务获得信号量，并在访问共享资源结束以后，必须要释放信号量，释放信号量也称为发送信号量，发送信号量需调用函数 OSSemPost()。OSSemPost()函数在对信号量的计数器操作之前，首先要检查是否还有等待该信号量的任务。如果没有，则把信号量计数器 OSEventCnt 加一；如果有，则调用调度器 OS_Sched()去运行等待任务中优先级最高的任务。

函数 OSSemPost ()的原型为

```
INT8U OSSemPost(
    OS_EVENT *pevent,    //信号量的指针
);
```

调用函数成功后，函数返回值为 OS_ON_ERR，否则会根据具体错误返回 OS_ERR_EVENT_TYPE、OS_SEM_OVF。

如果应用程序不需要某个信号量了，那么可以调用函数 OSSemDel()来删除该信号量，这个函数的原型为

```
OS_EVENT *OSSemDel (
    OS_EVENT *pevent,    //信号量的指针
    INT8U opt,           //删除条件选项
    INT8U *err           //错误信息
);
```

通过例子可以发现，使用信号量的任务是否能够运行是受任务的优先级和是否占用信号量两个条件约束的，而信号量的约束高于优先级的约束。于是当出现低优先级的任务与高优先级的任务使用同一个信号量，而系统中还存有别的中等优先级的任务时，如果低优先级的任务先获得了信号量，就会使高优先级的任务处于等待状态，而那些不使用该信号量的中等优先级的任务却可以剥夺低优先级的任务的 CPU 使用权而先于高优先级的任务而运行了，如图 8.6 所示。

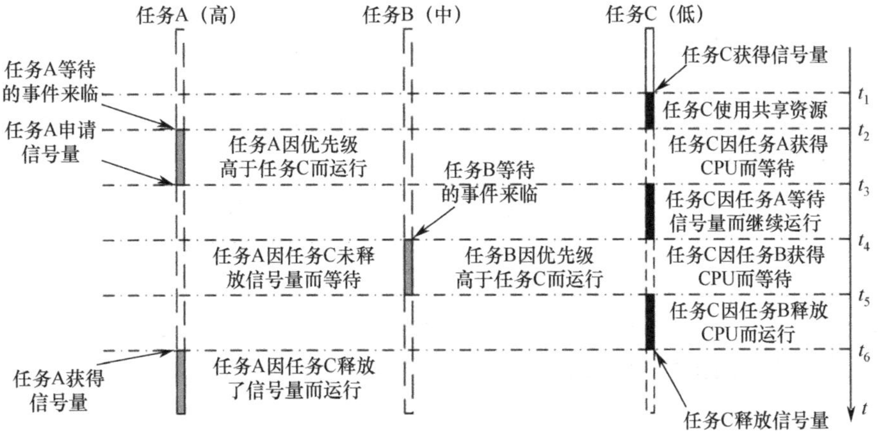

图 8.6　任务优先级反转示意图

在使用共享资源期间，可以使获得信号量任务的优先级，暂时提升到比所有任务的最高优先级更高的一个级别上，以使该任务不被其他任务所打断，从而能尽快地使用完共享资源并释放信号量，在释放了信号量之后再恢复该任务原来的优先级。

4. 邮箱

创建邮箱需要调用函数 OSMboxCreate ()，这个函数的原型为

```
OS_EVENT *OSMboxCreate (
    void *msg            //消息指针
);
```

函数中的参数 msg 为消息的指针，函数的返回值为消息邮箱的指针。

调用函数 OSMboxCreate()需先定义 msg 的初始值。在一般情况下，这个初始值为 NULL；但也可以事先定义一个邮箱，然后把这个邮箱的指针作为参数传递到函数 OSMboxCreate()中，使之一开始就指向一个邮箱。

任务可以通过调用函数 OSMboxPost()向消息邮箱发送消息，这个函数的原型为

```
INT8U OSMboxPost (
    OS_EVENT *pevent,    //消息邮箱指针
    void *msg            //消息指针
);
```

当一个任务请求邮箱时，需要调用函数 OSMboxPend()，这个函数的主要作用就是查看邮箱指针 OSEventPtr 是否为 NULL。如果不是 NULL，就把邮箱中的消息指针返回给调用函数的任务，同时用 OS_NO_ERR 通过函数的参数 err 通知任务获取消息成功；如果邮箱指针 OSEventPtr 是 NULL，则使任务进入等待状态，并引发一次任务调度。

函数 OSMboxPend()的原型为

```
void *OSMboxPend (
    OS_EVENT *pevent,    //请求消息邮箱指针
    INT16U timeout,      //等待时限
    INT8U *err           //错误信息
);
```

5. 消息队列

使用消息队列可以在任务之间传递多条消息。消息队列由 3 部分组成：事件控制块、消息队列和消息。

当把事件控制块成员 OSEventType 的值置为 OS_EVENT_TYPE_Q 时，该事件控制块描述的就是一个消息队列。

消息队列相当于一个公用一个任务等待列表的消息邮箱数组，事件控制块成员 OSEventPtr 指向了一个称为队列控制块（OS_Q）的结构，该结构管理了一个数组 MsgTbl[ ]，该数组中的元素都是一些指向消息的指针。

创建一个消息队列首先需要定义一个指针数组，然后把各个消息数据缓冲区的首地址存入这个数组中，再调用函数 OSQCreate()来创建消息队列。创建消息队列函数 OSQCreate()的原型为

```
OS_EVENT OSQCreate(
```

```
    void *start,          //指针数组的地址
    INT16U  size          //数组长度
);
```

请求消息队列的目的是从消息队列中获取消息。任务请求消息队列需要调用函数 OSQPend()，该函数的原型为

```
void *OSQPend(
    OS_EVENT *pevent,     //所请求的消息队列的指针
    INT16U  timeout,      //等待时限
    INT8U *err            //错误信息
);
```

任务需要通过调用函数 OSQPost()或 OSQPostFront()来向消息队列发送消息。函数 OSQPost()以 FIFO（先进先出）的方式组织消息队列，函数 OSQPostFront()以 LIFO（后进先出）的方式组织消息队列。这两个函数的原型分别为

```
INT8U OSQPost(
    OS_EVENT *pevent,         //消息队列的指针
    void *msg                 //消息指针
);
```

和

```
INT8U OSQPost(
    OS_EVENT *pevent,         //消息队列的指针
    void *msg                 //消息指针
);
```

函数中的参数 msg 为待发消息的指针。

8.5 嵌入式实时操作系统 μC/OS-Ⅱ的移植

8.5.1 移植

所谓移植，是指一个操作系统可以在某个微处理器或者微控制器上运行。虽然 μC/OS-Ⅱ的大部分源代码是用 C 语言写成的，但仍需要用 C 语言和汇编语言完成一些与处理器相关的代码。

8.5.2 产生可重入代码

可重入代码指的是一段代码可以被多个任务同时调用，而不必担心会破坏数据。也就是说，可重入型函数在任何时刻都可以被中断执行，过一段时间以后又可以继续运行，而不会因为在函数中断时被其他的任务重新调用，影响函数中的数据。

以下为一个可重入型函数

```
void swap(int *x,int*y)
{  int temp;
   temp=*x;
   *x=*y;
```

```
*y=temp;
}
```

运用局部变量 temp 作为变量，C 编译器把局部变量分配在栈中。多次调用同一个函数，可以保证每次的 temp 互不影响。

μC/OS-Ⅱ在进行任务调度时，会把当前任务的 CPU 寄存器存放到此任务的堆栈中，然后从另一个任务的堆栈中恢复原来的工作寄存器，继续运行另一个任务。所以寄存器的入栈和出栈是 μC/OS-Ⅱ中多任务调度的基础。

8.5.3　设置与处理器和编译器相关的代码

μC/OS-Ⅱ定义了两个宏来禁止和允许中断：OS_ENTER_CRITICAL()和 OS_EXT_CRITICAL()。μC/OS-Ⅱ需要先禁止中断，在访问代码的临界区，并在访问完毕后重新允许中断，具体如下

```
INTS_OFF
    mrs r0,cpsr;
    mov r1,r0;
    orr r1,r1,#0xc0;
    msr CPSR,r1;
    and r0,r0,#0x80;
    mov pc,lr;
INTS_ON
    mrs r0,cpsr;
    bic r0,r0,#0xc0;
    msr CPSR,r1;
    mov pc,lr;
```

绝大多数的微处理器和微控制器的栈堆是从上往下增长的。

8.5.4　与操作系统相关的函数

任务堆栈初始化函数 OSTaskStklnit 用来初始化任务堆栈，并保存所有寄存器的数据到各自的堆栈中。用户传递任务的地址、pdata 指针、任务的堆栈栈顶指针和任务的优先级由 OSTaskCreate()函数和 OSTaskCreateExt()函数负责。

当 OSTaskCreateHook()函数被调用时，它会收到指向已建立任务的 OS_TCB 的指针，这样它就可以访问所有的结构成员了。

当任务被删除时，就会调用 OSTaskDelHook()函数，OSTaskDelHook()函数可以检验 TCB 扩展是否被建立并进行一些清除操作。

当任务切换时，就会调用 OSTaskSwHook()函数，调用期间中断一直都是被禁止的。

OSTaskStatHook()函数每秒钟都会被 OSTaskStat()函数调用一次，用户可以用 OSTask StatHook()函数来扩展统计功能。

OSTaskTimeHook()函数在每个时钟节拍都会被 OSTaskTick()函数调用。实际上，OSTaskTimeHook()是在节拍被 μC/OS-Ⅱ真正处理，并通知用户的移植实例或应用程序之前被调用的。

8.5.5　时钟节拍中断

用户必须在多任务系统启动以后再开启时钟节拍器，在调用 OSStart()之后做的第一件事是初始化定时器中断。

8.5.6　移植测试

为了使 μC/OS-Ⅱ正常运行，除上述必需的移植工作外，硬件初始化和配置文件也是必需的，包括中断处理、时钟、串口通信等基本功能函数。

以下为一个任务函数

```
voidTaskName(void *Id)
{   //深入任务初始化语句
    For(;;)
    {   //添入任务循环内容
        OSTimeDly(SusPendTime);
    }
}
```

习　题　8

8.1　问答思考题

（1）操作系统的特征有哪些？常见的操作系统有哪些？

（2）嵌入式操作系统的特点有哪些？常见的嵌入式操作系统有哪些？

（3）嵌入式操作系统与通用操作系统的主要区别有哪些？

（4）嵌入式操作系统 μC/OS-Ⅱ的特点有哪些？

（5）嵌入式操作系统 μC/OS-Ⅱ主要由哪些部分组成？

（6）嵌入式操作系统 μC/OS-Ⅱ的任务调度包含哪些？分别通过什么函数实现？

（7）嵌入式操作系统移植的定义是什么？嵌入式操作系统 μC/OS-Ⅱ移植的主要工作是什么？

附录　应用参考例题

1. K1～K4 控制 LED 移位

名称：K1～K4 控制 LED 移位

说明：按下 K1 时，P0 口 LED 上移一位；

按下 K2 时，P0 口 LED 下移一位；

按下 K3 时，P2 口 LED 上移一位；

按下 K4 时，P2 口 LED 下移一位。

电路图：

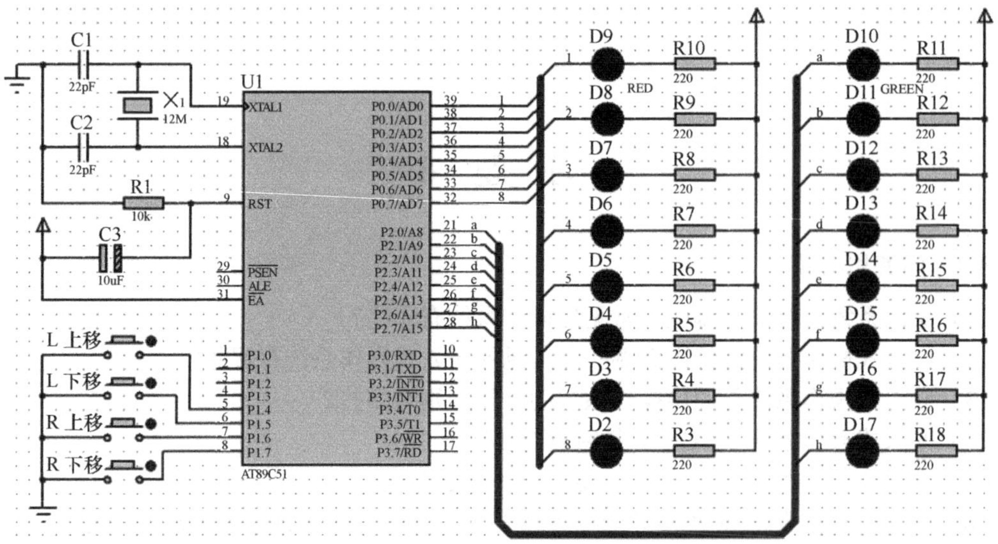

程序：

```
#include<reg51.h>
#include<intrins.h>
#define uchar unsigned char
#define uint unsigned int
//延时
voidDelayMS(uint x)
{
     uchar i;
     while(x--) for(i=0;i<120;i++);
}
//根据 P1 口的按键移动 LED
voidMove_LED()
{
     if((P1&0x10)==0) P0=_cror_(P0,1);  //K1
```

```
        else if((P1&0x20)==0) P0=_crol_(P0,1);  //K2
        else if((P1&0x40)==0) P2=_cror_(P2,1);  //K3
        else if((P1&0x80)==0) P2=_crol_(P2,1);  //K4
}
//主程序
void main()
{
        ucharRecent_Key;                //最近按键
        P0=0xfe;
        P2=0xfe;
        P1=0xff;
        Recent_Key=0xff;
        while(1)
        {
            if(Recent_Key!=P1)
            {
              Recent_Key=P1;            //保存最近按键
              Move_LED();
              DelayMS (10) ;
            }
        }
}
```

2. INT0 中断计数

名称：INT0 中断计数

说明：每次按下计数键时触发 INT0 中断，中断程序累加计数，计数值显示在 3 只数码管上，按下清零键时，数码管清零。

电路图：

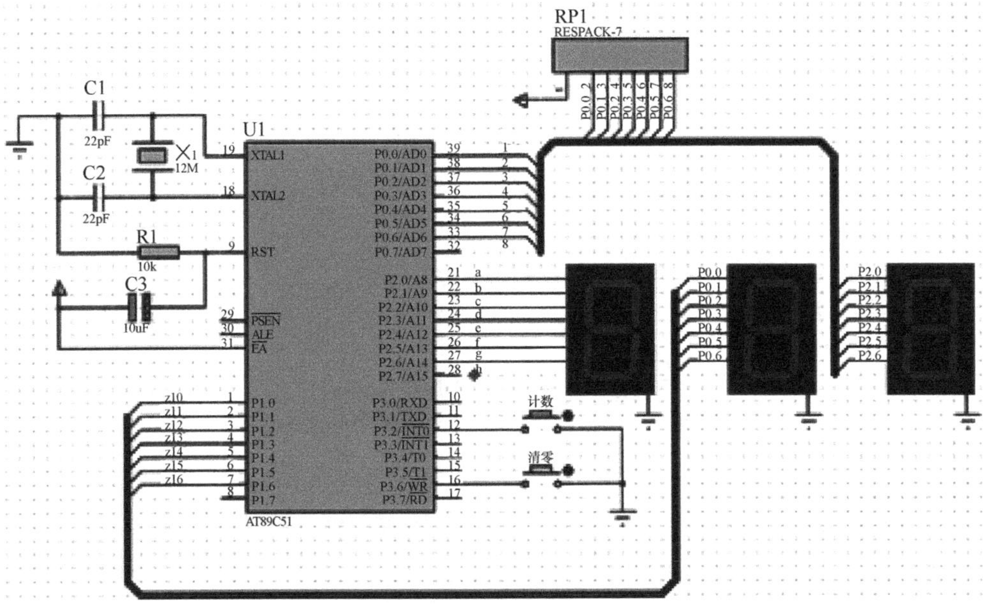

程序：

```
#include<reg51.h>
#define uchar unsigned char
#define uint unsigned int
//0～9 的段码
uchar  code  DSY_CODE[]={0x3f,0x06,0x5b,0x4f,0x66,0x6d,0x7d,0x07,0x7f,0x6f,
0x00};
//计数值分解后各待显示的数位
ucharDSY_Buffer[]={0,0,0};
uchar Count=0;
sbitClear_Key=P3^6;
//数码管上显示计数值
voidShow_Count_ON_DSY()
{
    DSY_Buffer[2]=Count/100;          //获取 3 个数
    DSY_Buffer[1]=Count%100/10;
    DSY_Buffer[0]=Count%10;
    if(DSY_Buffer[2]==0)              //高位为 0 时不显示
    {
        DSY_Buffer[2]=0x0a;
        if(DSY_Buffer[1]==0)          //高位为 0，若第二位为 0，则同样不显示
          DSY_Buffer[1]=0x0a;
    }
    P0=DSY_CODE[DSY_Buffer[0]];
    P1=DSY_CODE[DSY_Buffer[1]];
    P2=DSY_CODE[DSY_Buffer[2]];
}
//主程序
void main()
{
    P0=0x00;
    P1=0x00;
    P2=0x00;
    IE=0x81;    //允许 INT0 中断
    IT0=1;      //下降沿触发
    while(1)
    {
        if(Clear_Key==0) Count=0;  //清 0
        Show_Count_ON_DSY();
    }
}
//INT0 中断函数
void EX_INT0() interrupt 0
{
```

```
    Count++;    //计数值递增
}
```

3. 用计数器中断实现 100 以内的按键计数

名称：用计数器中断实现 100 以内的按键计数

说明：本例用 T0 计数器中断实现按键技术，由于计数寄存器的初值为 1，因此 P3.4 引脚的每次负跳变都会触发 T0 中断，实现计数值累加。计数器的清零用外部中断 0 控制。

电路图：

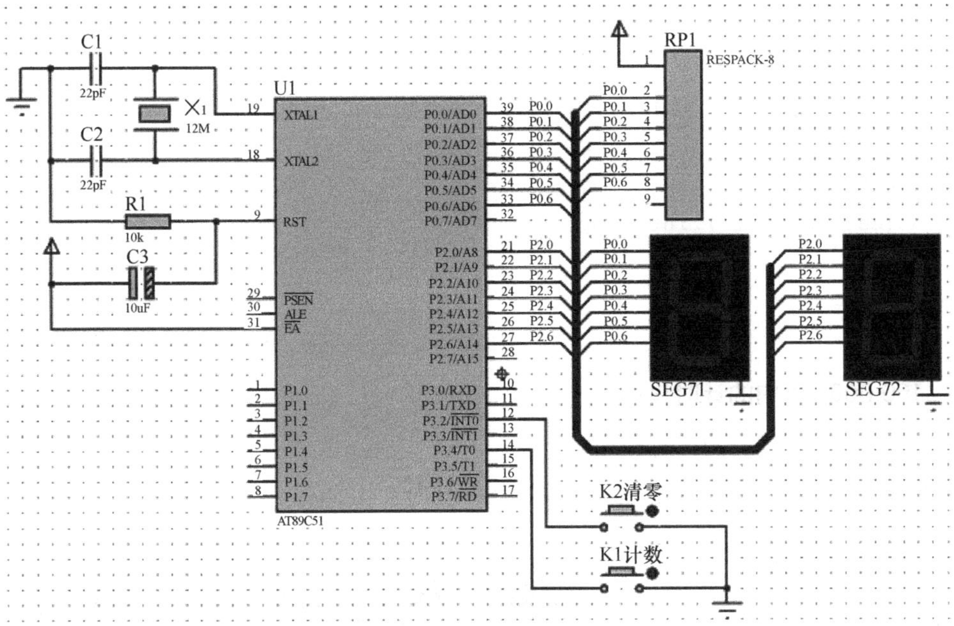

程序：

```
#include<reg51.h>
#define uchar unsigned char
#define uint unsigned int
//段码
uchar code DSY_CODE[]={0x3f,0x06,0x5b,0x4f,0x66,0x6d,0x7d,0x07,0x7f,0x6f,0x00};
uchar Count=0;
//主程序
void main()
{
    P0=0x00;
    P2=0x00;
    TMOD=0x06;              //计数器 T0 方式 2
    TH0=TL0=256-1;          //计数值为 1
    ET0=1;                  //允许 T0 中断
    EX0=1;                  //允许 INT0 中断
    EA=1;                   //允许 CPU 中断
    IP=0x02;                //设置优先级，T0 高于 INT0
```

```
        IT0=1;                    //INT0 的中断触发方式为下降沿触发
        TR0=1;                    //启动 T0
        while(1)
        {
             P0=DSY_CODE[Count/10];
             P2=DSY_CODE[Count%10];
        }
    }
    //T0 计数器的中断函数
    voidKey_Counter() interrupt 1
    {
        Count=(Count+1)%100;    //因为只有两位数码管，所以计数控制在 100 以内（00～99）
    }
    //INT0 中断函数
    voidClear_Counter() interrupt 0
    {
        Count=0;
    }
```

4. 100 000s 以内的计时程序

名称：100 000s 以内的计时程序

说明：在 6 只数码管上完成 0～99 999.9s 的计时。

电路图：

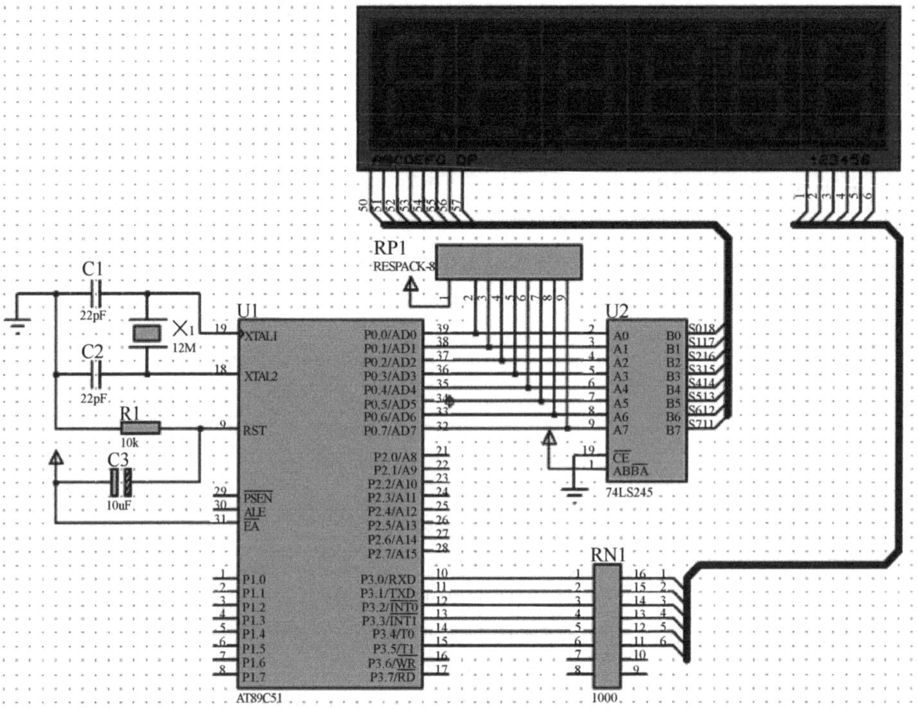

程序：

```
#include<reg51.h>
#include<intrins.h>
#define uchar unsigned char
#define uint unsigned int
//段码
uchar code DSY_CODE[]={0x3f,0x06,0x5b,0x4f,0x66,0x6d,0x7d,0x07,0x7f,0x6f};
//6只数码管上显示的数字
uchar Digits_of_6DSY[]={0,0,0,0,0,0};
uchar Count;
sbit Dot=P0^7;
//延时
voidDelayMS(uintms)
{
    uchar t;
    while(ms--) for(t=0;t<120;t++);
}
//主程序
void main()
{
    uchari,j;
    P0=0x00;
    P3=0xff;
    Count=0;
    TMOD=0x01;                   //计数器T0方式1
    TH0=(65536-50000)/256; //50ms 定时
    TL0=(65536-50000)%256;
    IE=0x82;
    TR0=1;                       //启动T0
    while(1)
    {
        j=0x7f;
                                 //显示Digits_of_6DSY[5]～Digits_of_6DSY[0]的内容
                                 //前面高位，后面低位，循环中i!=-1也可写成i!=0xff
        for(i=5;i!=-1;i--)
        {
          j=_crol_(j,1);
          P3=j;
          P0=DSY_CODE[Digits_of_6DSY[i]];
          if(i==1) Dot=1;       //加小数点
          DelayMS (2) ;
        }
    }
}
```

```
//T0 中断函数
void Timer0() interrupt 1
{
     uchar i;
     TH0=(65536-50000)/256; //恢复初值
     TL0=(65536-50000)%256;
     if(++Count!=2) return;
     Count=0;
     Digits_of_6DSY[0]++;   //0.1s 位累加
     for(i=0;i<=5;i++)      //进位处理
     {
          if(Digits_of_6DSY[i]==10)
          {
            Digits_of_6DSY[i]=0;
            if(i!=5) Digits_of_6DSY[i+1]++;    //如果 i 为 0~4 位，则分别向高一位进位
          }
          else break;        //若某低位没有进位，则循环提前结束
     }
}
```

5. 定时器控制交通指示灯

名称：定时器控制交通指示灯

说明：东西向绿灯亮 5s 后，黄灯闪烁，闪烁 5 次亮红灯，红灯亮后，南北向由红灯变成绿灯，5s 后南北向黄灯闪烁，闪烁 5 次后亮红灯，东西向绿灯亮，如此往复。

电路图：

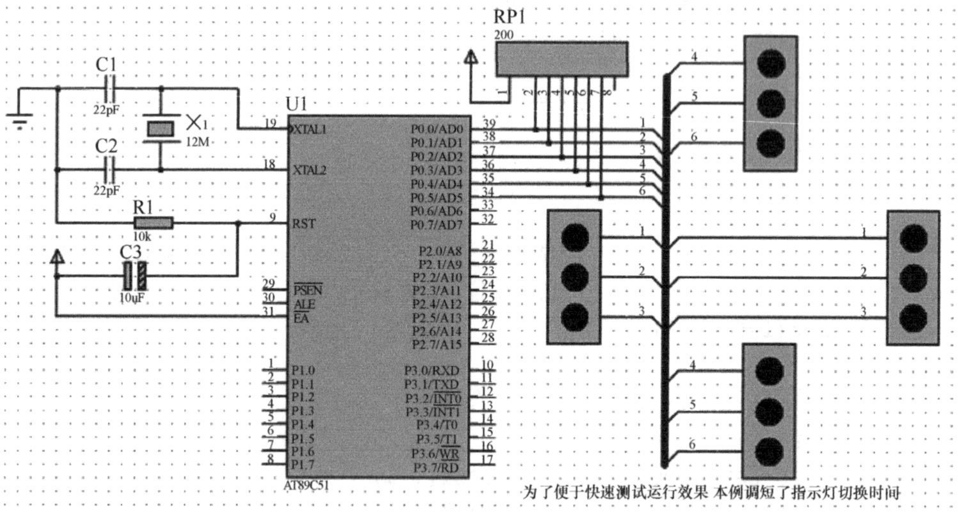

程序：

```
#include<reg51.h>
#define uchar unsigned char
#define uint unsigned int
```

```
sbit RED_A=P0^0; //东西向指示灯
sbit YELLOW_A=P0^1;
sbit GREEN_A=P0^2;
sbit RED_B=P0^3; //南北向指示灯
sbit YELLOW_B=P0^4;
sbit GREEN_B=P0^5;
//延时倍数，闪烁次数，操作类型变量
ucharTime_Count=0,Flash_Count=0,Operation_Type=1;
//定时器 0 中断函数
void T0_INT() interrupt 1
{
    TL0=-50000/256;
    TH0=-50000%256;
    switch(Operation_Type)
    {
        case 1:   //东西向绿灯与南北向红灯亮 5s
            RED_A=0;YELLOW_A=0;GREEN_A=1;
            RED_B=1;YELLOW_B=0;GREEN_B=0;
            if(++Time_Count!=100) return; //5s (100*50ms) 切换
            Time_Count=0;
            Operation_Type=2;
            break;
        case 2:   //东西向黄灯开始闪烁，绿灯关闭
            if(++Time_Count!=8) return;
            Time_Count=0;
            YELLOW_A=~YELLOW_A;GREEN_A=0;
            if(++Flash_Count!=10) return;  //闪烁
            Flash_Count=0;
            Operation_Type=3;
            break;
        case 3:   //东西向红灯与南北向绿灯亮 5s
            RED_A=1;YELLOW_A=0;GREEN_A=0;
            RED_B=0;YELLOW_B=0;GREEN_B=1;
            if(++Time_Count!=100) return; //5s (100*50ms) 切换
            Time_Count=0;
            Operation_Type=4;
            break;
        case 4:   //南北向黄灯开始闪烁，绿灯关闭
            if(++Time_Count!=8) return;
            Time_Count=0;
            YELLOW_B=~YELLOW_B;GREEN_A=0;
            if(++Flash_Count!=10) return;  //闪烁
            Flash_Count=0;
```

```
                Operation_Type=1;
                break;
        }
}
//主程序
void main()
{
    TMOD=0x01;              //T0 方式 1
    IE=0x82;
    TR0=1;
    while(1);
}
```

6. 单片机之间双向通信

名称：甲机串口程序

说明：甲机向乙机发送控制命令字符，甲机同时接收乙机发送的数字，并显示在数码管上。

电路图：

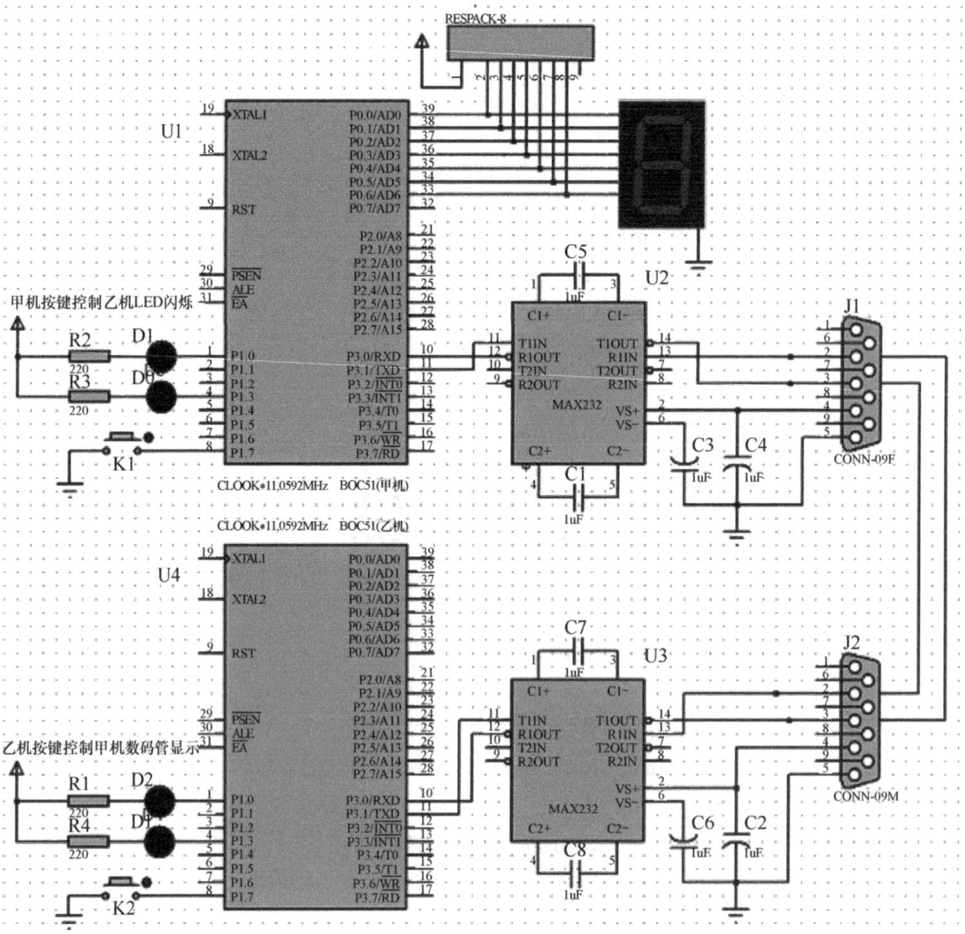

程序：

```
#include<reg51.h>
#define uchar unsigned char
#define uint unsigned int
sbit LED1=P1^0;
sbit LED2=P1^3;
sbit K1=P1^7;
ucharOperation_No=0;    //操作代码
//数码管代码
uchar code DSY_CODE[]={0x3f,0x06,0x5b,0x4f,0x66,0x6d,0x7d,0x07,0x7f,0x6f};
//延时
voidDelayMS(uintms)
{
     uchar i;
     while(ms--) for(i=0;i<120;i++);
}
//向串口发送字符
voidPutc_to_SerialPort(uchar c)
{
     SBUF=c;
     while(TI==0);
     TI=0;
}
//主程序
void main()
{
     LED1=LED2=1;
     P0=0x00;
     SCON=0x50;       //串口模式 1，允许接收
     TMOD=0x20;       //T1 工作模式 2
     PCON=0x00;       //波特率不倍增
     TH1=0xfd;
     TL1=0xfd;
     TI=RI=0;
     TR1=1;
     IE=0x90;         //允许串口中断
     while(1)
     {
          DelayMS(100);
          if(K1==0) //按下 K1 时选择操作代码 0、1、2、3
          {
            while(K1==0);
            Operation_No=(Operation_No+1)%4;
```

```
            switch(Operation_No)     //根据操作代码发送A/B/C或停止发送
            {
                case 0: Putc_to_SerialPort('X');
                        LED1=LED2=1;
                        break;
                case 1: Putc_to_SerialPort('A');
                        LED1=~LED1;LED2=1;
                        break;
                case 2: Putc_to_SerialPort('B');
                        LED2=~LED2;LED1=1;
                        break;
                case 3: Putc_to_SerialPort('C');
                        LED1=~LED1;LED2=LED1;
                        break;
            }
        }
    }
}
//甲机串口接收中断函数
voidSerial_INT() interrupt 4
{
    if(RI)
    {
        RI=0;
        if(SBUF>=0&&SBUF<=9) P0=DSY_CODE[SBUF];
        else P0=0x00;
    }
}

/*名称：乙机程序接收甲机发送字符并完成相应动作
说明：乙机接收到甲机发送的信号后，根据相应信号来控制LED完成不同的闪烁动作。
*/
#include<reg51.h>
#define uchar unsigned char
#define uint unsigned int
sbit LED1=P1^0;
sbit LED2=P1^3;
sbit K2=P1^7;
ucharNumX=-1;
//延时
voidDelayMS(uintms)
{
    uchar i;
    while(ms--) for(i=0;i<120;i++);
```

```
}
//主程序
void main()
{
    LED1=LED2=1;
    SCON=0x50;       //串口模式 1，允许接收
    TMOD=0x20;       //T1 工作模式 2
    TH1=0xfd;        //波特率 9600bps
    TL1=0xfd;
    PCON=0x00;       //波特率不倍增
    RI=TI=0;
    TR1=1;
    IE=0x90;
    while(1)
    {
        DelayMS(100);
        if(K2==0)
        {
          while(K2==0);
          NumX=++NumX%11; //产生 0～10 范围内的数字，其中 10 表示关闭
          SBUF=NumX;
          while(TI==0);
          TI=0;
        }
    }
}
voidSerial_INT() interrupt 4
{
    if(RI) //如收到，则 LED 动作
    {
        RI=0;
        switch(SBUF) //根据所收到的不同命令字符完成不同的动作
        {
          case 'X':  LED1=LED2=1;break;        //全灭
          case 'A':  LED1=0;LED2=1;break;      //LED1 亮
          case 'B':  LED2=0;LED1=1;break;      //LED2 亮
          case 'C':  LED1=LED2=0;              //全亮
        }
    }
}
```

7. 单片机与 PC 通信

名称：单片机与 PC 通信

说明：单片机可接收 PC 发送的数字字符，按下单片机的 K1 键后，单片机可向 PC 发送字符串。在 Proteus 环境下完成本实验时，需要安装 Virtual Serial Port Driver 和串口调试助

手。本例缓冲100个数字字符，缓冲满后，新数字从前面开始存放（环形缓冲）。

电路图：

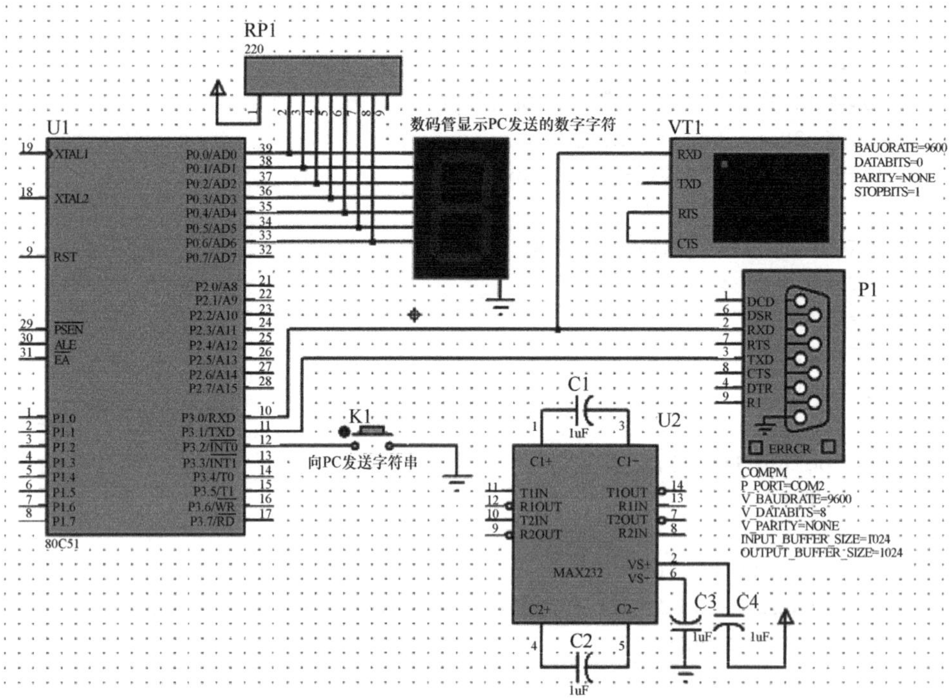

程序：

```
#include<reg51.h>
#define uchar unsigned char
#define uint unsigned int
ucharReceive_Buffer[101];          //接收缓冲
ucharBuf_Index=0;                  //缓冲空间索引
//数码管编码
uchar code DSY_CODE[]={0x3f,0x06,0x5b,0x4f,0x66,0x6d,0x7d,0x07,0x7f,0x6f,0x00};
//延时
voidDelayMS(uintms)
{
    uchar i;
    while(ms--) for(i=0;i<120;i++);
}
//主程序
void main()
{
    uchar i;
    P0=0x00;
    Receive_Buffer[0]=-1;
    SCON=0x50;       //串口模式1，允许接收
    TMOD=0x20;       //T1工作模式2
    TH1=0xfd;        //波特率9600bps
```

```
    TL1=0xfd;
    PCON=0x00;       //波特率不倍增
    EA=1;EX0=1;IT0=1;
    ES=1;IP=0x01;
    TR1=1;
    while(1)
    {
        for(i=0;i<100;i++)
        { //收到-1 为一次显示结束
          if(Receive_Buffer[i]==-1) break;
          P0=DSY_CODE[Receive_Buffer[i]];
          DelayMS(200);
        }
        DelayMS(200);
    }
}
//串口接收中断函数
voidSerial_INT() interrupt 4
{
    uchar c;
    if(RI==0) return;
    ES=0;            //关闭串口中断
    RI=0;            //清接收中断标志
    c=SBUF;
    if(c>='0'&&c<='9')
    {                //缓存新接收的每个字符，并在其后放-1 作为结束标志
        Receive_Buffer[Buf_Index]=c-'0';
        Receive_Buffer[Buf_Index+1]=-1;
        Buf_Index=(Buf_Index+1)%100;
    }
    ES=1;
}
void EX_INT0() interrupt 0      //外部中断 0
{
    uchar *s="这是由 8051 发送的字符串！\r\n";
    uchar i=0;
    while(s[i]!='\0')
    {
        SBUF=s[i];
        while(TI==0);
        TI=0;
        i++;
    }
}
```

8. 74LS138 译码器应用

名称：74LS138 译码器应用

说明：本例通过 74LS138 译码器，仅用 P2 口的 3 个引脚来控制 8 只 LED 滚动显示。

电路图：

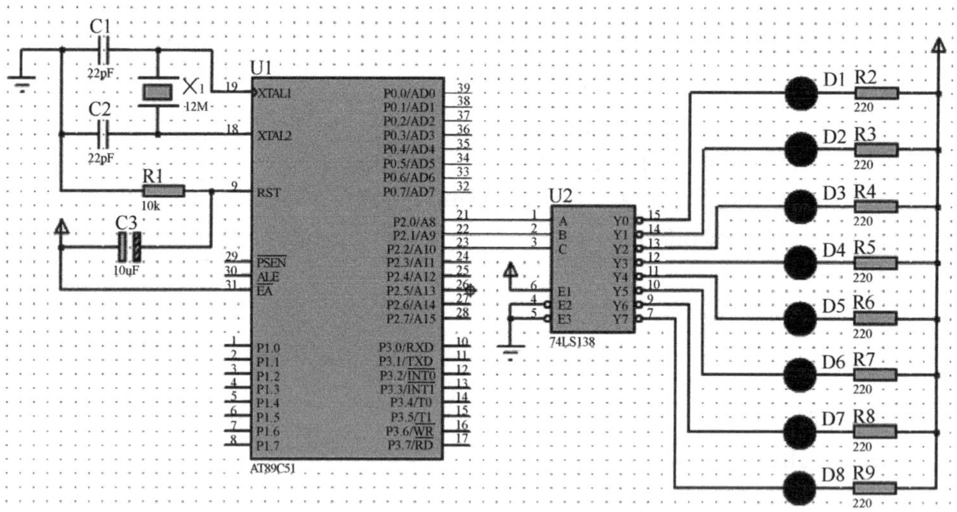

程序：

```
#include<reg51.h>
#define uchar unsigned char
#define uint unsigned int
//延时
voidDelayMS(uintms)
{
    uchar i;
    while(ms--) for(i=0;i<40;i++);
}
//主程序
void main()
{
    P2=0x00;
    while(1)
    {
        P2=(P2+1)%8;
        DelayMS(500);
    }
}
```

9. 74HC595 串入并出芯片应用

名称：74HC595 串入并出芯片应用

说明：74HC595 是具有一个 8 位串入并出的移位寄存器和一个 8 位输出寄存器，本例利用 74HC595，通过串行输入数据来控制数码管的显示。

电路图：

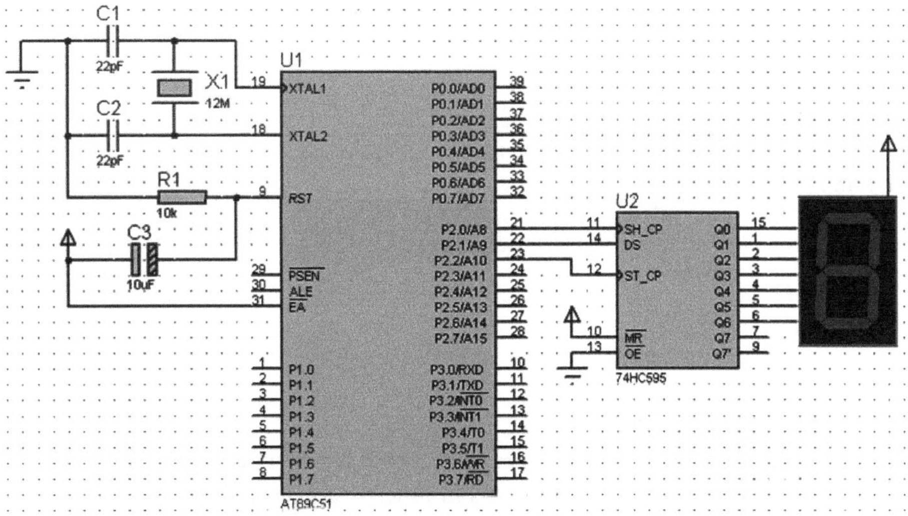

程序：

```
#include<reg51.h>
#include<intrins.h>
#define uchar unsigned char
#define uint unsigned int
sbit SH_CP=P2^0;          //移位时钟脉冲
sbit DS=P2^1;             //串行数据输入
sbit ST_CP=P2^2;          //输出锁存器控制脉冲
uchar temp;
uchar code DSY_CODE[]={0xc0,0xf9,0xa4,0xb0,0x99,0x92,0x82,0xf8,0x80,0x90};
//延时
voidDelayMS(uintms)
{
    uchar i;
    while(ms--) for(i=0;i<120;i++);
}
//串行输入子程序
void In_595()
{
    uchar i;
    for(i=0;i<8;i++)
    {
        temp<<=1;DS=CY;
        SH_CP=1;        //移位时钟脉冲上升沿移位
        _nop_();_nop_();
        SH_CP=0;
    }
}
//并行输出子程序
void Out_595()
{
    ST_CP=0;_nop_();
```

```
        ST_CP=1;            //上升沿将数据送到输出锁存器
        _nop_();
        ST_CP=0;            //锁存显示数据
    }
    //主程序
    void main()
    {
        uchar i;
        while(1)
        {
            for(i=0;i<10;i++)
            {
              temp=DSY_CODE[i];
              In_595();         //temp中的1字节数据串行输入74HC595
              Out_595();        //74HC595移位寄存数据传送到存储寄存器并出现在输出端
              DelayMS(200);
            }
        }
    }
```

10．BCD 译码数码管显示数字

名称：BCD 译码数码管显示数字

说明：BCD 码经 4511 译码后输出数码管段码，实现数码管显示（4511 驱动数码管）。

电路图：

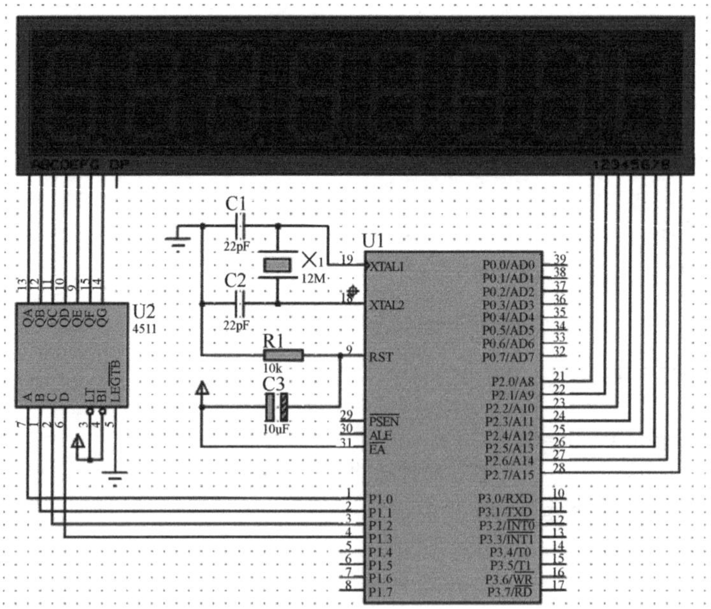

程序：

```
#include<reg51.h>
#define uchar unsigned char
#define uint unsigned int
```

```
//数码管位码
uchar code DSY_Index[]={0xfe,0xfd,0xfb,0xf7,0xef,0xdf,0xbf,0x7f};
//待显示数字（10 为不显示）
uchar code BCD_CODE[]={2,0,1,0,10,3,10,5};
//延时
voidDelayMS(uintms)
{
    uchar i;
    while(ms--) for(i=0;i<120;i++);
}
//主程序
void main()
{
    uchar k;
    while(1)
    {
        for(k=0;k<8;k++)
        {
          P2=DSY_Index[k];
          P1=BCD_CODE[k];
          DelayMS(1);
        }
    }
}
```

11．LCD1602 字符液晶滚动演示程序

名称：LCD1602 字符液晶滚动演示程序

说明：K1～K3 按钮分别实现液晶垂直或水平滚动显示及暂停与继续控制。

电路图：

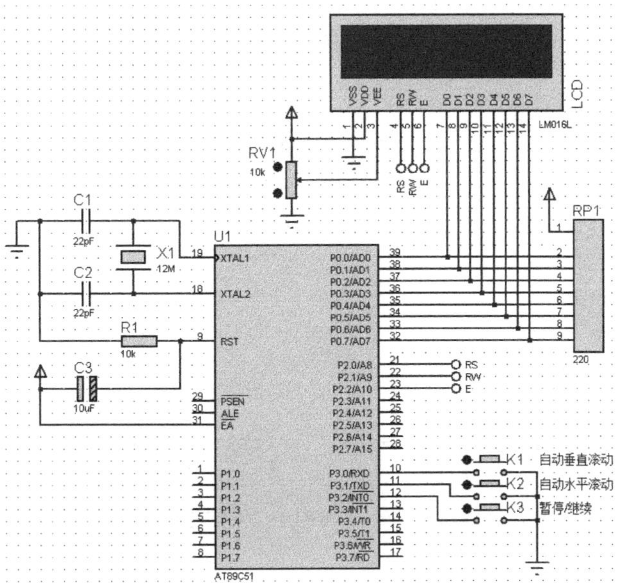

程序：

```
#include<reg51.h>
#include<string.h>
#include<intrins.h>
#define uchar unsigned char
#define uint unsigned int
sbit K1=P3^0;
sbit K2=P3^1;
sbit K3=P3^2;
sbit RS=P2^0;
sbit RW=P2^1;
sbit EN=P2^2;
uchar code Prompt[]="Press K1 - K3 To Start Demo Prog";
uchar Disp_Buffer[32];      //显示缓冲（2 行）
uchar const Line_Count=6;   //待滚动显示的信息段落，每行不超过 80 个字符，共 6 行
uchar code Msg[][80]=
{
    "Many CAD users dismiss schematic capture as a necessary evil in the ",
    "process of creating PCB layout but we have always disputed this point ",
    "of view. With PCB layout now offering automation of both component ",
    "can often be the most time consuming element of the exercise.",
    "And if you use circuit simulation to develop your ideas, ",
    "you are going to spend even more time working on the schematic."
};
void DelayMS(uint ms)   //延时
{
    uchar i;
    while(ms--) for(i=0;i<120;i++);
}
uchar Busy_Check()          //忙检查
{
    uchar LCD_Status;
    RS=0;                   //寄存器选择
    RW=1;                   //读状态寄存器
    EN=1;                   //开始读
    DelayMS(1);
    LCD_Status=P0;
    EN=0;
    return LCD_Status;
}
void Write_LCD_Command(uchar cmd)     //写 LCD 命令
{
    while((Busy_Check()&0x80)==0x80); //忙等待
    RS=0;  //选择命令寄存器
```

```
    RW=0;  //写
    EN=0;
    P0=cmd;EN=1;DelayMS(1);EN=0;
}
void Write_LCD_Data(uchar dat)          //发送数据
{
    while((Busy_Check()&0x80)==0x80);  //忙等待
    RS=1;RW=0;EN=0;P0=dat;EN=1;DelayMS(1);EN=0;
}
void Initialize_LCD()         //LCD 初始化
{
    Write_LCD_Command(0x38);DelayMS(1);
    Write_LCD_Command(0x01);DelayMS(1);    //清屏
    Write_LCD_Command(0x06);DelayMS(1);    //字符进入模式：屏幕不动，字符后移
    Write_LCD_Command(0x0c);DelayMS(1);    //显示开，光标关
}
void ShowString(uchar x,uchar y,uchar *str)      //显示字符串
{
    uchar i=0;
    if(y==0) Write_LCD_Command(0x80|x);    //设置显示起始位置
    if(y==1) Write_LCD_Command(0xc0|x);
    for(i=0;i<16;i++)                     //输出字符串
    {
        Write_LCD_Data(str[i]);
    }
}
void V_Scroll_Display()        //垂直滚动显示
{
    uchar i,j,k=0;
    uchar *p=Msg[0];
    uchar *q=Msg[Line_Count]+strlen(Msg[Line_Count]);
    while(p<q)  //以下仅使用显示缓冲的前 16 字节空间
    {
        for(i=0;i<16&&p<q;i++)
        { //消除显示缓冲中待显示行的首尾可能出现的空格
          if((i==0||i==15)&&*p==' ') p++;
          if(*p!='\0')
          {
              Disp_Buffer[i]=*p++;
          }
          else
          {
              if(++k>Line_Count) break;
              p=Msg[k];                       //p 指向下一串首地址
```

```
                Disp_Buffer[i]=*p++;
              }
            }
            for(j=i;j<16;j++) Disp_Buffer[j]=' ';      //不足16个字符时以空格补充
            while(F0) DelayMS (5);                     //垂直滚动显示
            ShowString(0,0,"                ");
            DelayMS(150);
            while(F0) DelayMS (5);
            ShowString(0,1,Disp_Buffer);
            DelayMS(150);
            while(F0) DelayMS (5);
            ShowString(0,0,Disp_Buffer);
            ShowString(0,1,"                ");
            DelayMS(150);
        }
        ShowString(0,0,"                ");        //最后清屏
        ShowString(0,1,"                ");
    }
    void H_Scroll_Display()                        //水平滚动显示
    {
        uchar i,j,k=0,L=0;
        uchar *p=Msg[0];
        uchar *q=Msg[Line_Count]+strlen(Msg[Line_Count]);
        for(i=0;i<16;i++) Disp_Buffer[i]=' ';  //将 32 个字符的显示缓冲的前 16 个字
符设为空格
        while(p<q)
        {
            if((i==16||i==31)&&*p==' ') p++;    //忽略显示缓冲中首尾可能出现的空格
            for(i=16;i<32&&p<q;i++)
            {
              if(*p!='\0')
              {
                  Disp_Buffer[i]=*p++;
              }
              else
              {
                  if(++k>Line_Count) break;
                  p=Msg[k];               //p指向下一串首地址
                  Disp_Buffer[i]=*p++;
              }
            }
            for(j=i;j<32;j++) Disp_Buffer[j]=' ';   //不足32个字符时空格补充
            for(i=0;i<=16;i++)                   //水平滚动显示
            {
```

```
            while(F0) DelayMS (5) ;
            ShowString(0,L,Disp_Buffer+i);
            while(F0) DelayMS (5) ;
            DelayMS(20);
          }
          L=(L==0)?1:0;       //行号在 0、1 间交替
          DelayMS(300);
      }
      if(L==1) ShowString(0,1,"                ");    //如果显示结束时停留在第 0
行，则清除第 1 行的内容
  }
  void EX_INT0() interrupt 0        //外部中断 0，由 K3 控制暂停与继续显示
  {
      F0=!F0;                 //暂停与继续显示控制标志位
  }
  void main()                 //主程序
  {
      uint Count=0;
      IE=0x81;                //允许外部中断 0
      IT0=1;                  //下降沿触发
      F0=0;                   //暂停与继续显示控制标志位
      Initialize_LCD();
      ShowString(0,0,Prompt);
      ShowString(0,1,Prompt+16);
      while(1)
      {
          if(K1==0)
          {
            V_Scroll_Display();
            DelayMS(300);
          }
          else
          if(K2==0)
          {
            H_Scroll_Display();
            DelayMS(300);
          }
      }
  }
```

12. 用 ADC0808 控制 PWM 输出

名称：用 ADC0808 控制 PWM 输出

说明：使用数模转换芯片 ADC0808，通过调节可变电阻 RV1 来调节脉冲宽度，运行程序时，利用虚拟示波器观察占空比的变化。

电路图：

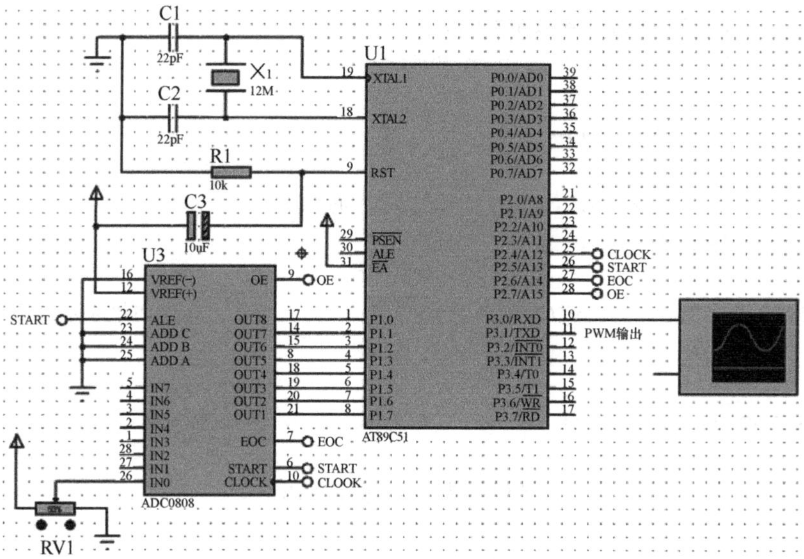

程序：

```
#include<reg51.h>
#define uchar unsigned char
#define uint unsigned int
sbit CLK=P2^4;        //时钟信号
sbit ST=P2^5;         //启动信号
sbit EOC=P2^6;        //转换结束信号
sbit OE=P2^7;         //输出使能
sbit PWM=P3^0;        //PWM 输出
//延时
voidDelayMS(uintms)
{
    uchar i;
    while(ms--) for(i=0;i<40;i++);
}
//主程序
void main()
{
    uchar Val;
    TMOD=0x02;        //T1 工作模式 2
    TH0=0x14;
    TL0=0x00;
    IE=0x82;
    TR0=1;
    while(1)
    {
        ST=0;ST=1;ST=0;         //启动 A/D 转换
        while(!EOC);            //等待转换完成
        OE=1;
        Val=P1;                 //读转换值
        OE=0;
```

```
        if(Val==0)                    //PWM 输出（占空比为 0%）
        {
          PWM=0;
          DelayMS(0xff);
          continue;
        }
        if(Val==0xff)              //PWM 输出（占空比为 100%）
        {
          PWM=1;
          DelayMS(0xff);
          continue;
        }
        PWM=1;                     //PWM 输出（占空比为 0%～100%）
        DelayMS(Val);
        PWM=0;
        DelayMS(0xff-Val);
    }
}
//T0 定时器中断给 ADC0808 提供时钟信号
void Timer0_INT() interrupt 1
{
    CLK=~CLK;
}
```

13. ADC0809 数模转换与显示

名称：ADC0809 数模转换与显示

说明：ADC0809 采样通道 3 输入的模拟量，将转换后的结果显示在数码管上。

电路图：

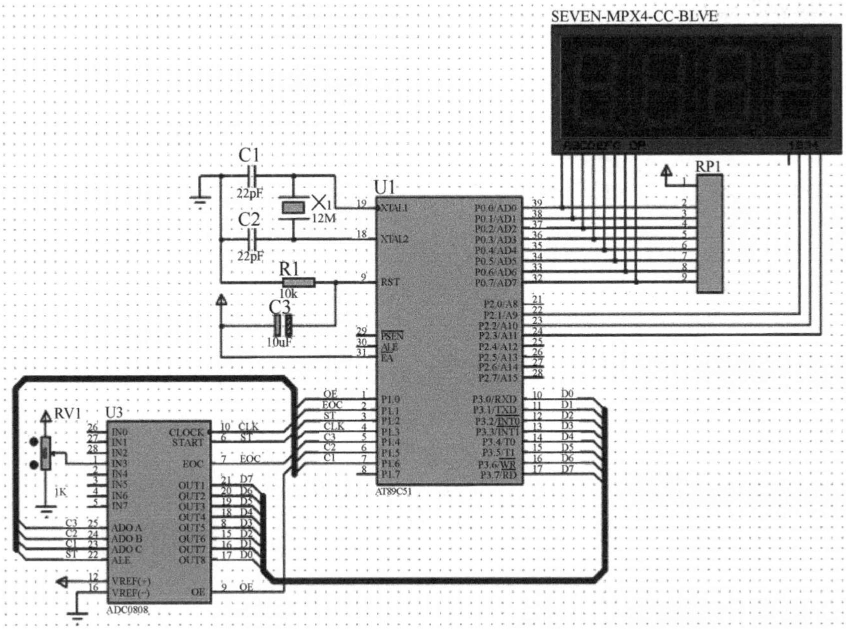

程序：

```
#include<reg51.h>
#define uchar unsigned char
#define uint unsigned int
//各数字的数码管段码（共阴）
uchar code DSY_CODE[]={0x3f,0x06,0x5b,0x4f,0x66,0x6d,0x7d,0x07,0x7f,0x6f};
sbit CLK=P1^3;        //时钟信号
sbit ST=P1^2;         //启动信号
sbit EOC=P1^1;        //转换结束信号
sbit OE=P1^0;         //输出使能
//延时
voidDelayMS(uintms)
{
    uchar i;
    while(ms--) for(i=0;i<120;i++);
}
//显示转换结果
voidDisplay_Result(uchar d)
{
    P2=0xf7;          //第 4 个数码管显示个位数
    P0=DSY_CODE[d%10];
    DelayMS (5) ;
    P2=0xfb;          //第 3 个数码管显示十位数
    P0=DSY_CODE[d%100/10];
    DelayMS (5) ;
    P2=0xfd;          //第 2 个数码管显示百位数
    P0=DSY_CODE[d/100];
    DelayMS (5) ;
}
//主程序
void main()
{
    TMOD=0x02;        //T1 工作模式 2
    TH0=0x14;
    TL0=0x00;
    IE=0x82;
    TR0=1;
    P1=0x3f;          //选择 ADC0809 的通道 3（0111）（P1.4～P1.6）
    while(1)
    {
        ST=0;ST=1;ST=0;          //启动 A/D 转换
        while(EOC==0);           //等待转换完成
        OE=1;
        Display_Result(P3);
```

```
            OE=0;
        }
}
//T0 定时器中断给 ADC0808 提供时钟信号
void Timer0_INT() interrupt 1
{
    CLK=~CLK;
}
```

14．STM32——用固件库实现 LED 流水灯

名称：用固件库实现 LED 流水灯

说明：利用 stm32 库函数实现 3 个 LED 灯循环闪烁。

电路图：

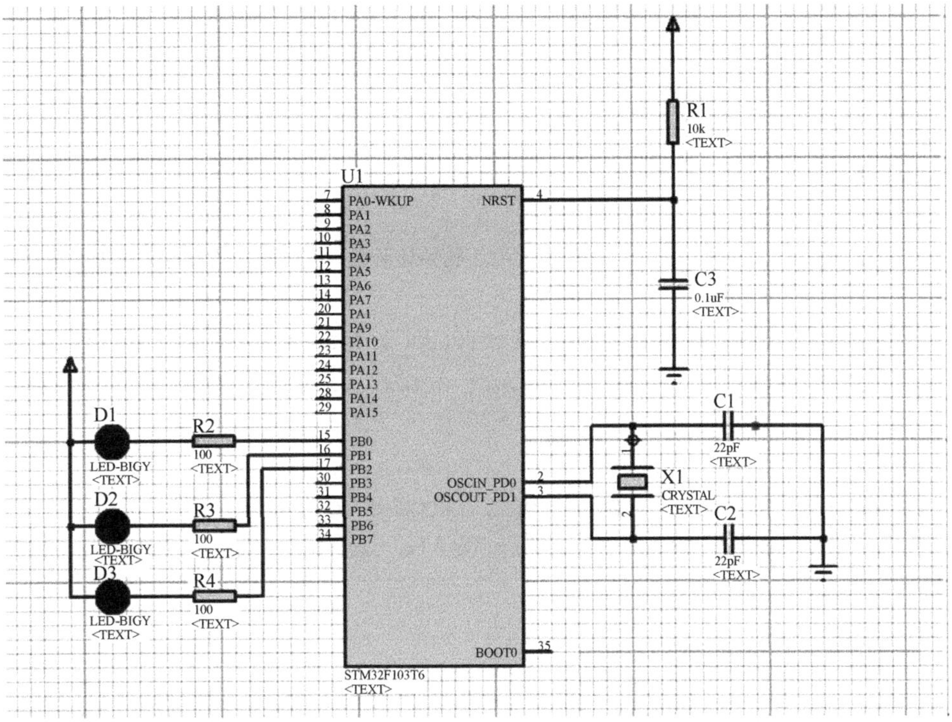

程序：

```
#include "stm32f10x.h"
uint16_t LED_G_GPIO_PIN=0x0001;  //全局变量，定义引脚，设定一个引脚初值
#define LED_G_GPIO_PORT  GPIOB   //宏定义端口，便于移植
#define LED_G_GPIO_CLK  RCC_APB2Periph_GPIOB  //宏定义时钟使能
void Delay(uint32_t count)//延时函数
{
for(;count!=0;count--);
}
void LED_GPIO_Config(void)//初始化 GPIO(一个完整的初始化函数)
{
```

```
        GPIO_InitTypeDef GPIO_InitStruct;  //全局变量，寄存器B的结构体

        RCC_APB2PeriphClockCmd(LED_G_GPIO_CLK, ENABLE);
      //开时钟，来自"stm32f10x_rcc.h"
      GPIO_InitStruct.GPIO_Pin = LED_G_GPIO_PIN;
      //选择引脚(LED_G_GPIO_PIN为引脚变量)
      GPIO_InitStruct.GPIO_Mode = GPIO_Mode_Out_PP;
      //选择推挽输出"GPIO_Mode_Out_PP"来自stm32f10x_gpio.h的模式的枚举
      GPIO_InitStruct.GPIO_Speed =GPIO_Speed_50MHz;
      //选择推挽输出"GPIO_Speed_50MHz"来自stm32f10x_gpio.h的速率的枚举
      GPIO_Init(LED_G_GPIO_PORT, &GPIO_InitStruct);
      //&是取地址的意思，因为GPIO_InitStruct是一个结构体的变量
   }
   int main(void) //主函数
   {
   while(1)
      {
         LED_GPIO_Config();  //调用GPIO初始化函数，完成时钟的设置、引脚的选择、端口的
输入/输出模式和速率等的配置
         GPIO_ResetBits(LED_G_GPIO_PORT,LED_G_GPIO_PIN);
         //GPIO_ResetBits(GPIO_TypeDef* GPIOx, uint16_t GPIO_Pin)，一会儿灯又亮
了（清零函数）
   Delay(0xFFFFF);
         GPIO_SetBits(LED_G_GPIO_PORT, LED_G_GPIO_PIN);
         //GPIO_SetBits(GPIO_TypeDef* GPIOx, uint16_t GPIO_Pin)，一会儿灯灭了
（置位函数）
   Delay(0xFFFFF);
         LED_G_GPIO_PIN =LED_G_GPIO_PIN<<1;
         if(LED_G_GPIO_PIN==0x0008){   //循环，将灯点亮的范围控制在PB0～PB2
             LED_G_GPIO_PIN = 0x0001;
         }
      }
   }
```

15．STM32——按键控制LED灯

名称：按键控制LED灯

说明：按键控制LED灯闪烁。

电路图：

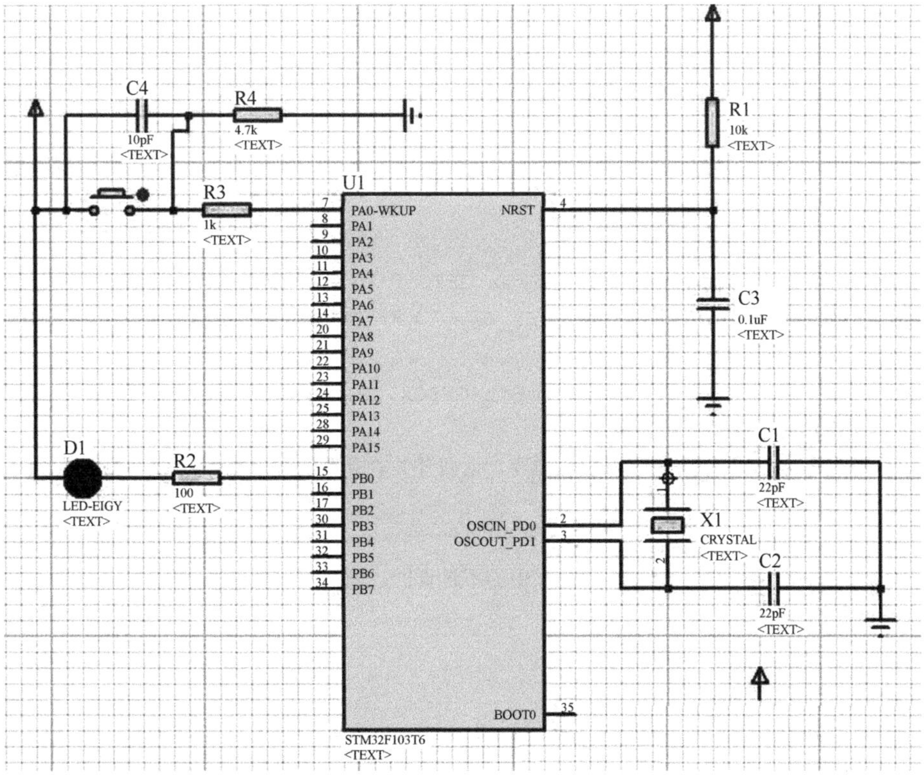

程序：

```
bsp_key.h //LED 按键的头文件
#ifndef _BSP_KEY_H
#define _BSP_KEY_H
#include "stm32f10x.h"
#define KEY1_GPIO_PIN  GPIO_Pin_0 //宏定义引脚，便于移植
#define KEY1_GPIO_PORT  GPIOA      //宏定义端口，便于移植
#define KEY1_GPIO_CLK  RCC_APB2Periph_GPIOA  //宏定义时钟使能
#define  KEY_ON  1        //宏定义按键开的状态
#define  KEY_OFF  0       //宏定义按键关的状态
void KEY_GPIO_Config(void);
uint8_t Key_Scan(GPIO_TypeDef *GPIOx,uint16_t GPIO_Pin);
#endif/*_BSP_KEY_H*/
bsp_key.c //LED 按键的驱动函数库文件
#include "bsp_key.h"
void KEY_GPIO_Config(void) //初始化 GPIO(一个完整的初始化函数)
{
    GPIO_InitTypeDefGPIO_InitStruct;  //初始化 GPIO（设置引脚、传输速率、输入/输
出模式）
    RCC_APB2PeriphClockCmd(KEY1_GPIO_CLK, ENABLE); //开时钟，来自“stm32
    f10x_rcc.h”
    GPIO_InitStruct.GPIO_Pin = KEY1_GPIO_PIN;  //选择引脚 A0
    GPIO_InitStruct.GPIO_Mode = GPIO_Mode_IN_FLOATING; //选择浮空输入“GPIO_
```

Mode_IN_FLOATING”来自 stm32f10x_gpio.h 的模式的枚举

GPIO_Init(KEY1_GPIO_PORT, &GPIO_InitStruct); //&是取地址的意思，因为 GPIO_InitStruct 是一个结构体的变量（初始化 GPIO）

}

uint8_t Key_Scan(GPIO_TypeDef *GPIOx,uint16_t GPIO_Pin)//扫描检测按键,先找端口，再找引脚

{

if(GPIO_ReadInputDataBit(GPIOx,GPIO_Pin) == KEY_ON)

{ /*松手检测：即当引脚为高（KEY_ON==1）时检测引脚是否变低（KEY_OFF==0），即一次按键操作完成后灯亮，再按下一次后灯灭*/

while(GPIO_ReadInputDataBit(GPIOx,GPIO_Pin) == KEY_ON); //一直为高则死循环，等待低信号出现跳出死循环

return KEY_ON;//跳出死循环，返回开关“开”信号,返回值为 8 位，是因为检测的函数是 8 位的

}

else return KEY_OFF; //if 中的不是真的，则说明一直未按下

}

bsp_LED.h //LED 的头文件

#ifndef _BSP_LED_H

#define _BSP_LED_H

#include "stm32f10x.h"

#define LED_G_GPIO_PIN GPIO_Pin_0 //宏定义引脚，便于移植

#define LED_G_GPIO_PORT GPIOB //宏定义端口，便于移植

#define LED_G_GPIO_CLK RCC_APB2Periph_GPIOB

#define LED_G_TOGGLE {LED_G_GPIO_PORT->ODR ^= LED_G_GPIO_PIN;} //异或，将 ODR 寄存器与 Pin0 异或得到的结果给 ODR（数据输出寄存器），相同为 0，不同为 1，起到取反的作用

void LED_GPIO_Config(void); //函数声明

#endif /*_BSP_LED_H*/

bsp_LED.c //LED 的驱动库文件

#include "bsp_LED.h"

void LED_GPIO_Config(void)//初始化 GPIO(一个完整的初始化函数)

{

GPIO_InitTypeDefGPIO_InitStruct; //初始化 GPIO（设置引脚、传输速率、输入/输出模式）

RCC_APB2PeriphClockCmd(LED_G_GPIO_CLK, ENABLE);//开时钟，来自“stm32f10x_rcc.h”

GPIO_InitStruct.GPIO_Pin = LED_G_GPIO_PIN; //选择引脚 B0

GPIO_InitStruct.GPIO_Mode = GPIO_Mode_Out_PP; //选择推挽输出“GPIO_Mode_Out_PP”来自 stm32f10x_gpio.h 的模式的枚举

GPIO_InitStruct.GPIO_Speed =GPIO_Speed_50MHz; //选择推挽输出“GPIO_Speed_50MHz”来自 stm32f10x_gpio.h 的速率的枚举

GPIO_Init(LED_G_GPIO_PORT, &GPIO_InitStruct); //&是取地址的意思，因为 GPIO_InitStruct 是一个结构体的变量

```
}
main.c
#include "stm32f10x.h"
#include "bsp_LED.h"
#include "bsp_key.h"
void Delay(uint32_t count)
{
  for(;count!=0;count--);
}
int main(void){
  LED_GPIO_Config();    //调用 GPIO 初始化函数，完成时钟的设置、引脚的选择、端口的输入/输出模式和速率等的配置
  KEY_GPIO_Config();    //初始化按键的 GPIO，这里就是初始化 PA0
  while(1)
  {
      if(Key_Scan(KEY1_GPIO_PORT,KEY1_GPIO_PIN) ==KEY_ON)//检测这个寄存器 A 的 0 引脚所在的按键,按下并松手，检测为真，则执行下一条指令
        {  LED_G_TOGGLE;  //异或取反
        }
  }
}
```

参 考 文 献

[1] 赵德安. 单片机与嵌入式系统原理及应用[M]. 北京：机械工业出版社，2016.

[2] 王宝珠，冯文果. 单片机与嵌入式系统原理及应用[M]. 北京：机械工业出版社，2018.

[3] 林立，张俊亮. 单片机原理及应用：基于 Proteus 和 Keil C[M]. 4 版. 北京：电子工业出版社，2018.

[4] 姜志海，王蕾，姜沛勋. 单片机原理及应用[M]. 5 版. 北京：电子工业出版社，2021.

[5] 彭伟. 单片机 C 语言程序设计实训 100 例：基于 8051+Proteus 仿真[M]. 北京：电子工业出版社，2012.

[6] 袁志勇，王景存. 嵌入式系统原理与应用技术[M]. 2 版. 北京：北京航空航天大学出版社，2014.

[7] 塔米·诺尔加德. 嵌入式系统：硬件、软件及软硬件协同[M]. 2 版. 北京：机械工业出版社，2018.

[8] 郑传涛，刘洋. 单片机原理与工程应用——从 MCS-51 到 ARM[M]. 武汉：华中科技大学出版社，2014.

[9] 黄克亚. ARM Cortex-M3 嵌入式原理及应用——基于 STM32F103 微控制器[M]. 北京：清华大学出版社，2020.

[10] 武奇生，惠萌，巨永锋. 基于 ARM 的单片机应用及实践：STM32 案例式教学[M]. 北京：机械工业出版社，2014.

[11] 卢有亮. 嵌入式实时操作系统 μC/OS 原理与实践[M]. 2 版. 北京：电子工业出版社，2014.

[12] 刘波文，孙岩. 嵌入式实时操作系统 μC/OS-Ⅱ经典实例——基于 STM32 处理器[M]. 2 版. 北京：北京航空航天大学出版社，2014.